里坊城市·街坊城市·绿色城市

张斌 闵世刚 杨彤 杨北帆 著

中国建筑工业出版社

图书在版编目（CIP）数据

里坊城市·街坊城市·绿色城市 / 张斌等著. —北京：
中国建筑工业出版社，2014.8
ISBN 978-7-112-16709-8

Ⅰ.①里… Ⅱ.①张… Ⅲ.①城市空间－建筑设计－中国
Ⅳ.①TU984.2

中国版本图书馆CIP数据核字（2014）第068852号

责任编辑：程素荣　孙立波
责任校对：陈晶晶　党　蕾

里坊城市·街坊城市·绿色城市

张斌　　闵世刚　杨彤　杨北帆　著

*
中国建筑工业出版社出版、发行（北京西郊百万庄）
各地新华书店、建筑书店经销
北京锋尚制版有限公司制版
北京顺诚彩色印刷有限公司印刷
*
开本：787×1092毫米　1/16　印张：21¼　字数：370千字
2014年7月第一版　2014年7月第一次印刷
定价：118.00元
ISBN 978-7-112-16709-8
　（25476）

序

中国的城市营造是颇具影响力的，包括对今天的城市生活也在产生着相当的影响。在漫长的历史进程中，里坊城市作为一种突出的形态，与街坊城市和绿色城市有着什么样的关联，本书几位作者共同编写的这本书或许会给读者一个较为清晰的答案。

关于绿色城市的研究，通常是从技术层面入手者众，能够从城市的流变加以探讨，并且避免教科书式的呆板，以轻松的笔调引人入胜的娓娓道来颇为鲜见，可见作者的用心与功力。当前对绿色建筑、绿色城市的研究文章可谓汗牛充栋，作为从事多年设计工作又有着在国外长时间学习背景的建筑师，作者对绿色城市的思考是有着独特的视角。正如我们关注的新型城镇化，开始进入"以人为核心"的城镇化一样：不再以经济发展作为唯一的考量标准，开始关注人的多样化的需求，开始关注在城镇化进程中的各种阶层的存在，并且"以人的幸福生活"作为城镇化追求的一种境界，绿色城市也应当是因不同的国度，不同的城市而呈现不同的样态，不应当也不会是单一的一种模式，因此本书作者在对国内外的案例进行充分的研究与解读之后对中国城市的问题与对策进行思考，并对里坊城市与街坊城市进行了比较分析，特别提出了向街坊城市转型的几种障碍，尽管障碍重重，但是绿色城市的理想终究要照进现实，只是这种理想需要对里坊城市、街坊城市的框架进行重构，并且融入中国传统的绿色理念，唯有如此，这种绿色城市理念才会更有针对性地解决中国城市的问题，并且造福于在这片土地上生活的人们。

我认识几位作者已经有30年了，在城市建设热火朝天，建筑师、规划师们整天被业主们确定的并不科学的时间表而抓狂的当下，能够以开阔的视野、平和的心态为读者们贡献这样的一篇力作，让我们倍感欣慰，祝愿他们在绿色城市研究的道路上越走越远，取得更多的更有深度的研究成果。

中国勘察设计协会、中国建筑学会常务理事，
中国城市科学研究会理事，博士生导师

洪再生
2014年4月

前言

堵车几乎是世界上所有城市都需要面对的问题，但如北京般堵得如此著名，如此无可奈何的城市并不多。堵车必然造成空气污染，于是北京又有了肺癌之都的恶名。如何解决中国首都、历史文化名城的这些问题，至今众说纷纭，限行限牌效果有限，还伤害汽车业，更不是治本的办法；疏散人口更会伤及首都繁荣，就算不考虑社会道德问题，提高房价也会有金融风险。

诸如城市多中心化，路网细密化的意见应该是正确的，但如果人们对城市的理念、原则、深层文化没有起码的了解、认同，只谈论具体技术，那么再好的技术也很难被应用，并应用得合理。

那么，什么是北京等城市的深层文化呢？至少它们是里坊城市这一属性长期被忽视了。里坊城市是中国传统城市最重要、最根本的属性，与传统的体制、观念是一脉相承的。尽管街坊邻居这类词汇似乎在否认里坊依然存在，而事实上，里坊不仅普遍存在，还深入人心。

在表层上，里坊城市的模式造成城市道路资源面积浪费、配置失衡、效率低下。在古代，市民多步行，马车数量不多，这种模式的弊病主要是不人性，尚不至造成城市交通功能瘫痪；到了汽车时代，车多，并要求尽量快的车速，里坊城市中壮观的大马路必然会变成不能熄火的停车场。

北宋时期，对市民商业活动的适度宽容，使中国城市中开始出现街坊因素，但城市整体模式还是里坊制。而在市民商业为主导的古代爱琴海地区，产生出一种彻底的街坊城市模式。在宋代的里坊城市终于有些松动时，西欧的中世纪城市基本上都获得了城市自治权，以适应市民商业活动。而在中国城市因战争重新收紧里坊制度时，西欧已经开始普及适应巨量马车的新型街坊城市模式；待进入汽车时代，这种城市无须大幅改造。

反观我们，在大力推销私家车的同时，还在放大里坊城市的弊端，这就是观念问题了。里坊城市的环境在固化相应的观念，相应的观念又促使里坊模式长盛不衰，不到危机爆发时刻，不思改变，而更紧迫的问题是，如果我们要改变，就要了解问题的根本所在。

在未来数年，中国可能要完成新一阶段的城镇化。与之前的城镇化不同，这一次城镇化是先让农民变成市民，然后再解决他们的就业问题，而不像从前的城镇化，是先有需要人口集中化的产业需求，而自然导致城镇化。新一阶段的城镇化大约会使2.5亿中国农民离开田园进入城市，在全球产能处在阶段性总体过剩的情况下，对他们至少是短时间内的就业前景预测只能是要么与其他国家的工人竞争廉价性，要么是从事城市低端服务业。对于后者，就需要城镇提供出大量租金低廉的市场、商铺，而街坊格局会大大增加有商业价值的城市公共街道，便可提供出更多的便民性商业空间。

城市是工厂、商场、舞台，也是家园。在各种好城市的概念中，花园城市、绿色城市可能是最吸引人的，尤其是绿色城市，轻易将通俗易懂和莫测高深集为一体，前者使绿化在城市中获得近乎神圣的地位，后者使很多房地产开发具有了使命感。而当雾霾将树林草地变成灰色时，只能盼刮大风，当风起时，又担心绿色变成黄色。事实上，现在很多中国城市在绿化率和节能环保的设备拥有量方面处在国际领先地位，但这些城市无法被公认为是绿色城市，因为就像绿色汽车必须首先要有最合理的机械构造一样，绿色城市就首先要有最合理的街区构造，柯布西耶所言"住房是居住的机器"这句话并未过时，只是我们对其理解不够全面。

本书的目的，就是尝试通过对里坊城市和街坊城市的分析，力图至少接近问题的根本之一。中国正在大规模推进城市化、城镇化。这期间，我们特别需要思考在规划设计中是否还存在基本模式仍然不符合逻辑的问题，而不是只追求样式的新颖。目前，不仅是北京，中国一些中小城市都开始出现堵车等城市病。思考里坊城市、街坊城市、绿色城市的问题，至少能为大家提供一个探讨问题的角度。

目录

第一章　里坊城市的源流

在古代，里坊城市是世界各地城市的主要模式，远非中国独有，许多城市因为里坊格局而格外美丽，保存至今的古城多为里坊城市。但自从马车普及直至汽车普及，到今天，仍然以里坊模式为主设计城市的国家主要就是中国了，其中原因显然有中国在这方面的文化传统更牢固的因素。

此2图：目前中国城市中现代住宅区、办公区的风格多是西式的，也有一些中式的，但不论什么式，其区域形式几乎都是围墙环绕的小区式，就像现代的里坊，现代城市就主要由这些现代里坊组成，建筑师的重要设计对象之一是围墙。

第一节　中国古代城市的特征

　　世界各地最早的城市在格局上大同小异，都表现着一种功能的自觉，人们也都将城市视为文明水平的标志。中国城市开始形成自己的特征，是在秦代之后，行政元素成为城市的绝对主导，不论是礼制、风水理念，还是里坊制度、构造元素，都是从属于行政意志的，皇权及附属的官权统筹一切。在城市功能向商业转化以后，城市还保持着里坊构造和观念，至近现代，便滋生出一系列循环恶化的问题。

2013年，刚刚修复的四川昭化古城有关部门在重建的县衙前立起这么一块牌子，七品芝麻官就"至高无上"，那你让朝廷在哪儿待着好呢。

一、 中国早期的城市化与文明观念

目前考古发现的最早的中国城市遗址是中原地区仰韶文化至龙山文化时期的古城遗址，现代人将其视为中国古文明出现的标志。然在古代，将城市与社会文明对应的观念，明确的显现最早可能在《孟子》当中。在"一丘之貉"这个成语产生前，孟子就用"貉国"来指代游牧国家，他认为像貉国这种"行国"没文化，就因为他们无宫室城郭祭祀之礼。随后，司马迁在《史记》中指出，周人走向强盛的关键一步是早期的一位周人首领古公带领周人为躲避一群戎人攻击而东迁到现陕西岐山脚下，然后"贬戎狄之俗，而营筑城郭室屋，而邑别居之。作五官有司。"就是说周人在此之前本身也是西北游牧的戎狄之俗，到此方移风易俗，定居化，城市化，建立社会制度和管理体系。这样的观念进步最终促成周人进取中原，拥有了天下，并取得公认的文化成就，故孔子曰："郁郁乎文哉，吾从周"。以上的圣哲观点虽然表明了社会发展总体规律，但也确实有歧视游牧文化的问题。

与周人先祖一样也疑似西北戎狄的秦人先祖在统一六国前首先进行了西部大开发。据《史记》记载，在从戎人手中夺回岐、丰之地后，秦人想这里不是当年周人"营筑城郭室屋"的地方吗，于是也在此建筑城市，使"民多化者"。后来，秦国不仅迁都咸阳，还"并诸小乡聚，集为大县。"看来当年秦国非常重视城市化，连并小乡、集大县的工作都做了，实在超前，这是它强大的原因之一。然而尽管如此，秦国还是遭到中原各国的歧视，被认为仍然有戎狄之俗，其实正是因此，秦国才能综合定居文化稳定和游牧文化野性的优势，将"文明"的中原各国吞并。

但秦国的城市化越来越偏离城市化的精髓，城市化的精髓应该是增强人群的凝聚力，提高社会效率。一开始，秦国的城市化与商鞅变法一样，虽然劣迹斑斑，但不可否认，它实实在在地提高了秦国的凝聚力，主要反映在行政、经济、军事的效率上，它因此可以统一六国。可后来，城市化的作用却在降低秦国的效率。以其首都建设情况为例说明，政府将天下的富人都集中到咸阳监视居住，一方面有利于市容，另一方面防止这些有能力的人在外面作乱，但国家的经济因此没了活力。当时咸阳城中的建筑主要就是连片的宫室，除了著名的阿房宫，秦始皇还命人专门去记录被他灭掉的六国宫室的模样，然后在咸阳北阪上建了一座六国建筑博览园。

历史经验表明，一个国家富裕时，可以且适合搞些建筑工程，一可改善环境，二可适度消弭一点过剩的财富，但这绝不能过分，而使其严重影响其他产业或致粮食、贵金属货币短缺，引发通货膨胀，人民流离失所，那就要亡国。

在秦朝时的世界上，秦帝国的咸阳、希腊城邦领袖雅典和亚历山大大帝的亚历山大城、波斯帝国的波斯波利斯应该是最壮丽的四座城市。然不久，它们都在由于城市化不当所引发的战乱中被毁了，雅典为了重建壮丽的卫城，不惜挪用提洛同盟经费，造成盟友离心离德，使其先败给斯巴达，再败给马其顿。吸收了古希腊文明精髓的亚历山大大帝攻克了中东、西亚多座名城，包括波斯帝国壮丽的都城波斯波利斯。但他的部将们很快热衷于城市中的精致生活，占据亚历山大城的托勒密王朝不久被罗马共和国灭亡，那时的罗马城只有红砖建筑，华丽性远不能和亚历山大城相比。在这四座古城中，咸阳被毁得最快、最彻底。史籍记载，秦亡的主要原因是秦的暴政，具体内容包括不惜民力修长城、修驰道、修骊山陵等，虽然除了咸阳，没有具体写修其他城市的情况，而当

上4图分别是商代的青铜建筑构件、秦代的弩机、秦兵马俑中的马车俑、秦代的瓦当。除了长城和古城的土垣，秦代之前的地面建筑、城市都已无存，从出土的这些文物看，当时的建筑、城市的工艺水平应该相当高，造型应该是非常壮观的。

上2图：从兵马俑的布局看，当时的城市空间构造也应该是呈条块组合状的，是一种大手笔但略显粗线条的方形框架，可能像正在将井田改为阡陌的田野，规则形方格与不规则形方格混合。

时秦正在废除封建制，推行郡县制，城市改造工程肯定不会少，肯定也会像让陈胜吴广送人戍边那样，都是限期完成，全社会高度紧张，以至全面崩溃。

周人建的城市主要是为文化和行政服务，秦人早期建的城市也是如此，但后来则主要为行政的权威性和舒适性服务。正如谭嗣同所说：中国"二千年来之政，秦政也"。秦以后的中国城市主要都是在为行政服务，而且为行政的合理性、效率性服务的比重越来越低，为行政的权威性、舒适性服务的比重越来越高。不过，为了吸取秦亡的教训，后世城市还是比较注意不要过分奢靡，当然总是失控。同时，对于城市形式的问题，在有了"秦政"的样本之后，就很少有人再去关心城市功能合理性、城市价值观等问题了，即使为图吉利讲风水，依据也是"秦始皇亦讲风水"。

下2图：分别为雅典和波斯波里斯至今存留的地面遗迹。

13

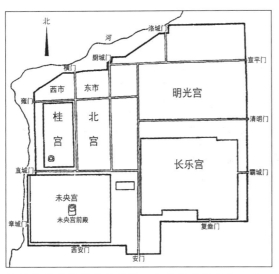

汉长安城遗址考古平面图，主要是宫殿部分，宫殿区的西北有两个市场区，图中没有显示住宅区，可能在市场区的西北面。

现江苏省徐州市汉代时是重要城市彭城，市域内有大量画像石、砖出土，这块画像石上有汉阙和殿堂的形象，建筑群落讲究对称。

　　上述谭嗣同名言的后一句是"二千年来之学，荀学也"。当年荀子考察秦国后得出结论：秦国的强大是因为它的吏治最好。这个结论应该说是比较客观的，这使秦国的行政从根本上保持着高效率。但荀子的学生李斯无限扩大官吏的职权，乃至提出老百姓要"以吏为师"。秦朝的官吏权力是大，但工作倒也认真，但在刘邦这种"油滑"的小吏多了以后，秦朝的根基就垮了。汉随秦制，但没有秦那么疯狂，吏治效率还高，但有张有弛，未到王莽时没有把社会搞得过于紧张。汉文帝对秦制中的"以吏为师"似有看法，他认为农耕的不利是官吏没有尽到责任，至于民师，应该是"三老"，三老是刘邦兴起的制度，即在乡间选出德高望重的老人作为县乡官吏的顾问兼老师，助其为政。汉文帝明确说过："孝悌，天下之大顺也。力田，为生之本也。三老，众民之师也。廉吏，民之表也。"而对于越来越多的污吏，汉文帝有时对付他们的办法是进一步赏赐他们，让他们自惭形秽后良心发现。他这招显然没用，严打也被事实证明没什么用。自郡县制以来，贪官污吏的问题便越来越突出，正是这个症结，使中国古代社会的行政效率越来越低，以行政为中心的城市还可以维持很高的艺术性，因为古代官吏多是科举制度中的赢家，可能不清廉，但文化素养不差，然城市的性质和格局只能墨守成规。

二、城市形式的确立

从出土的城市遗址看，中国早期城市的模式就是以纵横交错的直线形街道连接城内各功能区，各功能区主要为宫殿区、居住区、作坊区、墓葬区等。周秦以来，城市中的生产功能区缩减，宫室区扩大。从秦咸阳城和汉长安城的遗址看，都是以宫室区为主，墓葬区被转移至城外。汉长安城中还有两座市场，除了服务市民，可能还要容纳由丝绸之路开通引发的国际贸易活动。

重农抑商是秦政的精髓之一，亦为后世尊儒各朝继承。但日用品生产和交换又是社会生活之必需，正如《汉书·食货志》所言："圣王域民，筑城郭以居之，制庐井以均之，开市肆以通之，设庠序以教之。士农工商，四民有业。学以居位曰士，辟土殖谷曰农，作巧成器曰工，通财鬻货曰商。"根据先秦古籍的记载，春秋战国时期的城市中都有商户，可能也有集中的市场。

至于城市中的居住区，那时主要有"国宅"与"闾里"两种，"国宅"是王公贵族和朝廷大臣的居住区，靠近王宫；"闾里"是平民居住区。进一步，"闾"多指城内居住区，"里"多指郊外居住区。闾里的模式可能脱胎于古代的井田制，内部推崇秩序、平等、互助，还有互相监视功能；每个闾里对于外部则是封闭、隔绝的姿态。同时，不论是《周礼》中的《三礼图》表现的周代王城图式，还是"四合院"建筑模式，都大致是在"井"

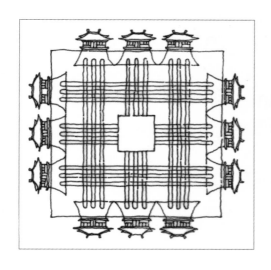

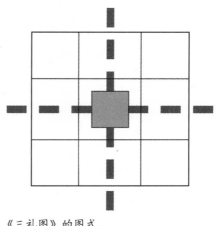

《三礼图》的图式。

15

字形上加上纵横中轴线形成的。

有学者考证，汉字中的"井"字字形来自于远古时人们在井口用4棵木棍搭的井架，这两横两竖的图形简明、平稳，加之井对于农耕生活的重要性，后来，它就成为划分土地、建立社会秩序、制定社会单位的形式。《周礼》等记载："衍沃之地，亩百为夫，九夫为井……乃经土地而牧其田野。"即在井字形划分出的9块地上，安置8户人家，中间的一块地为公田，收成用于井内的公共开支，如救助鳏寡孤独和为可能的灾年储备粮食等，这种构造形成一"井"，政府以其作为管理、统计单位，方便计税等，即为井田制。进一步，井又成为中国最重要的文化符号之一，是阴阳八卦的图式之一，还可能是其最本初的图式。

按上述对井的尺度描述，"亩百为夫，九夫为井"，那么一个井的面积大约是700～800米见方，与我们后面马上要谈及的隋唐长安城中的里坊尺度大体吻合，不知这是巧合，还是有逻辑的。

轴线几乎是所有人类族群都会自觉把握到的空间秩序，它不一定是直线、中轴线，只是在中国，它一般是直线和中轴线，并与井字形结合，形成中国传统的空间特征。

秦代以后中国社会的一个重要特色是历代总有改革者、至少是一派改革者要恢复井田制，《汉书·王莽传》中记录了一段王莽的慷慨陈词："古者，设庐井八家，一夫一妇田百亩，什一而税，则国强民富而颂声作。此唐、虞之道，三代所遵行也。秦为无道，厚赋税以自供奉，罢民力以极欲，坏圣制，废井田，是以兼并起，贪鄙生，强者规田以千数，弱者曾无立锥之居。又置奴婢之市，与牛马同阑，制于民臣，颛断其命。奸虐之人因缘为利，至略卖人妻子，逆天心，悖人伦，缪于'天地之性人为贵'之义……其男口不盈八，而田过一井者，分余田予九族邻里乡党。故无田，今当受田者，如制度。敢有非井田圣制，无法惑众者，投诸四裔，以御魑魅，如皇始祖考虞帝故事。"

这话听上去令人热血沸腾，尤其是"天地之性人为贵"一句，振聋发聩，但无法具体实施，因为秦在商鞅时已彻底改井田为阡陌，相应的灌溉系统早已适应于阡陌的构造。汉代农民的主体自耕农遇事时是需要帮助，但平日仍喜欢以家庭为单位生活劳作，对每八户形成一个集体并无兴趣，而强制均田激起的不满就更多了，有人多出的土地完全是因其自身勤劳节俭，有积蓄后与人公平交易所得，自然不愿白白被充公。没地的人也并非都是因地主富农的巧取豪夺所失，汉代时期一直在禁止有人因不愿承担田赋而自愿卖身为奴，这些人有地也不愿意种，还怨你不让他过上他认为适宜的为奴生活。

王莽一向被人们认为是倒行逆施、无事生非的人物，其实他有些愿望是好的，但将阡陌改回井田显然是不可能的。阡陌使耕作效率提高，也利于土地买卖及兼并，即使土地过分兼并使"富者连田阡陌，贫者无立锥之地"成为历次改朝换代、社会发生大浩劫的重要诱因，也不应该把责任归到阡陌本身。但笔者在了解了一些欧洲圈地运动的真实情况后，觉得阡陌使古代中国的土地使用率过高，平原地区几乎没有闲置土地，社会便缺乏缓冲性。而欧洲中世纪的乡间有许多所谓公田，传统上农民可以在其中大量放牧，其收入成为农民总收入重要的一部分。原来整个中世纪乃至近代，欧洲事实上在实行着一种类似的井田制，所以发生大规模饥荒的事很少，农民起义也很少。圈地运动是羊毛生产商利欲熏心，与农民争夺公地，虽然农民没有公地的产权，但传统中公地上的收入一旦失去，农民生活就陷入困境，只是因为当时农民进城多能找到工作，更重要的是当时的欧洲可以把内部矛盾转嫁给他们的殖民地，欧洲社会才没有发生浩劫式的动荡。

看到这些情况，不能不令人慨叹，中国传统文化太早熟了，社会模式固定得太早了，历代那些要恢复井田制的人不是没有他们的道理，但太多现代人过于轻率地将他们视为精神病，这样对待王莽还情有可原，一样对待海瑞等人就有问题了。

对饮图是汉画像石上常见的题材，由于官方怀疑，民间3人以上聚餐就有聚众谋反可能，所以对饮的总是两人，但可以有仆人和歌舞伎，看来当时的城市生活管理是极为严格的。

三、真实的隋唐长安城

从汉长安城遗址并看不出《三礼图》表现的规则几何性，类似井田制和《三礼图》的规则几何性更清晰地是在隋唐长安城中表现出来的。

相比汉长安城，隋唐长安城在中国的城市规划设计上发生了质的进步。第一，这座城市是在隋朝重新统一中国后由专人先行进行整体设计的新都城（隋时称大兴城）。隋文帝杨坚看来是个很重视定居文化的人，因为他在接见归附的游牧部落党项羌人首领时，专门谆谆教导人家："人生当定居"。不过，隋文帝为大兴城找的规划师宇文恺是出自原本游牧的辽东鲜卑族贵族家庭的，虽然已经大幅汉化了。然而，可能正因为有游牧人的属性，才使宇文恺的手笔颇大。第二，隋唐长安城加入了更多的平民居住和商业功能。第三，确立了中国有中轴线主导的方格网形城市的图式。由宇文恺规划的这座城市大体呈方形，平面图是一副基本对称的几何图形，整整齐齐，清清楚楚，像一面巨大的棋盘。

隋唐长安城清晰地表达出，当时的中国人对城市已经有着前瞻性的、整体性的规划思想，展现出规划师对礼制、阴阳五行学说的遵循、表现，以及对图式的变通能力，如对《三礼图》，方形的城市也是每边3座城门，对应城内的纵横向主街，但有灵活变化。

不论是在当时还是现在的世人心目中，精心规划的隋唐长安城都是一座伟大的城市。但这座巨城也有

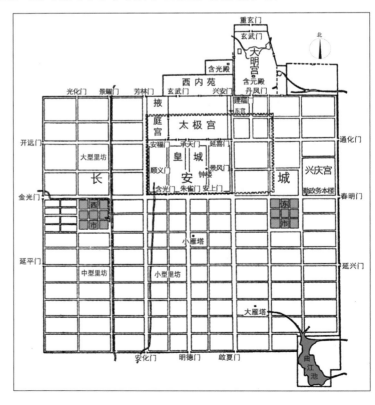

唐长安城平面示意图。

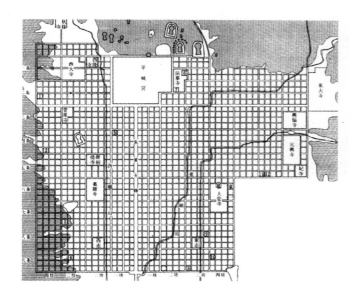

日本平城京平面示意图，对照其遗址的面积和此图，可见其街坊尺度只有约100米见方。

一些难言之隐，主要是贵为大国国都的长安很长时间人气低落，大兴城或长安城像晚它1500年的巴西新首都巴西利亚一样，按照出色的规划建好了，竟没人愿意来住，这期间的原因多种多样，长安城的原因主要有以下几点：

1．在隋朝之前，中国刚经历了长期动乱的南北朝时期，人口必然大幅减少。刚稳定了20年，又因隋炀帝的建设过度引起了隋唐之交的大动荡，首都的居民不足可以理解。

2．隋炀帝主持开凿的大运河工程建设和维护费用都极为高昂。至隋代，关中的粮食产量已经与关中的城市化规模不相匹配，当时的长安城已经开始依赖由运河运来的中原和江南的粮食，如果粮食运量不足，成本太高，关中的城市里就生存不了太多人。

3．当时绝大多数中国人是以农业为生的，社会并不存在所谓的城市经济，城市中只存在少量针对宫廷和权贵的服务业和手工业。种地的农民都住到城市来干什么？吃什么？可同时城市又这么大，多出来的地方只能空着。

4．本来不用种地的官吏、富人可以住进城市，但他们中的许多人也不愿意住在长安城里。这可能就是因为住在长安城里不舒服了。

根据考古成果和历史记载，我们可以想象出当时长安城的大致景象。首先，城里的街道都非常宽，主要街道的宽度都在百米以上，次要街道也有几十米宽，虽然都是林荫道，但几乎都是黄土路面，没有石板路，能铺上沙子的路面都很少，那必然是晴天一身土，雨天一身泥，著名的朱雀大街也是这样。尽管李白、杜甫、白居易们曾在那里行走，帝王将相的仪仗队曾进进出出，万国来朝的使节们曾东张西望。这么宽的路，单单是净水

唐长安城的地面建筑现在只余几座佛塔，大雁塔已经成为现在西安的标志之一，近年在塔的南北都修了宽阔的广场，广场均宽200米左右，正好是传说中的朱雀大街的宽度，而现在的人们觉得这个宽度对于广场都足够宽了。

洒街，黄土垫道的工程量对于只有铁锹、木轮车的工程队来讲已十分艰巨，那么人们就要问了，按当时的交通流量，路面缩窄三分之二也不会塞车，路修这么宽干吗？要是窄一点，把省下来的钱用于铺沙子路面或石板路面是否更好？《三礼图》中规定："匠人营国，方九里，旁三门。国中九经九纬，经涂九轨。"即主道路宽度需要满足9辆马车并行，而长安城的路宽远远超过这样的规定。9辆马车并行应该只需要30米的宽度，而长安的朱雀大街宽200米，其他主要街道也要宽100米。

其次，路宽可能是为了城市形象，这是政治问题，宇文恺这个人有才华，有想象力，他最突出的优点即是对皇帝的心意领会透彻，《隋书》记载他在设计洛阳时"揣帝心在宏侈，于是东京制度穷极壮丽。帝大悦之，进位开府，拜工部尚书。"

相比洛阳，长安城一向有更"宏侈"的传统，早在东汉，以科学家著称的张衡就在他的文学名篇《二京赋》中说明了这一点。所以，想必长安的形象更是穷极壮丽，无比震撼。据说当年日本人就捧了一套长安城的图纸回去照虎画猫地修他们的平城京（现奈良市西郊），既然是照虎画猫，平城京的里坊尺度就大为缩小。今天，已经是废墟的平城京是世界文化遗产，近代奈良城区基本由150米×150米左右的街坊组成，街道宽度大多是10～20米。

当年长安城真正的居民感受如何呢？首先，别说走，就算坐马车过一次朱雀大街的路口就要走半天，好在那时没有红绿灯。近日有新闻说，国内某城市一条100多米宽的干道路口，人行绿灯只设了几秒时间，也就是说连当今的百米短跑世界纪录保持者在那过马路也会违章。城市里的皇城和皇宫在最北端，后来进一步搬到城墙外的东北角上地势稍高的地方，如果一个官儿住在城西南，上次朝要走10公里，所以，必须住在城里的京官们都挤在城市的东北部，市民们也尽其所能就近挤着，因为他们主要的工作内容就是为那些人服务，当时养马车的经济负担绝不比现在养汽车轻，即使长安不堵车，也没人愿意住远处。史料记载，直到盛唐，长安城南依旧人烟稀疏。"安史之乱"后，就更稀疏了。

其次，全城只允许两个地方开设市场，分别位于城中部的东西两侧，其中的西市是著名的国际贸易市场，是大名鼎鼎的丝绸之路的东点，在那儿盘踞的全是国际倒爷。真正面对市民日常生活的只有东市，居民置办点儿柴米油盐，少则走几里地，多则几公里。城里的一般居民区都是一个个小则一里见方、大则数里见方的里坊，里坊外围必须是高大坚实的围墙，不许随便开门，更不许开铺面。如果有人在大街上做买卖，立刻会被那时的"城管"驱逐或抓捕，里坊里原则上也不许经商，做小买卖的只能偷偷摸摸。

里坊的尺度应该是长安城路宽的另一个主要原因，因为路的间距就是里坊的宽度，路不能穿越里坊，里坊这么大，路的间距这么远，路如果不宽，空间感觉上就不舒服。古人可能为了其他一些因素会牺牲城市、建筑的功能舒适性，但他们控制空间效果的能力是高超的，他们一般不会牺牲城市的艺术性。

左3图：唐人规划设计的气魄毋庸置疑，这从唐高祖与武则天合葬的乾陵格局即可看出，或许，相比秦始皇建咸阳时"表南山之巅以为阙"的气魄，还显小气，事实上，至少从空间意象上来讲，从秦始皇至清代，历朝历代的趋势是越来越"小气"，判断这到底是进步还是倒退，怕要看个人的价值观如何。

唐人的气魄也可以从洛阳龙门石窟奉先寺的格局中看出，奉先寺修建于武则天时代。

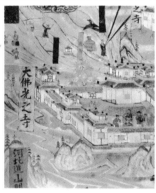

左2图：从唐代敦煌壁画上表现的建筑形式看，建筑空间比较强调围合。

　　古代统治者的根本利益是管制社会的简便性、有效性，里坊制度就是在这种需求下产生的。它是闾里制度的发展，里坊在格局上像是座城中城，四周均是高墙，对外只开两三个门，门口由政府任命的民丁把守，定时开闭，居民定时进出，非居民不得进入，加之里坊有一定的防御性，有里长等组织人员，所以里坊有较好的安全性，也有监视居住的意味。

　　综合来讲，在城市格局的磅礴气势之下，长安城内部的具体情况是路宽、路直，路网整齐有序，路边整齐洁净，没有沿街铺面，沿街开门都很少，更无占道集市。坊门的间隔应该在500米之上，只有官宦大户可以直接向路开府门，这是"门第"概念的来历。当然还有壮丽的皇家宫室、政府机构。

　　因为设计了长安城和洛阳城，宇文恺得到了高官厚禄，他也得到了许多今人的推崇，被称为古代的规划设计大师。史书上讲，他还为隋炀帝造过很多"大帐"、"观风行殿"之类的奇特建筑，供这位一心要大有作为的皇帝到处显摆，他为隋朝的"大兴"、"大业"贡献实在不小，隋炀帝亡国不能都怪他，但也不能一点儿都不怪他。

第二节　古代里坊城市的变迁

　　隋唐长安城无疑是中国古代城市的一个范本，也是世界古代城市的一个范例，它成就巨大，同时也有缺陷，特别是以现代的眼光看待它时。

　　以往评论中国古代城市时，人们提出的缺陷主要是城市中缺少市民公共空间，特别是市民广场等。长安确实没有广场，但它的路宽得就像广场。事实上，以现代角度看，中国古代城市最大的缺陷是里坊制度或里坊模式的存在，它们是管制性居住所采用的模式，肯定与商业社会有严重的冲突。

此2图：在城市中的里坊制度松动后，中国的寻常百姓家逐渐也能在大街上开个户门，并做生意，南方城市人口密集，民间生计也更需要做生意，城市便尽量多开辟商业街，但主要措施还是靠沿街各商户尽量减少沿街面宽，而加大建筑纵深。

23

一、里坊的兴衰

对于将平安过日子视为最高追求的人来讲，里坊是一种相当不错的形式，相对安全、井然有序，有人管理，是有些不方便，但对底层民众来讲，完全可以克服。

里坊这种模式是一个集体居住构造而不是四合院那种家庭建筑构造，以它作为社会、城市构成的单元，大约是混合了古代井田制和保甲制。然而，正如井田制之所以被阡陌制取代，是因为井田制阻碍农业生产效率的提高；唐代以后，里坊制度逐渐被废止，也是因为经济原因。

中国古代社会虽然始终重农抑商，但商业在经济中越来越重要是不可阻挡的历史趋势。在以农业经济为主的社会中，城市对经济不仅没有贡献，还是经济的沉重负担，这是唐代长安城人口稀疏的最根本原因。城市是商品经济的宠儿，更会成为商品经济的发动机。北宋年间，随着手工业和商业的发展，就不存在城市人口稀疏的问题了，这时，如果再严格执行里坊制度，会严重损害城市商业利益。于是就出现了《清明上河图》中展现的一幕，北宋汴京城中出现了商业街，汴京因此以繁华和城市生活气息

此2图：《清明上河图》的两个片段——城门段和虹桥段，反映当时汴京商业区的面貌，可见除了商铺，路边还有摊贩，包括交通拥挤的虹桥上，桥头有官人模样的骑马者，但张择端把他描绘得很平和，让他耐心在人流中慢慢过桥。然而图中的商业，漕运繁荣主要还是为了供养一个权力人群，而且繁荣有一部分是由世界上第一种纸币"交子"印刷太多造成的，结果女真人的军队一到，这座繁华大城便轻易换了主人。新主人接着变成新的权力人群，最终致使当时黄河以北众多城市被蒙古骑兵夷平，变成他们战马牧场。不过汴梁城倒是被保留下来，但它没有躲过明末黄河水的灭顶之灾，使现在开封城内宋代之前的古迹寥寥无几。

今天的开封老城内大体保持着清代的街道格局，几处仿宋假古董因为要收门票，自然有围墙，无围墙的街区内巷道很窄，无法分解车流，好在老城面积不大，故交通问题尚不突出。

近年开发的开封新城，在老城外西侧，规模巨大，新里坊式的小区格局，交通等方面是否会有问题，目前还看不出来，因为那些房子有钱盖起来但想买房子的人没钱买，故至2013年，新城基本上是"鬼城"。

现在的西安城并不是在隋唐长安城的基础上发展起来的，其前身是明代城市，明城规模比唐城小很多。城中的传统街区一样保存得不好，以鼓楼北的回族聚居区相对完整，现已成为观光区。区内禁止汽车进入，虽然鼓楼下有停车场，但车位不足。

浓郁著称，以至有艺术细胞的宋徽宗看到了一种城市美，专门指派他欣赏的画家张择端去把汴京市井描绘下来，而在此之前乃至后来，城市很少是中国画家感兴趣的题材。当时汴京城中还出现了若干"瓦子"，那里面有戏院、酒楼、浴池等，肯定也有洗脚房、妓院等。

　　可能是因为唐宋两代的强烈对比，使很多后人在安排诡秘怪诞的场景时，总是想到唐长安城。如已故作家王小波在他的小说《青铜时代》里，就把长安城里的人描写得神神叨叨，里坊城市里活泼一点儿的地方似乎总是本该肃穆的寺庙，中国古代才子佳人的佳话以及类似绯闻可能有一半发生在寺庙或与寺庙有瓜葛。连贾平凹写20世纪末的西安城时也要写上一段市中心古庙里尼姑的相关故事，王小波的描写自然也是围绕着寺庙展开。这个传统延续到宋代，不过那时，寺庙主要是鲁智深那种和尚喝酒的地方。相比唐代，宋代的城市生活显然自由多了，可惜女真人和蒙古人来了。

二、元大都

蒙古人曾经摧毁了欧亚大陆上超过一半的古代城市，但他们也新建了一些名城，其中最出色的就是现在北京的前身——元大都。

与宇文恺一样，元大都的规划设计师也不是汉人，蒙古人将中国元代的官方文化事业大部分交付给色目人掌管，是让当时的汉人极不舒服的一件事，然单就让也黑迭儿丁这个色目人设计大都这件事，是未尝没有好处的。也黑迭儿丁具体是阿拉伯人还是波斯人目前还不清楚，总之是西亚穆斯林。

经过亚历山大东征，东罗马、拜占庭帝国东扩，阿拉伯帝国扩张等历史过程，元代时大食的城市、建筑已吸收到了古埃及、古巴比伦、古希腊、古波斯、古罗马等时代的元素，形成了伊斯兰城市和建筑的风格和形制，城市的形制一般是以宗教建筑为核心，以宗教建筑作为城市中心空间和主要轴线的依托，方格网或蜘蛛网状的主要街道将城市其余区域分成若干片居住区，居住区的建筑密度很高，内部交通靠狭窄的街巷。这种城市形制与里坊制松动后的中国城市形制区别不甚大，差异主要在于宗教建筑的地位比中国高，城市大格局变化更灵活，而最主要的是，城市规划的框框比较少。

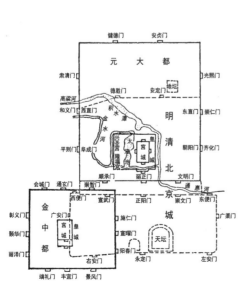

金中都、元大都、明清北京城位置、轮廓示意图。

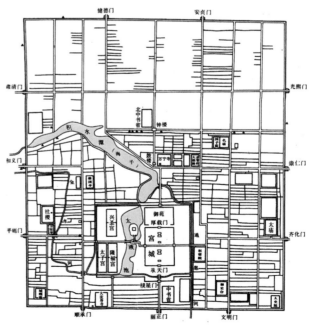

元大都城市平面示意图。

上图：北京妙应寺白塔，建于元代初年，作为城市的一种保护神象征。设计者和也黑迭儿丁类似，也是外国人——今尼泊尔的阿尼哥。

下图：北京的鼓楼和钟楼，现存建筑虽然不是元代构造，但它们在城市中的意象是在元大都中确立的。

蒙古人也不会任由也黑迭儿丁完全按伊斯兰形式设计大都，也黑迭儿丁如果真是设计大师，他也会考虑地方文化（不知当时有没有这个概念）。而也黑迭儿丁还有一个工作搭档，汉人刘秉忠，《元史·刘秉忠传》中说此人"于书无所不读，尤邃于《易》及邵氏《经世书》，至于天文、地理、律历、三式六壬遁甲之属，无不精通。"显然，这样的设计组合，让大都成为"中西合璧"的产物。

元大都与隋唐长安城的差异主要有以下几点：

长安只在城市的东南角有湖泊水系，大都则将更大的湖泊和水系引入城市中心。

中国的风水观念使城市往往会主动靠近山水，但只是靠近，很少将大片的自然山水圈进城墙之内，如北宋都城汴京和南宋都城临安。今天开封老城中的大片水面应该是明末黄河决口的结果，北宋时并不存在，大片水面在城外，而杭州的西湖至清末一直在城墙之外。连有一些渔猎传统的女真人在设计他们的金中都时，市中心的水面也不多，北京现在的莲花池，当时也在城墙外。

蒙古统治者重商轻农，加之大都和隋唐长安城一样，也依赖由运河输送中原、江南的粮食、日用品，故市中心的湖泊、水系有水运贸易意义，但这些意义应该不需要这么大的水面。之所以有这么大的水面，应该是蒙古人习惯海阔天空的环境，蒙古帝国在老家的首都和林盖了不少房子，但王爷们谁都不愿意住进去，只好当仓库，人还住帐篷。当年忽必烈到金中都时，由于他比较开放，已经可以住在现北京北海的琼岛上，那里有金代的皇家离宫，但绝不愿意住在城内。也黑迭儿丁的脑子里框框少，见主人愿意住在水中央的山上，就将那片水圈进皇城，相邻的水也圈进城市。真正的儒家对此应该有看法，不太成体统。

虽然有大水面，但大都的街道网整体上还是《三礼图》和方格网那种格局，相比长安城，其更接近《三礼图》，因为皇城位于城市居中靠前的位置，这样可以遵守《周礼》规定的"前朝后市"，长安城是反着的。

相比长安城，大都的主要街道宽度大大收窄。居住区还是由50个里坊组成，但里坊的体块还有，里坊的制度已无，里坊的尺度也略为缩小。坊内街道相互串联成为城市的小街巷、胡同网，这一点与汴京相似。

大都以街道空间安置商业内容，长安以坊块安置商业内容。

还有人认为，相对以前的城市，大都环状城市的特征有所加强。环状城市被城市学家认为有游牧社会的传统，方格网城市有农耕社会的传统。元朝主要由游牧的蒙古人、半农半牧的色目人和北方汉人、农耕的南方汉人组成，大都格局呈现方环和方格网交融的形态对应这种人文情况很是贴切。

明灭元后，特别是在朱棣迁都北京后，他没有改变元大都的基本格局，只是早时徐达攻占大都时觉得城北太空旷（也是因为城市规划面积太大而人口不足造成的，城市经济单调，"后市"没有形成），不利于城防，便在城中偏北加筑了一道城墙，将原来北部的城墙逐步荒废，事实上将城市缩小了。

由于改动大水体的形态对于没有现代工程机械的古人来讲难度太大，所以古代城市水体格局最容易保留下来，现在北京的什刹海、后海、北海、中南海的水体与元代基本一致，后海西侧的万宁桥虽然是明代构造，但水体和桥的布局为元代设计。桥北面的火德真君庙据说始建于唐代，当时的北京是安禄山的地盘。桥、水、庙（从前还有船闸等）的这种组合，使城市风景美丽如画。

什刹海一带的城市美被大多数人欣赏还是近年来的事，因为先有外国游客热捧，后国人发现梁思成先生等人早也盛赞过。人们自然地作为艺术品欣赏的对象是北海等原皇家园林。

右2图：当年蒙古人圈在北京城内的水面，特别是居住区里的水面现在成为北京最生动的地方，也是市中心空气质量相对好的地方，但整体空气质量不好，水边也好不了那里去。

看来终元一代，大都和长安一样，一直非常空旷。

在大都的房地产分配方面，忽必烈虽然也维护贵族官僚的利益，但也反对个别人过度圈地囤地。他命令："诏旧城居民之迁京城者，以资高及居职者为先，仍定制以地八亩为一份，其地过八亩或力不能作室者，皆不得冒据，听民作室。"不知道是不是因他没控制住腐败得有名的元朝贵族官吏圈地囤地，使老百姓得不到地，或干脆不愿意在大都"作室"？

元代统治阶层号称非常重商，但他们只重赚快钱，从来没有真心发展过商品经济，而且抢劫成性，这就难怪没有太多人有能力在大都"作室"，或愿意在大都"作室"。大都空旷的另一个重要原因是虽然城市中心有辽阔的山水，但最重要的原因是许多蒙古贵族就是不愿意住在城市，他们始终认为最幸福的居住方式是在草原上住帐篷。他们中的一些人还将此上升至思想高度，因此，这些人一直对忽必烈受色目人、汉人影响大搞城市化很不满，1296年，他们还聚集到大草原上召开大会，宣誓要保持蒙古传统的游牧风俗习惯，并派人去质问忽必烈："本朝旧俗与汉法异，今留汉地，建都邑城郭，仪文制度，遵用汉法，其故何如？"忽必烈遭到这样的谴责其实有些冤枉，在营建大都的皇宫时，他还专门把一种从漠北草原上带回的叫思俭草的草种种在丹墀之下，以"示子孙无忘草地"。这使我们后人可以想象，当年大都城里定不缺少时下时髦的草坪，反正地荒着。

而百姓不在大都"作室"的最根本原因还是当时的中国经济仍然以农业为绝对主导，城市中不需要太多的生产性人员，城市是花钱的地方，不是挣钱的地方，相比隋唐时代的有钱人，蒙古贵族中喜欢住在城市的更少，城市需要的服务人员也就更少。在朱棣迁都北京前，朱元璋在南京已经新规划建设了一座宏大的都城，那是中国有史以来最接近《三礼图》的都城，反映着朱元璋立志要复兴华夏传统。明初对北京的改造，也使皇城更靠近城市中心，皇城前增设了"左祖右社"，使北京也尽量接近《三礼图》。

明清时期，除了宫殿，衙门、军营、府第，仓储区在北京城内的占地也不少，近年还能在里坊深处挖掘出南新仓改造成时尚区。

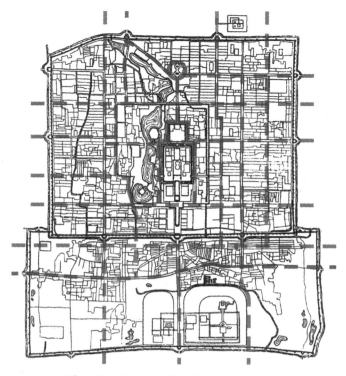

明清北京城平面示意图，图中粗虚线为近现代加宽的主要城市干道，基本沿用过去的干道。

除了原来的内城，清末首先在北京重建里坊制的是当时早已习惯街坊制的欧洲人，他们设计的东交民巷使馆区内部已经有街坊格局了，使这片区域的街道网至今与北京其他区域很有些不同，但他们又用一圈围墙将使馆区围了起来，路口还设有堡垒。不过东交民巷在初期形成街坊格局时，再到围成新里坊时，都没有拆除原来的路口牌楼。

　　到了明代嘉靖皇帝时，城市工商业有了一些发展，因为城市有扩大和加强防御性的需要，便准备将北京再扩建一圈，但钱不够，最终只建成南城，这样一来使北京似乎恢复了一条被徐达切去的纬线，二来使北京的方环城市格局得到强化。北京城从此固定成紫禁城、皇城、内城、外城这从内向外的四环，只是四环不完整。

　　明清时期，社会工商业有一定发展，但幅度不大，城市相对繁荣，但城市扩张速度不快。直到清代后期，中国国门被打开，以农为本的观念和体制被根本动摇，扶助工商成为强国之策，城市正式成为比乡村更容易赚钱，更充满机会的地方，于是，城市才变得一房难求，不再有没人愿意来的问题了。

三、遗存的里坊

从北宋开始，里坊制度已不再是城市构造的规定制度，但从宋代一直到清代，中国城市中的里坊并未消失，一种情况如宋代西北前线和明代西北防蒙古、东南防倭寇和海盗地区中的城市构造仍以里坊制为主，因为那些城市的安全问题严重，城市防卫制又是军民一体。至今在内蒙古的呼和浩特、陕西的榆林、山西的平遥、浙江的临海等城市的古城区里，都还能见到里坊制的痕迹。在山西，不仅很多古城是这样，很多村镇也是里坊制的。

另一种情况是在北京等大城市中，没有封闭的里坊，但里坊的轮廓还在，里坊仍然是构成城市居住区的基本单元。这种格局当时并没有给市民带来任何不便，而且不论经商、居住都非常适宜，沿街道布局商店，坊内可安静居住，货郎早已被允许在坊内叫卖各种货品，宅院中的居民可以凭不同的叫卖声分辨货郎的类型，就近享受各种上门服务。

即使还保持部分里坊制的城市，也不妨碍经商，如平遥和临海，开在城市主要街道上的商店多采用前店后宅、前店后厂的形式，充分利用坊内的纵深。

2001年拍摄的呼和浩特老城中的老坊门，现在很有可能已经被拆毁了。

中图：陕西榆林老城内的里坊区，与呼和浩特的老坊门一样，现在可能已经不存。

右图：山西太古、平遥等老城中的里坊区，由于平遥老城的旅游业价值已经显现，现在这些城市里的老房子一般不会被拆了，但区域不一定被精心维持。

但在一些极度商业化的城市中，这种传统城市模式还是开始暴露出沿街商业面积不足的问题，迫使商贩沿街摆摊。表现中国古代官府、恶霸不仁的重要情景之一就是他们在城市的街道上为自己能走得快而驱赶百姓、砸摊毁货。除了人恶的因素，这也是由于城市主要道路太少、间距过大造成的，里坊内的街巷不适合开商店，经商的人只能多挤在主街上。在中国南方的一些城市中，新城区的街道间距有所减短，以能开辟更多的商业街，特别是在有租界的城市，租界区的居住区路网间距也远远短于里坊城市中的500米下限。

顶2图分别为今天平遥、太古老城内的十字大街，沿街开满了商店和旅店，甚是繁华，商店将里坊区掩盖在城市深处。清代的老商店、特别是票号、镖局、药店等如今多已成为博物馆了。平遥晚上对汽车进城的管制有所放松，在老城里过夜的人有些可以把自己的汽车开进来，使老城中的旅店业能够兴隆，但因此会引起开发者为了建更多的旅店而拆改原来的里坊格局。

上2图分别为平遥最著名的票号铺面和市楼下利用零碎商业空间的小古玩店。过去，平遥城内只有主街上可以、也适合开商铺，所以主街的铺面价值必然高，大名鼎鼎的"日升昌记"票号在主街上也只有几个开间，需要更大的建筑空间，只能向进深发展。

浙江临海老城的一条主街，由于从前海盗猖獗，老城的里坊制度非常严密，但内部的商业活动已经不太受限制了。

上3图：上海"新天地"附近的石
库门街区，空间曲折隐秘，只适合
人力车进出。

右2图：北洋政府时期，军阀们在
天津仿照上海石库门模式搞过一
些房地产项目，这些新里坊现在
大部分已经被拆，小部分也成为
观光区。

上海的石库门街区则是英国式的街坊模式与中国里坊模式综合的杰出产物。从清末开始的社会动荡，更促进中国的乡村人口涌向城市，进一步涌向城市中的外国租界以寻求安全。上海租界中的英国商人看到这是个发房地产财的大好机会，他们本来习惯街道网密集、空间开放的街坊模式，但为了满足中国人在居住空间上的习惯，不知是英国建筑师有文化上的自觉，还是有买办给英国人出主意，一种被称为石库门的形式产生了。这种形式改造了、也整体保留了中国的里坊形式，比北京不封闭的里坊还封闭，内部街道狭窄，街区外围有坊门，坊内一段间隔间还有街门。有人说这种模式来自于南方的大家族院落，而那种院落自身就像一个里坊，还像一个微缩的里坊城市。

第三节　现代里坊城市

古代欧洲和西亚地区可能没有里坊制度，但欧洲中世纪的一座设防城镇就相当于一个里坊。而从近代社会开始，当城市需要扩大时，欧洲人就采用了新型街坊模式。西亚虽然没有里坊，但城市街块的尺度与中国的里坊类似。

中国和西亚的古代城市与欧洲中世纪城市不同，人口多、体量大，进入汽车时代后，不能简单地将老城设为步行区就能解决问题，这可以理解，但如果在扩建城市、改造老城区和建新城时还固守原来的城市模式，就属于观念有问题了。

21世纪一开始，中国新一轮旧城改造和新城建设即开始，大量邀请欧美规划设计师来华献技，但主人有先入为主的要求，客人以创收为根本，所以新的城市规划多只在样式上下功夫，构造还是里坊式。

一、形式的惯性

对于今天的中国人来讲，"里坊"这个词应该很陌生，因为自里坊制度废止后，大家早习惯了"街坊"这个词，但原来里坊大小的街块还是构成城市组织的单元，由于总体上没有什么使用功能的问题，就没有人想去改变它。随着城市人口的增加，原来的四合院或石库门小楼变成了大杂院和大杂楼，狭窄的胡同、里弄变得越来越脏乱，使里坊式街块似乎又具备了一个好处，因为沿街面少，故方便用金玉其外掩盖败絮其中，只需沿街建一排楼，里面就全挡上了。

里坊式街块本有只适合步行、不适合走马车、牛车的交通问题，然最早时，里坊是给平民百姓住的，很少有城市百姓人家有马车。后来，一些财产较多的人家也住在里坊式的街区中，但由于中国人口众多，廉价劳动力多，所以有很多种人力交通工具，里坊城市的交通仍然不存在大的问题。近代以后，汽车进入中国，里坊式街区内的狭窄街巷最不适合走汽车，然那时，汽车极为稀少。

1949年以后，政府意欲改造旧城市，带城墙的旧北京城简直就是一个最大的里坊，是旧制度的象征，于是北京的城墙被拆了。在这种观念下，

此3图：除了少数被辟为观光区的，北京的胡同区目前基本上处在3种状态，窄的基本上进不去汽车，胡同就是大杂院的外延；宽的、仍然是居住区的可以走汽车，但对地形生疏的人一般不会开车进入，故相对清静，是胡同最好的状态；两侧多为大院围墙的胡同多数成为难得的停车场。

老城更不会原样保护，另建新城，而是就地改造，干道被加宽，碍事的牌楼被拆除。而在片区建设方面，不论是在老街区中改造出来的，还是在扩建区中新建的办公区、居住区，都是封闭的大院形态，大院面积相当于半个坊或占满一个坊，乃至相当于几个坊的面积。如果没有占满一个坊，大院与坊的其他部分之间只以围墙隔离，最多沿围墙有一条小胡同，也就是说，这一轮大改造，并没有改变原来的路网密度，只是加宽了一些道路。

北京城内的坊原本在元大都时就不再封闭了，而这种新大院反倒是封闭的，大院的外圈是高墙，对外仅有的几个出入口都有人站岗执勤，墙里

此3图：除了衙门，大学可能是晚清最早出现的新式大院，大门、围墙将教学楼、宿舍楼等完全封闭起来，后来的大学都是这种模式。由于早年大学多在郊区，所以其庞大的区域对交通没有影响，后来问题就越来越大。3图均为中国最早大学之一的河南大学老校区，其近代建筑现在是国家级文物，可贵的是，这个校园门禁不严，反正笔者是开车穿行而过的，无人阻拦。而在天津，挨在一起的天津大学和南开大学那里就不然了，由于穿越校园对很多开车的人来讲能省很多路，如果不限制，虽然校园的大部分区域仍能保持安静，但干道会车水马龙，南开大学封堵的办法是严防死守，并阻碍市政部门在两所学校中间开辟公共道路，天津大学则采取对校外车收费的办法。另外，校内车辆外出时，几乎都需要绕很多路。最重要的是，两所学校周边的城市道路因车流无法分解而经常堵塞。

左图：延续里坊格局的北京，尽管市中心修满了立交桥，古城空间早已因此支离破碎，但交通问题还是不断恶化。北京虽然高楼多、汽车多，但纽约一样，而且纽约没有这么多高架桥，所以只怪楼多、人多、车多不行，乃至只怪当初没有听梁思成先生的意见也不能作为问题的全部理由。

右图：洛阳是大唐朝的东都，当年宇文恺对它的规划可能更完整，如今洛阳已经建成庞大的新城，自然还是里坊式的，追求大唐气势的住宅楼只能以面积广大的小区形式存在，大唐风格只能在建筑装饰上表现。

面靠大门的前半部分通常是办公楼，后面不仅有宿舍楼，公共食堂、公共澡堂、医院、幼儿园、托儿所、学校、体育馆、体育场、俱乐部、车队等一应俱全。里面的居民工作时是同事，回家后是邻居，夫妻吵架了单位领导要出面调解，头疼脑热了大院里的卫生院负责打针吃药。总之，不用出大院，事无巨细，都能解决。没有人将大院与里坊联系起来，但从城市构造的角度看，它就是长安式的里坊。当然，大院中的人一般都非常幸福，生活环境比胡同中的人优越。除了产生了一些隔绝感，大院也没有给城市带来什么麻烦。

当中国融入世界以后，城市也必然按照国际惯例，使其功能向经济中枢转化。以中国的国情，北京在作为行政中心、文化中心之后，不可避免地还要成为经济中心。北京的人口更是暴增，需要大幅提高城市容积率，即要将很多平房改建为楼房。世界上的所有大城市几乎都要经历类似的过程，北京及其他中国城市与世界大多数城市的不同在于，在这一轮城市改造中，他们仍然固守原来里坊城市的格局，只是原来的坊除了大院，还变成了封闭的花园小区。

有除旧换新传统的中国人其实往往会将新东西还是搞得太像老东西，外表可能不一样，但本质一样，往往还变本加厉。封闭的大院、小区比不封闭的里坊更不能发挥分解城市交通量的作用，在城市汽车保有量暴增后，交通问题就必然成为顽症。

二、花园小区的由来

花园小区这种住宅模式也算是一种国际惯例，它起源于第一次世界大战后的欧洲。那时，一方面城市需要战后重建，另一方面从工业革命开始以后从农村涌入城市的产业工人也一直没得到比较妥善的安置。当时城市重建的趋势是市中心以恢复为主，在城市边缘和近郊开始兴建大规模的工人新村，这种工人新村如果严格按我们现在的标准来要求还不能算作真正的花园小区，它们太过简单平淡了。而如德国柏林郊区的几个标准较高的小区，因为有时代代表性和建筑艺术性，现在已经是世界文化遗产了。

第二次世界大战的破坏程度比第一次大战要严重得多，重建的任务也更重，同时重建的能力也更强，一种被称为"集合住宅"的住宅模式被广泛应用，不仅在城郊，许多市中心的重建项目也选择了这一模式。集合住宅比工人新村的标准提高了许多，与现在的花园小区已经非常接近了，不过它仍然是城市中低收入者的居所，每户的面积都不大，建筑一般均采用简捷实用的现代主义风格，许多甚至与工业建筑的样子很接近。

集合住宅是日本人造的词，由于日文的底子是中文，所以我们仍可用其顾名思义，就是将原来一家一户一栋房子那种分散的格式变为集中、合

左图：在花园小区出现前，波旁王室统治下的现意大利那不勒斯曾经出现了一座大型集合式建筑，那是王室为那不勒斯最底层的民众建的"穷人之家"的大楼，以让他们能体面居住，其体形巨大，比王宫还大，外形也像一座宫殿，穷人们投桃报李，当那不勒斯有人响应当时拿破仑的号召成立共和国时，他们帮助王室推翻了共和国。不过"穷人之家"大楼外表体面，但内部如果是个大杂院，居住并不舒适，所以它后来长时间荒废，目前在整修，但应该不会再作为住宅使用。图中只显示了"穷人之家"一半的长度，大楼总长400米，进深150米。

右图：英国早期的小区多由简单的排屋稍微精致、变化一些后组成，这种小区多不封闭，小区内的道路可以随意通行。

上2图：德国柏林早期的居住小区，建筑都比较朴素，环境也只是草地和树木。如今树木长大，环境也显得相当不错。这些住宅区的容积率都非常低，所以城市干道有时间隔稍大时，交通也没有大问题，同时小区也不封闭。

并的格式，形成由众多空间单元组成的中大型楼宇式建筑，以追求土地、空间、原材料、能源等的集约性利用。这是顺应时代和社会要求的。秉承集约的原则，不仅建筑物不能雕梁画栋，绿化方面也相对简单，所以集合住宅总是以实用、经济、相对低价的角色出现。

随着社会富裕，集合住宅的标准越来越高，里面出现了大型水面和精心设计的花园，有的建筑设计得像前卫艺术品一样，但集合住宅的韵味和基本属性一直未变。它仍然表现出强烈的工业美和技术美，不追求奢华感，虽然一件现代抽象艺术作品能拍出上亿美元的天价，而它与古典油画相比与公众的距离总显得近些。一个集合住宅区的规模都不会很大，姿态表现得平易近人，不封闭，专属性也不强，看上去完全融于城市，再有就是这种模式在城市中所占比例绝不会超过三分之一。

为了修正现代主义泛滥以后出现的弊端，从20世纪60年代和70年代开始，所谓的后现代主义建筑思潮出现，其理论家罗伯特·文丘里以"建筑的矛盾性与复杂性"为理念核心，指出现代主义建筑的简单化、平淡化，千篇一律化，需要发掘不同的历史文化，不同的人文传统，运用不同的技术、材料，不同的风格形式来改正。建筑不仅要实用、经济，还要美观，更要人性化。人性的"矛盾性与复杂性"要用文化的多元性来体现。在这一思潮影响下，加上全社会建筑标准的普遍提高，原来的集合住宅一方面提高了标准，另一方面与多元文化相结合，同时，由于经济规模普遍扩大，一个建筑项目都普遍以建筑群体的形式出现，这样就产生了花园小区。

上2图：由于早期的集合住宅有廉价住宅的标签性，为了满足一些高档项目的要求，荷兰也曾经出现了一些有中心大花园的豪华小区，但这种模式不久就不流行了，设计原则上转为主要依靠因借自然环境和完善空间形态。

左图：荷兰早期的花园小区，在欧洲似乎是形式最活泼的。小区内部空间近似街坊，在小区不封闭的情况下，则基本上就是街坊。由于多处在郊区，故这种街坊内部不会有太多的穿行车辆，完全可以保持安静。

　　任何事物自身均有利弊两个方面，关键问题在于对待和处理它的方法，方法是否得当决定着利与弊的放大或缩小，你把花园小区设计成欧式的、美式的、中式的、现代式的都可以，但这些只可以影响花园小区的视觉效果，影响不到它与社会及与城市之间的逻辑性。决定逻辑性是导致良性循环还是恶性循环的关键因素在于花园小区自身规模的大小、管理模式、所处位置和在城市中所占的比例。

　　一般来说，封闭式管理的花园小区在城市中心区数量一定不能多，其自身的规模更不能大，位于城郊处的小区可以比较大，在建筑模式上所占的比例也可以比较高，但也不能过度，否则会使花园小区丧失其所生成的脉络中应具有的集约属性，而如果其在城市中心区多而大，那么不仅谈不上集约，城市的空间环境、功能配置、交通，还包括花园小区自身的安全、安静等品质均会大受影响，整个城市随之会越来越找不到改善的合适方法。

三、现代里坊城市的主要现象

大院、花园小区乃至里坊，作为一种建筑群模式，自有它们的优点，同时肯定也有它们的缺点，而由它们组成的现代城市，经过事实证明，缺点过多，而且致命。

2005年的新春佳节，中国的电视里频繁放过一个电视情景短剧，简要情景是一条住在拆迁区的邪恶的野狗窜进花园小区来用自由之类的名目勾引善良纯洁的宠物狗，最后，经过小区人民的帮助教育以及宠物狗自身迷途知返，那条流浪狗终于与一个有流浪倾向的人一起融入了小区里的幸福生活。

短片画面摄制优美，加上变色、柔光、雾化等制作处理，让人看得如痴如醉，看完后，人们都会这么想，连狗都是小区狗了，何况人乎？否则，情何以堪。

无疑，花园小区模式的确能比较容易地营造出良好环境，由于我们现在居住的环境中有许多诸如脏乱、不安全之类的因素，许多人拼命地要挤进小区是为了躲避公共环境而打造出一片自己满意的私人领地，这本是无可厚非的，就算显出了那么点自私自利倾向也可以理解。然而，当花园小区普及以后，新鲜感淡了，烦恼又多了起来，单是物业管理引发的问题就曾经非常尖锐，只是因为近年房价暴涨，多数人沉浸在财产升值的喜悦中，很多烦心事才不去计较，拼搏着并快乐着是情绪主流。但交通堵塞和环境恶化问题还是让人们时常忍无可忍。大家都开车，行车、停车必然困难，但由小区组成的城市必然是汽车尺度的城市，你不开车，日常各种必要活动的步行距离就过长。有些小区或大院由于面积太大，内部有汽车干道，社会车辆就争取穿行，小区

左图：虽然目前中国的规划管理部门不鼓励小区向城市道路多开出入口，但仅允许开的几个也会被物业管理公司尽量封堵，因为这样可以节约管理成本，但会使车流更为集中。

右图：天津市中心的一个小区，干脆用围墙把规划出来的一个出入口封死。

大院内的人就严防死守，不胜其劳；而小区大院内的步行者嫌院门太远，往往在就近的围墙上打洞，这样，小区大院内的安全性就削弱了，如此一来，小区大院又何必封闭。

各个城市中的大学周边是这种现象最严重的地方，中国的大学一般都面积广大，不像外国很多大学就是一座楼。中国大学也都是封闭管理的，从前多位于郊区，随着城市蔓延，现在多被包围在城区中。大学的占地面积一般相当于一至两个里坊大小，封闭的大学不能穿行，大学周边的路由于车流更集中，就变得格外拥挤。步行的学生去校外，为图缩短步行距离，常想办法穿墙或翻墙而出。

追究造成交通、停车问题的原因，最容易得出的结论是人多车多，最容易采取的办法是限行限号和收拥堵费。但这些办法都会造成城市经济活力的损失，而提高经济效率本是城市意义的根本。

嘈杂拥堵是现代城市的通病，但中国和亚洲城市病得有些格外厉害，除了常规原因，这其中是否有亚洲城市普遍存在里坊模式的原因，特别值得人们深思。因为欧美等地的城市同样车多人多，但城市病相对较轻，其间是否与那里的城市都经过街坊式改造有关。里坊模式首先使城市的人流

在这一轮规模惊人的城市化过程中，中国大陆热衷于小区模式与香港地区多小区有一些关系，不过香港的市中心区是街坊格局，大型封闭式小区多在尽端式的山地。近年，香港虽然还在建一些大型小区，但小区的功能混杂，有居住，也有商业、办公，而且多位于交通枢纽之上，方便住客和办公人员乘坐公共交通。图为香港机场铁路九龙站上盖物业，此铁路站也连接地铁网络。该项目旁边还有大量填海出来的土地，不知香港的市中心能否坚持街坊模式。

中国大陆各城市不仅在住宅区使用花园小区模式，一些中央商务区也使用花园区域模式，成为规模更大的小区。图为郑州市如意湖中央商务区，规划方案由日本建筑师黑川纪章提供，区域中央是巨大的湖面，湖周边是一圈大体量的公共建筑，此区域与城市的连接靠一圈极为复杂的高架路系统，路不熟的人在那里肯定会被转晕，一个路口走错，想改就需要到几公里外调头了。

上2图：不单是中国，全世界的中世纪城市几乎都是里坊格局，只是欧洲的中世纪城市一般很小，对现代城市产生的影响也小。中东、西亚的中世纪城市则和中国一样，面积广大，如上图的宗教城市耶路撒冷和右图伊拉克的卡尔巴拉。这些城市中有些最重要的文化名城又需要整体保护，北京本来也应该如此，对这类城市的规划设计需要特别小心，而且必须容忍存在大面积的步行区。

右图：欧洲中世纪老城比较大的城市如哥伦布的出生地——意大利的热那亚，其形成一方面是因为商业贸易比较早就持续繁荣，城市需要扩大时不断地沿用中世纪模式，如它现在是世界文化遗产的"新街"区域，只是主街宽了些，街区模式还是中世纪式的；另一方面是老城需要近代化改造时，城市经济又萧条了，无钱改造。到今天，文化意识要求老城整体保护。热那亚老城整体保护了，但为了解决城市交通问题，老城和老港口之间被一条高架桥穿越，很煞风景。

车流昼夜两极化，晚上在居住小区集中，白天在办公大院集中，资源利用不均衡；其次，里坊式街块不能分解车流，使城市道路承载过重；最后，虽然亚洲城市的路网密度小，但由于主要道路的宽度往往更大，加之里坊式区域内的道路面积，城市总的道路面积要比路网密度大的街坊城市还大，同时里坊内道路利用效率很低；还有，如果里坊式街区是封闭的，要到达街区内的目的地，肯定要多绕路，停车后的步行距离也更远。

虽然近年来中国造出了不少优秀的小区，但还没有造出公认的优秀城市，现代里坊城市不仅在功能、交通、环境上有更多的问题，在城市美感方面也存在更强烈的争议。美既是主观的，也有一定的客观标准，喜欢现代里坊城市的人多喜欢"宏侈"，至少是偏爱整齐、统一、宽阔，重看不重用。而追求多样性、平易性、公平性、实际性似乎更符合人类文明发展的主流。

第二章　街坊城市的源流

　　虽然里坊是中国独有的名词，但在古代世界中，就城市的特征而言，大多数城市都是里坊城市。而自商业复兴以来，由于社会需求，一种在古希腊时期首创，在古罗马时期被广泛使用的街坊城市模式随之复兴。更从现状来看，目前世界上绝大多数城市的模式是：如果有里坊式的老城老区，就将它们视为文物保护性利用，那里多是步行区；19世纪以后建设的新城新区，几乎都采用经过改良、丰富后的各种街坊模式，只有少数城市还在沿用里坊模式，因此而产生严重城市问题后，并没有相应意识到是里坊模式的问题，其中相关人士对街坊模式极为陌生是重要原因。

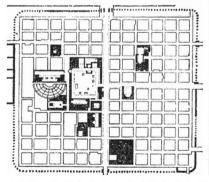

上2图：罗马帝国在北非的军事城市提姆加德的平面图和遗址现状，十足的棋盘形城市，主干道上的凯旋门仿佛是中国古城里的市楼，不过这种城市模式不应该是罗马人从东方获得的，而应该是他们向古希腊人学习的结果。

第一节　源起古希腊

　　古希腊文化的崇高地位，首先得自于古希腊的哲学，在古代各种人类群体中，无疑是古希腊人首先思考起普遍性问题，他们在宗教思想之外，探求世界的本原是什么。小亚细亚半岛上的希腊古城米列都（现属土耳其）在大约孔子那个年代出现了一位叫泰勒斯的人，因为他首先思考这类问题，开创了哲学上的"米列都学派"，被后人视为第一位哲学家。随后，米列都又出现了第一位城市规划师希波达莫斯，他将家乡米列都规划成为第一座真正意义的街坊城市。

现藏于德国柏林帕加蒙博物馆中的原米列都市场大门。罗马帝国征服米列都后仍然将其作为重要港口城市，此大门应该是古罗马时期的遗物。

一、米列都学派和希波达莫斯式规划

相比于古希腊文明，古美索不达米亚文明和古埃及文明要早几千年，他们积累的知识让古希腊人受益匪浅。米列都这座港口城市位于东方至地中海的商路上，公元前6世纪已经是繁荣的商贸城市，东方的知识也在城市中积累。米列都的人口以商人为主，社会制度在僭主制和民主制之间摇摆，由于没有占统治地位的祭司阶层，所以，即使是在僭主制的日子里，城市中也没有什么人非要禁止别人想一些遥远的、但在可预见的未来可能和自己争金饭碗的事，一位商人的儿子泰勒斯在想什么是万物的本原，那就让他想去吧。

泰勒斯曾系统学习过古埃及和美索不达米亚的科学知识，在其基础上，他迈出重要的一大步，即开始借助经验观察和理性思维来解释世界，由此产生的新学问，因为泰勒斯和他几位有影响的学生都是米列都人，后世就称其为"米列都学派"。对于什么是万物的本原这个问题，泰勒斯的答案是"水"；另外两位米列都学派的学者阿那克西曼德和阿那克西美尼的回答分别是"无际"和"气"，其中前者认为这种基本物质不应该是日常的具体物质。米列都的学问和问题随后沿爱琴海岸和海中诸岛向西北传播，继之，米利都北面不远处的以弗所人赫拉克利特对那个问题的回答是"火"，萨摩斯岛人毕达哥拉斯认为是"数"，直至爱琴海北岸的阿布德拉人德谟克利特得出更有哲学意味和我们今天熟悉的概念——"原子"，他认为原子是一种最后的不可分的物质微粒，宇宙的一切事务都是由原子构成的。

泰勒斯塑像

这一思维体系由米列都学派发端，爱思考的米列都人自然有人跟踪梳理，而米列都学派一直提倡理论联系实际。实际上，约公元前440年时，在年方20岁的德谟克利特还没有全面系统阐发出原子论时，类似的一条思维路径应该也在米利都人希波达莫斯的心中演进。他逐渐勾画出一个由理性思维催生的城市布局模式，其图式为方格网形，我们可以认为

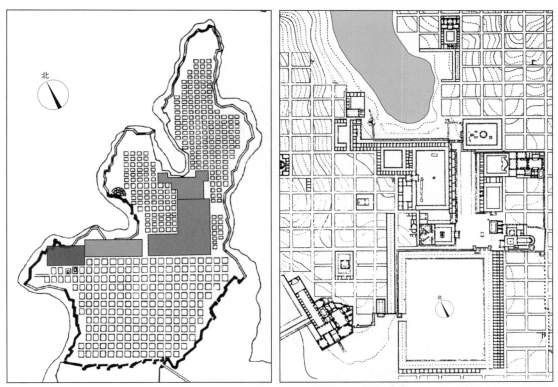

左图：米列都城平面示意图。古希腊哲学的集大成者亚里士多德后来在他的著作《政治》中对希波达莫斯的规划进行了阐释：他是均匀分配城市的发明者，他将市民分为3部分，手工业者、农民和战士。将城市土地分为3部分，文化用地、公共活动用地和私人财产。

右图：米列都城中心区示意图。

这种模式是受东方影响产生的。但如古希腊哲学是学自东方又不同于东方哲学一样，希波达莫斯的方格网形城市也不同于东方的方格网形城市，根本的不同就在于前者中有类似原子论的思维体系，而不仅仅是经验，另外对什么应该是城市的原子有特殊理解和规划。正如原子论不是偶发奇想的结果一样，希波达莫斯的规划也绝不是心血来潮的画作，它背后是一种意义深远的思维体系。

也在这时，经历战争后经济开始复兴的米列都需要重建城市，希波达莫斯的城市模式得以实施，并迅速在希腊流行，罗德岛上的罗德市、雅典的港口区比雷埃夫斯等在建新城时都请希波达莫斯做规划。

在希波达莫斯之前，古希腊早期的城市布局也多以对功能、空间的经验为依据，总体上也是以道路连接功能区，希波达莫斯的规划开始赋予城市一种整体性的逻辑规律。从考古复原图上我们可以看到，米列都城明显的有一种城市原子，即众多的60～80米见方的街块，其上的建筑是对外临街，内有庭院的几户宅院。这种街块按方格网形整齐排列，构成城市的普遍性区域。

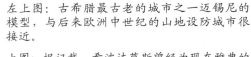

左上图：古希腊最古老的城市之一迈锡尼的模型，与后来欧洲中世纪的山地设防城市很接近。

上图：据记载，希波达莫斯曾经为现在雅典的港口区比雷埃夫斯做过规划，目前该区的格局仍然是典型的街坊模式，不知是否仍然是希波达莫斯勾勒的框架。

左图：在希腊和土耳其之间的战争阶段性停止后，双方交换难民，约100万希族难民在短时间内涌进雅典，政府急速地扩张城市以安置难民，造成雅典的蔓延式弊病，好在当时还是执行了尺度为100米×60米的街坊原则使城市能逐步改良。

　　这种看似简单的构造中有极细微的用心。首先，它说明设计者将城市的社会构造原子定位为家庭。米利都的家庭多为商人，商人家庭一方面需要临街的对外交流界面，多数还要临街开店，另一方面需要私密的家庭空间。如果每个家庭的房子都是独立式建筑，四面临街，会浪费围墙和街道空间。如果适当让几户家庭的房子组合，同时要保证每户都能有临街面，内部有庭院，能保证采光通风，让带后院的房子背靠背，然后几组"背靠背"再并排组合，组合长度适度，以不影响步行交通，这样可能是最好的办法。加上其他细节的精打细算，这是商人擅长的。于是，便进一步产生出作为城市建筑用地原子的60～80米的方形街块。

　　作为城市，米列都除了有商人的房子，还有许多公共建筑和公共空间，宗教的、行政的、商业的、文化的，公共内容的用地在城市图式上表现为大小不等的城市原子的合并。这样，在原子组合理论的指导下，新米列都诞生了，一种新的城市模式也诞生了。

二、在庞贝古城的体验

由于河流带来的泥沙最终淤废了米列都的港口，使这座城市在罗马帝国后期被废弃，城市的遗址位于现土耳其境内。笔者还没有能够亲身探访米列都，但觉得探访罗马古城庞贝，也能感受米列都开辟的那种街坊城市模式，米列都的遗迹存留量实在太少了。

最早建立庞贝城的人正是来意大利殖民的古希腊人，不过，人们现在看到的庞贝遗迹不一定是希腊人建的，可能是学习了希波达莫斯规划方法的罗马人或是被罗马军队带回的希腊学者和工匠建的，但城市格局还是希腊的希波达莫斯模式。罗马是希腊文化的继承者，在接触到希腊的新型城市后，罗马的新建城市基本上都按照这种模式规划，有人认为罗马那种方格网城市是兵营的产物，但庞贝肯定与兵营没关系，而罗马兵营多半与希腊新城市有关系。

与米列都相比，庞贝的街块大多数变形为40米×80米的长方形，公共建筑多位于城市的外围，特别偏重于城市的西南角，因为那里靠近港口，而米列都的公共建筑在城市中央，因为那样可以串通两个港湾，都是有逻辑性的选址。除此，庞贝几乎是米列都的翻版，二者的规划原则完全一致。

庞贝古城的复原鸟瞰图，城市中几乎没有公共绿化，但各庭院式住宅内多有小花园。

上2图：庞贝古城中的主街，沿街多商铺、浴室等日常服务设施，街中有供水点。供水点的这种设计似乎有阻碍交通之嫌，商铺灶台紧邻街道。

古城中街坊的次街，只开有宅院的后门，类似后勤通道，但道路并不窄，还有人行道。有些次街街口有两块石头，不知是拦车石，还是上马石。

沿主街布置的公共浴室。

私人住宅中的柱廊花园。

与米列都不同，庞贝的大型公共建筑多集中在城市边缘，主要集中在古城的广场区。

街坊中的次街，会安置一些色情场所，现在是各旅行团必到之处。

街块的变形似乎是更合理化的改进，使街块的运用更灵活，便于安置较小的院落，街道空间也因此更富节奏感，产生主次变化。后来的街坊城市中主要是正方形和长方形两种街块。

和米列都一样，庞贝城居民中也有许多商人，从出土的建筑构造、特别是建筑中的壁画看，城中的宅院主要是供居民享乐用的，因为壁画上很少表现经商等工作内容，人们都是闲适的状态。这大概是因为庞贝城外另有港口区，那里才是工作的地方；也可能是罗马人的精神当时正急速转向享乐主义。无论如何，即使不经商，庞贝的每一所宅院，无论大小，都朝街道直接开门，大宅院纵贯一个街块，分别可以朝街开前后门。主要街道上有许多取水点，少量的商铺多朝主街开门，食品店中的柜台紧邻街面。主街上都是车道、人行道分开，次街也可容马车行走，交通简捷顺畅。庞贝也是一座非常适合步行的城市，站在庞贝的街道上，耳边仿佛能听到两千多年前城市中的喧嚣声，有车轮碾过石板路的吱呀声、路上行人的寒暄声、广场上的辩论声、剧场中传出的掌声、竞技场传出的吼叫声、酒吧里的欢笑声、商铺发出的叫卖声。而宅院内部还能保持安静，因为中间都有内向型的天井院，院中花团锦簇、泉水叮咚，可能还有葡萄酒和烤肉的香味。还有一座妓院位于次要街区中的一个街角，姿态又开放又低调。

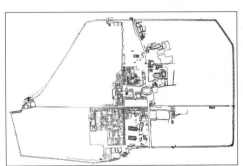

此4图：庞贝以南的另一座古希腊街坊城市帕埃斯图姆的城市遗迹情况。

第二节　街坊城市的回归

　　希波达莫斯的城市模式在罗马帝国灭亡后似乎被世人遗忘，基督教在其统治欧洲的前期禁绝古典文化，中世纪欧洲的城市又回复到经验生成的模式。待城市中工商业复兴，城市逐步转型，直至里斯本和爱丁堡新城模式产生和普及，欧美近现代城市普遍回归米列都模式。

此4图：德国莱茵河流域的罗马古城特里尔，当年是典型的街坊军营式城市，左上图是罗马时期城市的模型。罗马帝国灭亡后，城市在原址逐步变成一座标准的中世纪城市，将罗马城市遗址压在下面。现在中世纪城区的广场成为市民聚会的中心，曲巷作为步行街伸向几处重要的罗马考古遗迹，近代的街坊式住宅分布在中世纪城区的边缘。

一、中世纪的自治市

　　欧洲长达1000年的中世纪基本上都属于战争时期，所有城市必须设防，由于当时社会贫困，人口不足、居住分散，所以城市都很小，尽量减短城墙长度，不仅利于防御，也节约开支。总之，要尽量压缩城市面积，当时的城市大小普遍抵不上中国大城市中的一个里坊，内部街道也与里坊

上2图：那不勒斯的城市建基者是古希腊移民，"那不勒斯"一词的意思是"新城"，古希腊人将这座新城按新的街坊式原则规划，虽然古希腊遗迹今天都被深埋在地下，但老城的格局还是方格网形街坊的。中世纪的老城墙里，极其古老的街廊现在作为水产摊档，让人仿佛走入古希腊真实的街道。

上2图：罗马帝国在普罗旺斯的城市阿尔勒在中世纪时期连有高墙的竞技场都被改造成了城堡，后来则逐渐沿竞技场形成商业街，内部的中世纪广场曾经是梵高爱描绘的地方。

左下2图：意大利小城卢卡的古罗马竞技场看来在中世纪时是被拆了，但竞技场的地基被中世纪的人利用，形成了按竞技场轮廓建成

的一圈房子。如今这圈房子保留了下来，竞技场内的房子则被拆除，城市便拥有了一座奇异的广场，广场曾经做市场使用，现在是餐饮场所和有特色的会场、展场，照片中的广场上正在展览各色大众汽车。广场的入口比较隐秘，就像一个中世纪式的街口，这种窄巷通常没有商业意义。

上3图：意大利古城锡耶纳的历史比罗马城邦更早，它是一座伊特鲁利亚城市。虽然地处山地，然而在古代它是重要商业道路的交汇点。罗马帝国灭亡后，这种城市的权属不清，处在几方势力的夹缝中，更易获得自治权。在中世纪中后期意大利经济开始复兴时，锡耶纳的银行业起步比佛罗伦萨还要早，在经济上长时间是佛罗伦萨的竞争对手，为此双方爆发数次战争，最终还是佛罗伦萨获胜，这也是山地城市的局限性造成的。左图为锡耶纳一座城门内，虽然是中世纪城市，但其主街的宽度还是足够汽车行驶的。中图为锡耶纳银行旧址，据说是欧洲最古老的银行。右图为锡耶纳的一座敞廊，从前做市场使用。

类似，除个别主街，通常只有羊肠小道，曲折幽暗，如入迷宫。与里坊不同的是，城市中心多有汇集着教堂、市场、市政厅等的公共核心区。

中世纪常被称为"黑暗的中世纪"，其实它是现代欧洲的积累期。从11世纪开始，来自外部的对欧洲的入侵逐步消失，欧洲人开始对外侵略，这促使已经开始繁荣起来的工商业加速繁荣。工商业必以城市为依托，所以一些城市开始扩大。

要保持城市工商业的繁荣，城市中的工商业者就需要有起码的自由、权利，城市需要制定保证公平交易、财产安全的法律。这时，如果城市有一个蛮横、贪婪、腐败的专制、封建统治者，工商业者至少可以惹不起躲得起，到别的城市去，那么这个城市的工商业就难以持续繁荣。如意大利的一些城市，虽然意大利在中世纪率先繁荣有教皇国鼓动朝圣经济的因素，但由于教廷的腐败程度常常超出一般封建组织很多，所以，一个城市即使有封建领主统治，但只要封建领主有一定的开明性，城市都能相当繁荣，而一旦被教皇统治后，一般都会衰落。只除了罗马，因为罗马的朝圣经济实在不可比拟，还有庞大的教堂基建投资。

靠封建领主开明也是不可靠的事，人们越来越清楚，想长治久安，要靠法治而不是人治。于是，当时的欧洲市民便想出了一个办法获得城市控制权，即向封建领主赎买城市自治权，你们领主不就是要钱吗？没问题，我们给你们钱，但请你们交出城市管理权，将来城市由市民组织根据更多人参与制定的法律管理。

　　中世纪的欧洲城市原则上都属于各国国王，很多又直接是一些贵族的封地。然而不久，很多商业城市都获得了自治权。之所以能如此，首先因为在教皇发起的十字军东征中，大量贵族死亡或实力削弱，活着的只能被迫接受市民的赎买条件；其次是许多贵族在开了眼界后开始开明，知道如果自己管城市，管不好城市就会衰落，到时能得到的利益会比市民给的还少，更有甚者自己会失去城市，不如见好就收。同时，国王会主动给予一些城市自治权，一来他可以因此获得更多的商业利益，二来可以笼络民心，削弱那些拥有城市领地的贵族的势力。另外，欧洲中世纪最大的劫难黑死病对此也有促进作用，黑死病使人口锐减，贵族死亡的人数也不少，大批贵族跑到乡下避难，便把城市留给幸存的市民。待他们返回时，想夺回城市的完全控制权，并不是一件轻松的事。

上2图：位于爱琴海岛上的古希腊的城邦之一罗德市，曾经是希波达莫斯主要的规划作品之一。中世纪十字军东征后，那里长时间是圣约翰医院骑士团对抗奥斯曼帝国的据点，后被奥斯曼军队占领，希波达莫斯的城市构造被基本改变，城市现在留下的是拜占庭风格与奥斯曼风格结合的商业广场和小街巷区，以及骑士团的城墙堡垒，城墙内现在大部是步行区，城墙外又建起了希波达莫斯式的现代城市。

下2图：欧洲文明的诞生地——地中海克里特岛上的雷西姆侬市，曾经是一个小城邦，中世纪成为威尼斯城邦的商业据点，当年的威尼斯为了与东方贸易，在地中海、爱琴海中经营着大量类似据点，形式几乎都是中世纪城镇加大堡垒的形式，后来又都加入了一些奥斯曼元素，它们属于现代民族国家希腊后，又都建了街坊式新城。

欧洲之所以能率先近代化、现代化，一个重要原因就是中世纪的欧洲社会情况最复杂，统治者不团结，区域之间竞争激烈。

拥有自治权的商业城市中开始产生出类似古希腊城邦的体制，市长、商会会长之类的城市管理者需要由工商业者选举产生，即使后来多数城市转为寡头统治，但市民仍然拥有相当的权利，寡头一般不敢为所欲为，因为各商业城市之间存在更激烈的竞争，谁得罪了工商业者，谁的城市就会被工商业者抛弃，从而衰落，谁的城市一衰落，他的敌人就会来抢地盘。

为了竞争，各城市之间不可避免地会通过城市建设成就来获取名声，其中必有攀比之嫌，如比谁有最高的塔楼、最大的教堂、最大的广场等，但这种竞争由于市民权利的作用，使其避免成为只是市长之间的竞争，使竞争的内容不是比谁的市政府大楼和楼前广场最大最豪华，而很大程度上要符合市民趣味和市民参与性，广场空间应该主要满足市民活动，可以在广场边开商店，甚至在广场中间摆地摊，市民也不希望因为攀比把他们的辛苦钱都花光。在竞争和制约的双重作用下，便产生出一大批美丽的中世纪城市。

中世纪城市的问题是：待人口增长以后，城墙一时难以扩大，城市内必变得拥挤肮脏；曲折狭窄的街道可以骑马，但不好走马车，也不利于铺设上下水设施。城市中几乎不留绿化用地，连行道树都没有，以至现在的中国城市考察团纷纷得出考察成果——外国城市绿化差。不仅是中世纪城市，欧洲古典街坊城市和近代街坊城市也少有绿化，主要原因是那时的城市较小，而城市周边都是森林草地，城市绿地是现代大城市的需求。

此2图：法国南部商业古城贝济耶的中世纪城区，城区中心几乎没有一丝绿色，而紧挨着老城区就有碧绿蔚蓝的河谷。

德国古城弗赖堡的中世纪老城大广场。至今，老城中的主要绿色还是市场中的鲜花摊。

二、佛罗伦萨，几何性的回归

城市繁荣，市民富裕，必然促进社会上人文主义风行，所谓文艺复兴时代的人们开始偏爱古典主义，如米开朗琪罗总是自豪地对人们说：我的风格是希腊、罗马的。

意大利的佛罗伦萨之所以能成为文艺复兴运动的发源地，是诸多因素聚合的结果。首先，最早的佛罗伦萨城是罗马帝国中期建设的一座米列都式城市，城市区域就是现在佛罗伦萨老城的核心区，文艺复兴最重要的标志建筑之一——圣母百花大教堂以南，连接镶有"天堂之门"的圣约翰洗礼堂和维琪奥桥的罗马路就是当年古罗马时期的南北大街，因此其才被称为"罗马路"；埋葬着米开朗琪罗、伽利略、马基雅维利等人的圣十字教堂就在当年竞技场的东面，竞技场没有了，但那里的街区还保持着竞技场的椭圆形轮廓。

从现状看，老城中心一直保持着米列都街块模式，位于圣母百花大教堂北面于13世纪扩展的城区是庞贝模式，街块呈长方形，尺寸约为80米×120米，佛罗伦萨因此与周边的中世纪名城（如锡耶纳等）有很大不同，它有方格网的几何性，一般的中世纪城市是自然式的，没有几何性。

在圣母百花大教堂的乔托塔上俯瞰佛罗伦萨老城，方格网形街坊的轮廓依稀可辨，对于中世纪的普通小建筑来讲，这个尺度的街坊还是有些大，所以街坊内部盖有许多更小的房子，由于年代久远，现在也没有把它们当作违章建筑拆了。

其次，佛罗伦萨的位置正处在当时的教皇势力和日耳曼人势力中间，这个位置有商业上的好处，也使佛罗伦萨受夹板气，佛罗伦萨人也分成两派，或亲教皇，或亲日耳曼人，但丁属于后者，他的被流放说明亲教皇派在当时获胜。

最重要的因素还是佛罗伦萨成为了当时欧洲的工商业、金融业中心城市，造就出一大批新贵族，特别是美第奇家族，格外爱好文艺，他们为家族声望，也为佛罗伦萨，聚拢了一大批人文学者。当时的人文学者只能依附贵族才能生存。好在美第奇家族虽然有劣迹，但总体开明，向往古希腊文化，他们在自己的别墅中建起了新柏拉图学园，成为人文学者的家园，为学者们施展才能创造机会。

其实在美第奇家族全面掌控佛罗伦萨之前，佛罗伦萨人就有一种使命感，他们立志要表现出自己是辉煌的古罗马文化的继承人，而不同于"蛮族"日耳曼人，所以当城市要建新的大教堂时，佛罗伦萨人拒绝正在风行的日耳曼人发明的哥特风格，而是要建一座有罗马万神庙那种穹顶的教堂。伯鲁乃列斯基因为钻研过古罗马建筑，提出了最巧妙的穹顶建造方案，所以在穹顶工程投标中中标。大穹顶的成功修建使伯鲁乃列斯基拥有了巨大声望。

中世纪的城市广场一般是市场，形状多为不规则形。到了文艺复兴前期，佛罗伦萨这种市民城市就开始有意识地建市民广场，这种广场不再以摆摊设点为目的，它的着眼点是为更多的市民公共活动开辟更多的城市公共空间。

较早的一座市民广场得名于其正面的教堂，名为圣母领报广场，佛罗伦萨人将其开辟为一座长方形广场，不仅进一步强化了城市的几何性，更是几何意识的彰显。圣母领报教堂正面通过广场的中轴线遥对大穹顶，由此产生城市轴线的意象。广场上最重要的建筑是左侧由伯鲁乃列斯基设计的育婴堂，他在此复兴了将开敞的长廊朝向城市广场的古典形式，但他没有重复古典的柱廊样式，而是设计了一种轻快的、有东方风味的柱廊。公共长廊使人们在托斯卡纳的艳阳下有了乘凉的地方，而育婴堂的出现则说明这时的佛罗伦萨政府已经有了更多的社会职责。伯鲁乃列斯基的名声和设计都受到了后人过分的崇拜，在后来圣母领报教堂改造和广场右侧的修道院的设计中，包括阿尔伯蒂这样的名师都重复了他的柱廊形式，这使广场协调统一，如果有单调问题，也被广场上的两座喷泉和一座雕像解决了。

上图为圣母领报广场朝向圣母领报教堂的正面。

罗马路一带街坊中作为市场使用的公共敞廊，也是来自于罗马传统。

上图为从修道院的柱廊里望育婴堂的柱廊。从遗迹考证，古罗马时期的街坊中有许多公共柱廊。

市政广场上著名的兰兹廊，在文艺复兴时期的城市规划中，整个市政广场都将被柱廊环绕。

拆房在佛罗伦萨看来是件很麻烦的事，美第奇家族最初在佛罗伦萨的崛起，靠的是贫穷的羊毛业工人的推举，所以在他们掌权以后很长时间内，他们大概不好意思，也不能和穷人完全翻脸。在他们家族的宫苑横跨阿诺河后，他们要天天经过老桥，这桥和一切交通要道一样，曾经是市场，而且是最脏的畜禽水产市场，因为这样好向河里扔脏东西。美第奇家族很晚才迁走市场，他们最初想的过桥好办法是在桥上建一个二层走廊，但这个有创意的想法也曾经遭遇麻烦，桥南头有一座属于一个小家族的碉楼挡住了廊道，他们和碉楼的主人商量了好几次，对方就是不卖碉楼，权大钱多的美第奇家族只好让廊道委委屈屈地从碉楼边绕过去。这种事在古代大概只可能发生在有商业自治市性质的城镇中。

佛罗伦萨老城处在中世纪城市模式和街坊城市模式之间，主街边还存在着许多狭窄幽暗的后街。

原竞技场用地　　　　　　　　　圣十字教堂

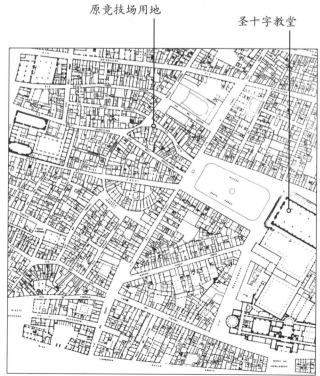

原竞技场位置至圣十字教堂区域的城市平面图。

古画中的圣十字教堂前广场，也是规则方形的。

佛罗伦萨近代城区的街坊现状，路多为单行道，路两侧都停满了车，人行道要保证畅通。

三、从威尼斯到阿姆斯特丹

佛罗伦萨的老城仍然有中世纪城市的特点，有许多曲折的窄巷，街块轮廓、特别是原子属性也不是特别鲜明。其他意大利商业自治市也是如此，包括水城威尼斯。相比威尼斯，当时低地国家的几座水城式商业自治市，如今天属于比利时的根特、布鲁日等，和汉萨同盟的城市，如今天属于德国的吕贝克等，都向街坊城市更靠近了一小步，那里的街块更清晰了一些，其中吕贝克突破最大。

欧洲的很多城市是由一座中世纪城堡聚合而成的，吕贝克就是如此。12世纪的一场大火之后，吕贝克在重建时采用了人们爱称其为鱼骨式的路网格局，被运河环绕的吕贝克老城的形状本来就像一条鱼，长向两条较宽的纵街联系密集的横巷的路网便更像鱼骨。鱼骨之间就是吕贝克的一个街块，多为不规则长方形，尺寸大约为80米×200米。吕贝克的鱼骨路网对北欧城市，尤其是汉萨同盟城市的影响很大。

在建筑单体方面，这些北欧城市中逐步形成一种模式，这种模式与一般市民的"宅基地"形式是相辅相成的，宅基地一般沿街面宽10米，纵深为街块厚度的一半，靠街一半建房，后一半为私人花园。建筑坡屋顶的脊向沿宅基地的深度，建筑以山墙面向街，在人们爱美超过爱实用的古代，山墙被勾画出各种美丽形式。

从中世纪城市向近代街坊城市最根本性的突破是在荷兰的阿姆斯特丹实现的，人们

左图：吕贝克老城的大广场一角有一座铜铸的城市模型，经常能够吸引到儿童从小认知城市。
右图：模型的细节，从中可以看出其鱼骨形街坊的特点。

右2图：吕贝克与威尼斯的城市实景对比，前者明显有更强烈的条块感，街块轮廓清晰，易于识别。而威尼斯除了大运河，其他区域就如同迷魂阵了。

左图：吕贝克比较典型的街坊楼宇，一般进深比面宽大，红砖山墙面朝街。

下图：吕贝克一个街坊局部经过适度现代改造的平面图，每栋楼都直接朝街，街坊中心有若干天井，使多数房屋有采光通风，大天井可以成为私家小花园。

右图：街坊的一个小后院。

上2图为威尼斯深处复杂的建筑和街巷、河道。无论水陆，死胡同都比较多。当然，下图所示的断头陆路可以接船。

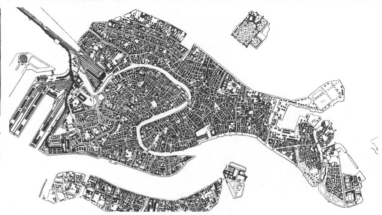

上2图为威尼斯圣马可广场一带的俯视情景和城市平面示意图，除了文艺复兴时期最终形成的圣马可广场，威尼斯城内很少再有几何性的区域。

常将威尼斯与阿姆斯特丹相提并论，因为它们都是水城，但这两座城市有根本性的不同，一座是中世纪商业城市的典范，一座是近代街坊城市的典范。

欧洲历史地理的一次极重要的变迁也是在这两座城市之间发生的，在整个中世纪，欧洲的海上对外贸易主要围绕着威尼斯至君士坦丁堡这条航线，为了打破威尼斯人的垄断地位，伊比利亚半岛人一直在探索通往东方的新航线。在君士坦丁堡被奥斯曼帝国攻占后，全欧洲的人更迫切于开辟新航线，最终由威尼斯的对手热那亚人哥伦布代表西班牙王室取得突破，美洲大陆和好望角新航线相继被发现，海上贸易的中心由地中海转移至大西洋。威尼斯逐渐衰落，阿姆斯特丹由于位于欧洲最繁忙的国际性大河——莱茵河入海口附近，很快兴旺起来。

当年，最早的威尼斯人不顾潟湖里建房困难住在那里，是为了避难，从北面攻击罗马帝国腹地的"蛮族"不会费劲儿入海抢劫。水上城市对于商业贸易的便利是人们后来才感觉到的，城市的美丽更不是城市选址的初衷。相比之下，为了贸易便利，阿姆斯特丹在一座水坝周边从小渔村发展为贸易、金融中心，更显得奋不顾身，人们顾不上地势低洼，地基不牢，一座城市在经济关系的驱动下就迅速兴起了，为此，这里的人们需要长年在海堤上与海潮搏斗，而他们在所不惜。

水路贸易的立城之本使阿姆斯特丹人在兴建城市时继续将水路贯穿于整个城市，这样做起码有两个好处，第一是水路交通运输可以通达到城市每个角落，为水上商业活动提供尽量多的空间和对应的建筑；第二是节省使用得来不易的陆地面积，减少陆地上的道路用地。至于当时的人是否有意地去营造小桥、流水、人家的意境或景观，恐怕这些至少不是初期顾得上的事。

威尼斯和阿姆斯特丹有许多共同点，实际上它们之间的差异更多，更

当万吨游轮从主岛和丽都岛之间的潟湖驶近圣马可广场时，可能是威尼斯最神奇的时刻之一，不论威尼斯如何中世纪，大运河和潟湖还是体现出了它非凡的商业性。

上2图：威尼斯深处的水巷和街巷，尽管现在古城里寸土寸金，但不在主游线上的小街里没有什么商店。

威尼斯同时又是中世纪街巷迷魂阵性质的最佳表现地，认路是对去威尼斯旅行的人必然的考验，古城里到处可见与地图较劲的人。

左下2图：荷兰现在的某水网中的小镇，居民出行仍然主要靠船，水网上的桥梁几乎都是可开启的，想最初的阿姆斯特丹，可能就是那个样子。

上2图：阿姆斯特丹早期的城区，构造与汉堡相近。

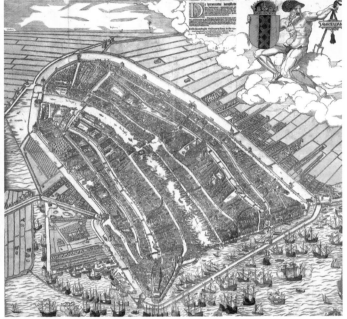

1544年的阿姆斯特丹示意图，当时的构造就不同于一般中世纪的商业水城，它更追求简洁明了。

根本。威尼斯虽然是文艺复兴名城，但城市总体构造以中世纪城市模式为基底，威尼斯的水道更多的是水巷，运河只有一条，而阿姆斯特丹的水道几乎都是运河。威尼斯的街道和小巷是一种蜘蛛网状形态，弯弯曲曲，除了最终将通向广场，再没有什么方向性和几何规律性。在威尼斯，认路是一件相当需要花气力的事。相比之下，有着较强几何形态的阿姆斯特丹就属于文艺复兴后生成的近代城市了，水道和街道都直了许多，规律性了许多。在威尼斯，你只能步行或乘冈多拉那样的小船。而在阿姆斯特丹，你可以坐马车、乘中等个头的平底船，荷兰式平底船运输效率高，曾是号称"海上马车夫"的荷兰人称雄海上的依靠。

四、品味阿姆斯特丹

走进阿姆斯特丹，如果你有意识拿它与威尼斯作比较，可能最先会感受到这是一座中产阶级的城市，没有威尼斯那里贵族与平民之间相对明显的分野，城市的空间资源分布更均衡，更平等，每栋建筑之间的大小、华丽与简朴之间的差异没有威尼斯那样大，几乎所有建筑都临河，不像威尼斯那样，存在大片进出不便的幽深街区。虽然北欧的气候寒冷，但阿姆斯特丹的建筑比威尼斯的反而开敞、通透，这里不需要贵族的神秘感或平民过分的安分守己性。

阿姆斯特丹是一座14世纪才开始生成的城市，16世纪才开始壮大，所以它没有大片的中世纪式城区。15世纪时，由于拥有现荷兰土地的弗兰德公爵"美男子"腓力与西班牙王位继承人"疯女"胡安娜上演了一幕生死绝恋，使他们的儿子查理五世成为欧洲土地最多的统治者。查理五世死后，西班牙和弗兰德由他的儿子腓力二世继承。这父子都是欧洲当时的守旧派，维护罗马天主教会，迫害宗教改革派，排斥穆斯林和犹太人。16世纪时，由于连年战争需要经费，西班牙王室增加弗兰德的税收，激起强烈反抗，经过长时间的血腥战争，最终，西班牙军队被驱逐，荷兰共和国成立，这个新兴国家推行宽松的宗教、出版政策，使被西班牙驱逐的犹太人、被法国驱逐的新教徒等纷纷来到荷兰落脚，阿姆斯特丹因此吸引到大量投资者、知识型人士和熟练技工，不仅经济飞速发展，还成为欧洲新的贸易、出版、金融和思想、信息、知识中心。

街坊的纵向街道，清晰可见3种不同的地面铺装。　　街坊的横向街道，有的连通步行桥，有的连通车行桥。

阿姆斯特丹主城区鸟瞰图，精彩地演示出中世纪城市向近代街坊城市过渡过程中，在局限性和创造性的共同作用下，产生的一个经典。总体上，那时的阿姆斯特丹还是环形的中世纪城市轮廓，因为它仍然需要设防，阿姆斯特丹的防御工事如今是世界文化遗产。然而，城市内部构造却超前地后现代主义了。

阿姆斯特丹主城区平面示意图。

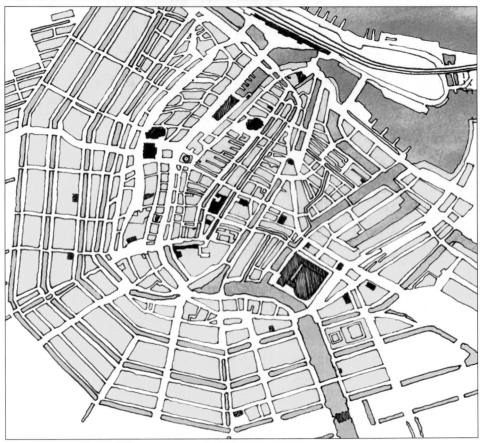

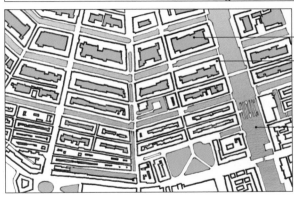

内院花园

街坊建筑

河道

阿姆斯特丹典型的街坊平面示意图。

在比较窄的街坊纵街，依然有3段式的地面铺装，但禁行汽车，中间部分是自行车专用道。

左2图：阿姆斯特丹主城区目前的主要车道和主要水道的交通状况。不宽的主车道上还容纳了双向的有轨电车道，以减少汽车尾气排放。

　　据说，当年英国曾派出一个考察团去意大利、法国学习文艺复兴建筑，当他们路过荷兰时，被这里城市市民平淡但温馨的生活所深深吸引，于是对他们平易居所的喜爱也超过了文艺复兴式的别墅和府邸，从此英国也开始兴起那种建筑。

　　那种建筑就是遍布阿姆斯特丹老城的一种三四层的小楼，沿街面宽通常只有两三个开间，7～8米左右，而纵深通常要超过十几米，每幢楼面街都是一面砖质的山墙，墙上端是略有装饰的山花，其余除窗框、门斗外再无多余装饰，这使得砌筑考究的砖墙本身的美感反倒突显出来。几幢或十几幢这样的楼连在一排，两排这样的联体建筑背对背相接形成了一个街块，众多这样的街块排列在一起，形成城区。显然，这种城市建筑和街块与吕贝克近似，而阿姆斯特丹最早的商业发展就得益于与汉萨同盟城市的贸易。

、 当然，阿姆斯特丹格外美丽动人还因为它是一座水城，但是，使阿姆斯特丹如今还能作为商业城市、宜居城市使用，而不像威尼斯那样仅是旅游城市。没有很多人愿意定居在那里的原因，是阿姆斯特丹的城市街区的形式仍然有交通的方便性、空间的开朗性、设施的齐备性等；使阿姆斯特丹比吕贝克在城市规划方面更有持久意义的因素并不是阿姆斯特丹的水更多，而是城市总体构造更精密，更有普遍性意义，特别是阿姆斯特丹的河道，它不是因景观，而是因实用而存在的，它就是有普遍性意义的道路，正是立足于这一点，它反而成为最好的景观。与荷兰更古老的城市，如乌得勒支的河道相比，阿姆斯特丹的河道并不是对自然河流的改造，而是人工制造出来的；与威尼斯人工制造的河道相比，阿姆斯特丹的河道更有整体规划和细节规划。

从整体看，阿姆斯特丹就是环形加放射形的街坊式格局，只是有河道加入。对此，城市的构造图看上去简单，后人总结起来也容易，但当年开创出这种形式让现代人觉得是需要天才的，这需要有复兴街坊城市的意识，还需要超凡的想象力，然而，历史并没有记录下一位相关规划师的大名，也许，那时的阿姆斯特丹人认为，城市成这样，是自然而然的事。

阿姆斯特丹的纯陆地街道，与欧洲其他近代城市的街坊差不多，路两边停满了车。

上2图：两处比较标准的阿姆斯特丹沿河街道。　　阿姆斯特丹比较罕见的有前花园的街坊。

城市中大多数运河是相互平行的人工河，河与河之间间隔数十米，河两岸是约10米宽的堤岸，再中间的陆地才是供建房的用地，这一长条用地沿河道方向每隔约100米被一条连接着桥梁的横向道路截断。这样的水陆格局是连续的一片，内部细节构造也相对统一，看似简单平淡，实际效果则十分实用、舒适，而且没有一点浪费。

这种街区很平常，但很精致，河边都是整整齐齐的石砌护堤，从水边到面水的建筑外墙间，不足10米宽的堤岸分成三部分，用不同的地面处理方式加以区分，其间没有高差变化，这就使三部分虽各有各的用途，而如遇有交叉使用的情况时又很方便，且看上去堤岸还是一个整体，每一部分都不至显得过窄。

紧靠河边的部分采用粗硬的花岗岩铺地，这样从船上装卸货物的时候就不会破坏地面。此部分中间还种植大树，用来围拢运河的河道空间和强化河岸边界空间，也为水边空间带来阴凉，当然还给城市带来悦目的绿色。中间部分是以人字形图案铺砌一种光亮的硬砖，可以行车，人字图案的两边缘用石块做成另一种图案来收边，并兼做人行道。靠建筑的一部分地面是更加光亮的石板，建筑入口的一块区域俗称为建筑口，此处不能建房，但可以有地下室的出入口和楼梯通道，它的存在无形中使建筑有了过渡空间，这个空间既丰富又没有任何多余的添加物，自然而通畅。

事实上，由于建筑都朝向水面、堤岸，加上除了水面与堤岸之间以及堤岸与建筑室内之间存在高差外，整个堤岸是平的，空间的隔阂被减少到最低，再加上适宜的空间尺度和诸多细节处理，就使得建筑物面前的水面和堤岸空间仿佛是它的庭院，一个有水、有树、有铺装、有阳光，还有船的庭院，或说那是个小广场、小花园，也都可以。贝聿铭所说的广场庭院三要素：水、阳光、座椅这里都有，只是座椅可能在船上或是在窗后。

对于任何一座建筑来讲，这个庭院是它能感知、触摸、使用、享受得到的，对于整个城市来讲，它又是属于城市的，是城市公共空间，市民、船只、车辆可以自由行走，整体城市建筑也在共享这一庭院空间。这种组合兼顾了空间公共与私有双重性质，在空间、土地集约的同时，使城市犹如一个巨大的，由连续的庭院贯穿的整体花园城市，其中的住宅街区既是与城市流动开

河边特殊的城市公共庭院，用现在中国式的语言形容，即是集道路、堤岸、门庭、停车场、河道于一体的亲水空间，原来还是工作、商业空间。这里可行、可停、可憩、可游。

一处漂亮的"建筑口"。阿姆斯特丹人早已养成习惯，不会有人无端地过于靠近这种私人空间。在这种街道上，汽车的车速不快，故对半地下室内人的影响也不特别大，只是河边汽车发动时，影响比较大，但这种弊端也是目前中国的小区里矛盾的主要源头之一。

左图：街坊里零碎的横向小空间，多被开辟为绿色的餐饮空间。

右图：荷兰的花卉业特别发达，不光只靠出口，内需也特别大，街坊模式使荷兰很多家庭拥有自己的私人小花园，他们因此制造的花卉内需远比只有公共绿化的国家为大。

放的，又是自成体系的，每幢房子外面是大庭院，里面是小天井花园。

由于这种"庭院"均匀地分布在城市各处，处在庭院中的城市道路就比较多、比较密，于是人流和车流就被分散开，一部分还分散到了河水里的船上，所以"庭院"里一般不会有过分车水马龙的情况，庭院的空间特征不仅能够维护，家门口的小空间也可以维护，像在北京家院门口的胡同一样，成为街坊空间。我们可以把这一组合视之为有水的街坊构造，这一构造通过精细的配置，使每一寸土地都发挥出它最大的功用，同时所有的负担尽量均衡地分散到合理的对应物上，构造中的每一种单项元素未必是最好的，但通过组合方式的推敲，从而在总体上，也就是最终结果上实现综合效果最佳。

阿姆斯特丹的街坊特别的美，主要是因为它与运河巧妙地结合。当年，荷兰城市中的自由民们工作一天后回到自己朴素而整洁的小安乐窝中，大玻璃窗透出红黄色的暖光，一家人坐在窗前，喝着茶或咖啡，看着窗下密度适宜的马车、行人、驳船，就好像他们是自家庭院中的客人；而窗下的人同样觉得是在自家的庭院中漫步，因为整个城市是个大家庭，大家一起维护，一起解决问题。这种形态和氛围给所有人的感觉是亲切、安全、平实、幸福、平等、自由、又有条不紊。就是这一幅画面，深深地打动了出国学习考察的英国人，所以伦敦没有罗马城中那么多放射形大道、几何型的广场，及有着府邸外貌的公寓楼，更多的是红砖建筑构成的街坊。

"二战"中，阿姆斯特丹的犹太人被驱逐，战后，不仅原来的犹太人聚居区大片被拆，其他街区的老房子也有被随意拆除的，这激起许多市民的愤怒，迫使政府停手。

今天，阿姆斯特丹是欧洲少有的仍然能广泛行驶汽车的老城区，不过要在老城区里行车，费用会很高。对于阿姆斯特丹的老城要限行限号，人们是完全可以理解的，那毕竟是几百年前就形成现在这副样子的老城区，现在还能走这么多汽车已经不容易了，好在老城的面积不是很大，不开车进来不会有太多不便。何况，河里还有机动船，这些船解决了一部分游客的交通问题。现在老城的拥挤很大程度上是由摩肩接踵的游人造成的。堤岸上从前临水的卸货区已经大多变成了停车场，堤岸的中间一段可通畅行车，但大多数必须是单行道，还要辟出大量的步行街。总之，作为老城，阿姆斯特丹能如此适应汽车时代已实属不易。如今政府用成本因素来限制过多的汽车进入老城，如大幅提高老城的汽车停车费，而在环形运河区外围的新城，虽然仍然是街坊构造，但那里的汽车交通就可以不受限制了。

包括阿姆斯特丹在内的许多荷兰城市以自行车为老城主要交通工具，阿姆斯特丹的自行车保有量在50万辆以上，中央火车站前的多层自行车存车库蔚为壮观，能找回自己的车需要超强的记忆力。公共交通系统主要包括公共汽车、有轨电车和地铁，水上交通有海上的轮渡和运河上的水上的士、水上巴士，以及专供游人的游船，很多居民则有自己的私家船。

阿姆斯特丹中央火车站前壮观的自行车库，让人感叹荷兰人的记忆力，他们是如何找回自己的自行车的。

阿姆斯特丹的一个城市问题是废弃自行车太多。

利用公共自行车系统在阿姆斯特丹游玩的旅行者，阿姆斯特丹的自行车已经非常多了，但还是设置了这种公共资源。可惜这种系统目前只服务于在欧洲常驻的人口，因为它需要一种欧洲的信用卡。

活泼的街坊建筑。

五、里斯本和爱丁堡——回归米列都

葡萄牙首都里斯本最早是中东商业民族腓尼基人建立的商港,"里斯本"这个名字就来自于腓尼基语,意思是"良港"。1256年,里斯本成为葡萄牙王国首都,大航海时代,里斯本是欧洲最繁荣富庶的城市,美洲的黄金白银和全世界的商品齐聚这里。虽然葡萄牙的环球帝国没能长久维持,国家经济也从巅峰跌落,但作为首都和重要港口,里斯本还是灯红酒绿,直到1755年的大地震。而由于灾后重建完成的出色,里斯本借机从中世纪城市变身为欧洲规划最好的近现代城市之一。

1578年,耶稣会教士利玛窦从里斯本乘船出发前往印度和中国传教,他这一去就定居在中国了,对中国产生了持久影响。耶稣会组织曾经为传播文化、知识做过大量有益工作,但作为宗教裁判所的骨干力量之一,他也曾经是欧洲反动角色之一。

自罗马帝国灭亡后,基督教会一直与世俗权力争夺欧洲的控制权。欧洲历史上最大一次灾难是起于1348年的黑死病,席卷整个欧洲,那次灾难对教会打击很大,教会总是说,灾难是上帝处罚犯了罪的人类,但那时恰恰是欧洲人刚刚富裕了一点儿以后,就拼命建大教堂献给上帝的时代,再说,有人犯罪而有人没犯罪,为什么没犯罪的人和公认的好人也死了,许多公认的罪人倒春风得意。教会又说,上帝会拯救人类,但直到1720年,法国马赛还在暴发瘟疫。

人们严重质疑教会,使教会在与欧洲各国国王的较量中严重处于劣势,但在西班牙统一后,为了维护尚未稳固的政体,排斥国内的穆斯林和犹太人,西班牙王室需要教会的合作,于是引入了臭名昭著的宗教裁判所,葡萄牙也跟着设立了一个,教会至少在伊比利亚半岛上又恢复了势力。那次大地震后,教会又开始抛售老一套说法,还威胁将把地震说成是自然现象的人送进宗教裁判所。但这回葡萄牙宗教裁判所的骨干不仅丧了命,裁判所被取缔,耶稣会还被逐出了葡萄牙,西班牙和法国等也群起效仿,最终导致教廷被迫宣布耶稣会为非法组织好长一段时间,教会的势力又受到一次严重削弱。

1755年11月1日是西方的万圣节,一早人们多进入教堂做弥撒,就在这时,据说震级为9级的地震袭击里斯本,地震还引发了海啸,唯一值得庆幸的是,那时候没有核电站。

就像2011年日本大地震改变了欧洲人对核电站的态度一样,里斯本大地震也改变了当时欧洲人的很多意识,虽然在此之前欧洲各国矛盾重重,冲突不断,但面对如此

上2图：庞巴尔下城的侧面、正面鸟瞰图。

里斯本庞巴尔下城周边及自由大马路形成的大轴线示意图。

爱德华七世公园

庞巴尔侯爵广场

罗西乌广场

圣乔治城堡　阿尔法玛区

自由大马路

光复广场

圣胡斯塔升降机

上城

庞巴尔下城

商业广场

特　茹　河

北

灾难时，各国产生了"国际"、"全人类"这类概念，纷纷施援。

　　法国当时对葡萄牙的经济援助不太多，但葡萄牙人可以自己从法国取来精神援助，法国当时正在兴起伟大的启蒙运动，启蒙运动的带头人们也在关注着这次地震的后续反映，伏尔泰已经在谴责教会继续愚弄公众。庞巴尔侯爵是启蒙运动的支持者，他当时任葡萄牙首相，早就看宗教裁判所的人不顺眼，认为葡萄牙经济从巅峰上跌落有他们的责任。地震后，宗教裁判所的人更加猖狂，他抓住机会找茬把宗教裁判所里的耶稣会骨干都给干掉了，然后大张旗鼓地开始他主持的灾后重建，他本想借此将葡萄牙重建成为一个符合启蒙运动理想的国家，但他的手段过于残酷，树敌太多，特别是在葡萄牙换了国王之后，他的改革被终止，葡萄牙没能实现国家转型，但里斯本还有幸成功地实现了城市模式的转型，因为老侯爵在位时，城市重建已大体完成。

　　在中世纪的战乱年代，里斯本的核心区是现在的阿尔法玛区，位于特茹河边的一座小山上，王宫在山顶的圣乔治城堡中。1498年，当时的国王曼努埃尔一世在那里款待发现好望角航线和印度而载誉归来的达·伽马，可能是曼努埃尔一世觉得总在这么高的地方接待航海英雄们不方便，就在特茹河边修了亲水的新王宫，把大航海的宝贵史料也搬过去。地震前，葡萄牙王室成员已经住进新王宫，幸得那天早晨他们都去了教堂，得以躲过海啸冲击那里，但王宫中的大量珍藏倒了霉，特别是大航海时代的海图、航海记录、书籍这些葡萄牙的骄傲先被震落的烛火烧，再被涌起的海水泡，惨不堪言。重建时，庞巴尔侯爵力主将这里改建成为一座开放式的广场，并命名为商业广场，以促进国家形象从封建向商业市民化转变。广场中间的雕像是若泽一世国王，他最大的执政功绩是对庞巴尔侯爵言听计从，他的铜像骑着马，马蹄子踩着几条毒蛇，毒蛇象征反对他和侯爵的人。他死后，他女儿继位，庞巴尔侯爵不仅失势，关键是他的治国信念和改革措施都被抛弃了，葡萄牙随后的发展轨迹与守旧的西班牙类同。

　　广场以北被称为庞巴尔下城的片区是那次重建的重头区，里斯本人原来出于安全考虑多住在这片河边平坦区域周边的高地上，水运贸易重要起来以后，这片区域的人口大增，在地震时，这里必然是受海啸危害最重的

本页图片从上至下、从左至右显示里斯本大轴线从南至北的情况,依次是大轴线以特茹河中的两颗石柱为一个端点标志;临河的商业广场;庞巴尔下城中的主街,比街坊中的其他街道略宽;下城中长方形的罗西乌广场,大轴线在此略作转折;椭圆形的光复广场上的著名葡式建筑;自由大马路北端的庞巴尔侯爵广场上的侯爵雕像;庞巴尔侯爵广场后的爱德华七世纪念公园。

商业和居住区。在灾后重建中，里斯本的商人积极参与，贡献不小，人们有理由认为他们是为了逐利，他们要赶快把这座能让他们赚钱的港口城市重建起来，但当时谁也不知道这里还会不会再地震，不知道上帝到底怎么看待里斯本，所以这些商人还是很有些勇气的。为了吸引商人们参加重建，庞巴尔侯爵规定，这片区域中楼房的底层都必须是商场，而商人们肯定会自觉地那么做，除非你侯爵大人故意规定这里不能开商场，然后谁想开就去给你送钱。

在理性、科学、自由、权责一体这些观念的综合影响下，重建规划采用了方格网状的街坊形式，街块大体是70米×30米的长方形，长向向特茹河，至临河广场时有3排街块变成短向向河，使街区富于方向感和节奏感。这种尺度的街块尽量多地提供沿街商业面积，街块中心只有窄窄的天井供采光通风，只要人们不随便向天井里丢垃圾，不大声喧哗，这样的天井虽谈不上空间优越，但使用功能是没问题的。最重要的是，天井的小换来了城市中心空间的紧凑。

如果说阿姆斯特丹街坊形式的产生，还有人们在挖运河填陆地时，有"自然法则"催生的因素，那么里斯本的街坊形式完全是人为创新的，或是希波达莫斯式思维的有意回归。里斯本人一直以庞巴尔下城的新型总体性规划自豪，这种城市空间可能没有中世纪式的城市空间有魅力，但马车和汽车城市需要这样的空间。现在，这里是里斯本最受欢迎的商业区和观光区，密集的街道网已经大部分改为步行区，人们可以轻松地在其中徜徉。一条街上人们排起了超长的队伍，原以为他们要抢购什么，原来人们是在等待参观城市下水道，欧洲近代大城市在改造或新建时不仅重视表面光，也极其重视地下隐蔽工程，下水道绝不偷工减料，除非海啸，下点儿雨城市里是不会出现海面的。清晰的街坊式格局，也利于地下管线的铺设。

下城居中的一条纵街略宽，北连罗西欧广场和光复广场，再北是笔直的自由大马路，抵达有5条大道交汇的庞巴尔侯爵广场和其北的爱德华七世公园，从而形成4公里长的城市主轴线，庞巴尔侯爵广场上立着这位侯爵的铜像，他高高地站在石碑上，欣赏着自己的杰作。轴线本来是一种权力意志的体现，但大城市需要这种形式来建立清晰的架构。近代欧洲在城市中开辟轴线的做法开始于文艺复兴后期的罗马，18世纪初，法国开始将园林中的轴线移入城市。

里斯本是一座大城市，它有4公里长的城市主轴线，有15公里长的海岸线般的河岸线，有一系列辉煌的建筑，但里斯本让人感觉不到什么王气、贵气、盛气，它就像是水手的大家园、随意但也追求华丽，实用但不失亲切。

目前，里斯本已经有两座古建筑是联合国教科文组织的世界文化遗

由高地上的阿尔法玛区俯瞰下城与上城的衔接部，工业化时期的著名建筑——圣胡斯塔电梯连接二者。其设计者是法国大工程师埃菲尔的学生。

庞巴尔小城与高地上的上城的衔接部分有结合挡土墙的步行台阶。

下城与阿尔法玛区之间的公交联络是有轨电车。

人们正在下城的街坊里排队参观城市地下设施。

下城街坊步行区的情景。

79

产，可能是有感于英国苏格兰的爱丁堡新城成为世界文化遗产，里斯本人正在为他们心目中更有近代城市规划代表性、更有总体原则性的庞巴尔下城申请这一荣誉。

也难怪里斯本人会有些不服气，爱丁堡新城的规划时间是1767年，比里斯本重建规划要晚10年有余。

爱丁堡在中世纪时期形成了以山顶城堡为"鱼头"，东西向主街和南北向小街为"鱼骨"的老城区格局。18世纪，老城里人满为患，市政府决定利用老城北面的一片洼地另建新城。1767年，乔治·德鲁蒙特市长举行设计竞赛，年轻的建筑师詹姆斯·克莱格的方案中标，这时，他年轻得只有22岁，也许就是因为年轻人头脑简单，他构造简单的规划方案才获得了急于从中世纪的复杂空间中理出头绪的市政府官员的青睐。

因为当时新城规划的面积不大，所以克莱格的方案更显简单，纵向只有一条主街，两条次街，横向再有数条街形成一个方格网，方格网中的街块面积在100米×150米上下，稍复杂的地方是克莱格在纵向的两端各规划了一座绿化广场，并考虑了人车（当时还是马车）分流和建筑空间布局等

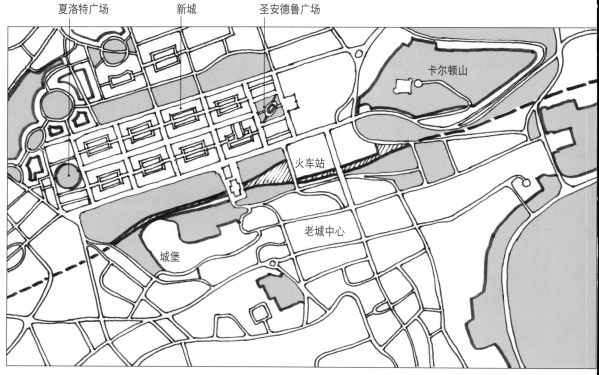

爱丁堡平面图。

从城堡上俯瞰爱丁堡新城，可见每一个街坊再次被分为约20个小地块，约20个业主各种兴建他们的房子，当时多以新古典主义风格为主，后来一些建筑在重建时改变了风格，北欧现存的街坊基本上都是这种现状。

新城南面的王子街花园将新城与城堡高地拉开，使新城不致被高地压抑，遮挡阳光。

爱丁堡东侧的卡尔顿山可以同时看到老城和新城，近处的建筑是爱丁堡大学哲学教授杜格尔德·斯图尔特纪念亭，中心的高塔是位于老城和新城之间的一座大酒店的钟楼。

细节问题，如他规划在两座绿化广场后各建一座大教堂。流行如此简单的构图，据说与当时的启蒙运动思想有关，启蒙运动强烈主张理性，这种有清晰原子论构造的方格网就是城市理性的表现，而这种秩序性强的方案也非常符合当时城市中新兴资产阶级的价值取向。在新城陆续建好后，爱丁堡的富裕家庭纷纷搬了过来，而穷人还挤在老城。

爱丁堡新城主街——乔治街的交通情况，远处的圆柱是乔治街东端圣安德鲁广场上的梅尔维尔纪念柱。

第三节　**新城时代**

　　虽然中世纪城市格局的主流是自然形态，一般连鱼骨式的图形规律性也没有，事实上，中世纪也存在着大量至少是当年罗马兵营式的城市，这种城市实际上是功能自觉与希波达莫斯式规划结合的产物，自罗马帝国灭亡后一直存在着，如意大利的佛罗伦萨、都灵、那不勒斯等；一些中世纪新建的城市也用这种模式，如法国的艾格莫尔特等。启蒙运动影响的理性城市模式是否受到过这种城市模式的启发，或者是直接从泰勒斯、希波达莫斯那里获得启发，我们不得而知，只是在这种模式复兴时，欧洲的城市有几点与希波达莫斯时期的米利都很相似：城市都面临重建或扩建，城市的主导人群都是商人，人们更愿意接受理性哲学对思维行为的指导。

左图是表现奥斯曼巴黎改造的一幅著名版画，右图是这个位置现在的景象，图中的塔楼属于巴黎最古老的教堂——圣日耳曼德佩教堂，著名的花神咖啡厅在左侧的一个街口，街心处的现代喷泉的造型，让人觉得是受到了那幅版画的影响。

一、改造出的新城

　　除了那些在不知不觉中、长时间中生成的城市，有计划新建的城市或大片城区显然都需要规划，大约在这时，世界上各地的人们不约而同地都因为需要规划表现出适当的清晰性、简捷性，而都采用了方格网形式，不同的是，在中国的方格网中，每个单元是约500米×500米以上，在欧洲的方格网中，每个单元是50米×150米左右。18世纪末至19世纪，欧洲很多城市都面临类似爱丁堡的问题，一方面，当时欧洲已经有古城需要保护的意识，另一方面，欧洲人的住宅都是私有产权，要拆老城很麻烦，所以这些城市都选择了在老城外扩建新城的方式，在新城模式上也都采用了类似里斯本和爱丁堡新城的模式，事实上，希波达莫斯式的街坊模式全面回归。而少数必须进行自身改造的特大城市，则为了尽量减少对中世纪式街区改造的工程量，开发出一种性质与方格网一致的斜格网形式。

马德莲教堂、旺多姆广场、巴黎歌剧院一带城市次轴线与斜格网形街坊格局的结合状况。

左下图：巴黎歌剧院前的街道。

右下图：从蒙马特山上看巴黎就如同从蒙特惠奇山上看巴塞罗那，城市都是混沌的一大片，但其内部是有清晰构造的。

罗马改造

在罗马共和国从抗击别人侵犯自己到自己侵犯别人以后，他们向南进攻时看到了希腊殖民者的城市，这些城市中有的就是希波达莫斯模式的，如那不勒斯和其附近的庞贝、帕埃斯图姆等。看来，罗马人喜欢上了这种城市，因为在他们于此之后兴建的城市中，我们可以看到这种模式被越来越广泛地应用。而至于他们的都城罗马，显然是改造难度过大，而罗马又是小丘陵地形，不适合方格网模式。

到了文艺复兴后期，教皇越来越急迫地希望罗马要具有与教廷的地位、开拓朝圣经济的需要相适应的城市形象，当时十字军运动已经彻底失败，耶路撒冷的朝圣通道再次被断，教廷顺水推舟，将利益巨大的朝圣经济引向罗马，罗马不仅有教皇，关键是有圣彼得、圣保罗等无数殉教者的圣墓，那些作为圣殿的大教堂都是因圣墓而竖立，天主教4大特级圣殿都在罗马，分别是圣约翰拉特兰大殿、圣彼得大教堂、城外圣保罗大教堂和圣母大殿。除了城外圣保罗大教堂，其他3座在市区，市区里还有好几座宗座级圣殿，以及大的教会组织在罗马的机构，但它们都混在迷魂阵式的中世纪街区中，不利识别，那种街区也不利于开设卖朝圣品的商店。

16世纪末，教皇西克斯图斯五世终于决定改造罗马，他采用了非常克制的方式，不能花太多钱，几十年前为了建圣彼得大教堂滥发赎罪券的事已经闹出了宗教改革运动，教会已经分裂，这次千万不能再闹出事来。为了减少工程量，也为了适应罗马的地形，他没有采用方格网模式，而是在收集了几尊古埃及的方尖碑以后，请建筑师封丹纳在3座圣殿和另外几座重要教堂或城市交通节点前设计广场，每座广场分别摆上一座方尖碑，然后在这些方尖碑广场之间设计一系列轴线式街道，原来构造复杂，缺乏比较明显的规律性的古城一下子有了清晰的骨架。在这些骨架之间，再逐步通过小修小改形成街坊式单元，这些单元的形状多数不是方形的，但它们的性质与方格网中的方形街坊完全一样，整个城市则呈现一种斜格网的形式。这种城市设计方式对后世的影响力巨大，西克斯图斯五世和封丹纳没有因循，而是创新式地使古老沉重的罗马符合了街坊城市的原则，适应了近代社会。

墨索里尼完成的协和大道　　奥古斯都陵墓　　人民广场　　苹丘　　西班牙大台阶　　奎利亚宫　　圣母圣殿　　Pia城门

从人民广场东侧的高地苹丘西望椭圆形的人民广场，广场中间的方尖碑有华丽的喷泉配合，远处天际线浮出的大穹顶是圣彼得大教堂的穹顶。

圣彼得大教堂　　纳沃纳广场　　万神庙　　卡比多里欧山　　大竞技场　　拉特兰宫

马可·奥勒留圆柱广场　　墨索里尼完成的帝国大道

西克斯图斯五世罗马改造方案示意图，粗线表示新开辟的大街。

从人民广场东侧的高地苹丘西望椭圆形的人民广场，广场中间的方尖碑有华丽的喷泉配合，远处天际线浮出的大穹顶是圣彼得大教堂的穹顶。

拉特兰圣殿前的方尖碑和街道。

街坊化后的老城中耶稣会教堂前的街道。

巴黎大轴线。

巴黎改造

希波达莫斯式的方格网无论是对比罗马的斜格网，还是对比中国式的方格网，轴线都相对不够突出。虽然用轴线统筹城市规划的做法自古有之，然在概念的清晰度上，中国长时间领先欧洲，希腊罗马之后的中世纪时期，欧洲人几乎忘记了还有轴线这东西可以使城市构造变得清晰些，直到罗马城改造，终于重新启用了轴线，并与巴洛克式的图案结合。

巴黎和罗马一样，城市太大，改造时不可能彻底改变模式，结果，虽然是平原城市，巴黎也没有引入方格网，和罗马一样，最终也形成了轴线加斜格网模式。

不知法国的园林设计师勒·诺特尔是否从罗马改造中吸收过什么灵感，总之他的设计手法与之有很多相似之处。在设计凡尔赛园林的同时，他同时受命对卢浮宫前原有的丢勒里宫花园进行改造，本着他一贯的设计手法，他在丢勒里宫前用轴线统筹花园，并将轴线伸向远方，那条伸向远方的轴线后来发展成香榭丽舍大道。再后来大道的尽端建起凯旋门，凯旋门后，轴线以大军团大道为名继续向前伸延，最终跨过塞纳河，直抵现代化新城拉·德方斯。

除了这条大轴线，巴黎还有一系列小轴线支撑着城市的

从轴线上的协和广场远望凯旋门。

街坊化的街道。

今日的丢勒里花园。

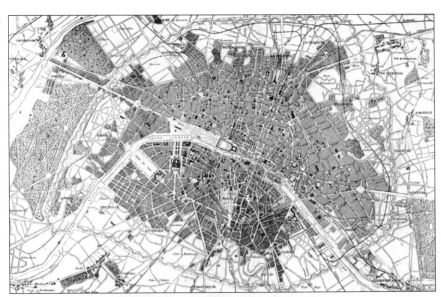

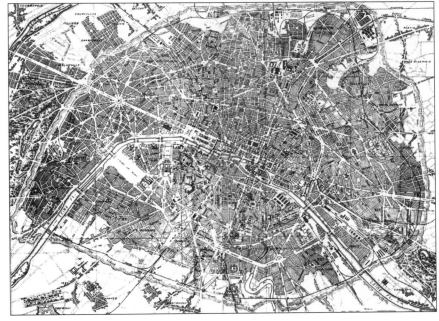

骨架，有些小轴线在拿破仑时期就开始形成，当然，总体的形成是在他侄子拿破仑三世搞的著名的巴黎改造时。在大轴线周边就有数条小轴线，它们与大轴线一起，使巴黎壮观得无以复加，它们串联起多数重要建筑，对旅行者认清巴黎的脉络有利，小轴线上多有广阔的绿地，让人心旷神怡，与罗马一样，轴线间随即形成形状不规则的街坊单元，只是巴黎的尺度远远大于罗马，像凡尔赛的园林一样，人在巴黎步行久了会累，但其绝大多数街坊单元的大小还是相当于100米×150米的尺度。

左上图是奥斯曼大街上的春天百货和"老佛爷百货公司"。右上图：那个时代的百货公司外表仍然是街坊建筑的样子，但内庭变成了堂皇的中厅，多配以宏大的彩色玻璃天棚，这种建筑不再是神的圣殿，而是"第三等级"的圣殿。

巴黎同时也是一座平民是城市，平易的街坊建筑底层多是各种方便街坊住客的店铺。　　红磨坊附近的街坊空间与巴黎地铁出入口。

　　中国人熟悉的巴黎春天百货公司所在的街道名为奥斯曼大道，这条道应该是以拿破仑三世的巴黎改造计划的执行人奥斯曼男爵命名的，他负责在巴黎中世纪的城市格局中切出现代化的街道网。关于这次城市改造的动机，很流行的一种说法是为了摧毁革命时容易构筑街垒的城市原有结构，这个考虑或许有，但不应该是拿破仑三世的主要目的，他这么做，肯定是出自一个希望能一举多得的完整计划。第一，他要让人们觉得他是在继续他叔叔的事业，他就是靠这一点上台的，他叔叔就是想这样改造巴黎，可惜壮志未酬；第二，他可以借此拉动经济，那次巴黎改造共投资25亿法郎，在当时这是巨款，其促成了法国经济的一次大繁荣，巴黎更是繁荣，人口很快增加了近一倍，当时的法国出现了一股风潮，全法国的有钱人都要在巴黎买房子，或干脆带着家资到巴黎定居，去过现代生活，否则将成为土鳖，而且，有钱人要帮钱场，没钱人也要帮人场，大家都来繁荣巴黎；第三，大举投资可讨好资产阶级，他们是拿破仑三世最重要的支持者，除了让他们赚钱，城市改造又为他们解决了现实问题，因为巴黎拥有马车的人越来越多，马车需要宽阔笔直的道路，那时候汽车还没有上路，待汽车普及后，巴黎改造似乎有了先见之明式的宝贵价值。但在当时，急速的投资造成社会急速功利化，急速贫富悬殊，法国的民族意志因而衰弱，结果在普法战争中，法国一败涂地，只战争赔款就是50亿法郎。反观法国大革命初期，歌德目睹毫无训练的法国平民军队击败装备精良的德奥正规军，心灵受到巨大触动。

丢勒里花园周围样式统一的沿街建筑。

斜格网形街坊的一个交汇点，尖角状的街口有的布置了名人雕像，这个街角的雕像是大剧作家莫里衰。

"博马舍"在审视巴黎的路边停车模式。

街坊改造中必须保留的重要中世纪建筑——克吕尼修道院。

从巴黎荣军院望埃菲尔铁塔。

蒙马特山北坡的方格网式街坊，一些横街的车道会中断，代之以大台阶。断路变成停车场。

渐进式的伦敦

对重商主义最热情的英国，其城市理应是街坊城市，事实也是如此，但人们可能觉得英国的城市布局最乱，如伦敦，几乎没有任何几何规律，1666年伦敦大火，老城中心基本被烧毁，重建时几位著名设计师都提交了方格网式或有轴线的斜格网式规划，但由于政府不出钱实施，业主自己重建就各行其是，结果重建没有依照任何几何规律，只是将道路拓宽了一点。经过不断的扩建，现在的伦敦是许多街坊式组团的自由组合。的确，没有任何规定要求街坊城市必须有几何性，甚至必须是方格网式，英国人比较信奉实证主义，不重视形而上学。伦敦也曾经以交通堵塞、空气污染著称于世，但通过想各种办法，如今问题都基本解决了。

关键是要不停地想办法，而办法不能只是限行限号，好办法要靠大家想，那就不能害怕"众声喧哗"，各方面要互相妥协，英国这个国家就是这么走过来的。为了最大限度地获取羊毛贸易利益，英国富商不停地进行所谓圈地运动，被有同情心的大法官托马斯·莫尔斥为"羊吃人"行径，其实，英国圈地运动的残酷性与其他一些行为比起来，实在是小巫见大巫，即使如此，英国农民也数次起义，英国政府赶快向富商开征济贫税，

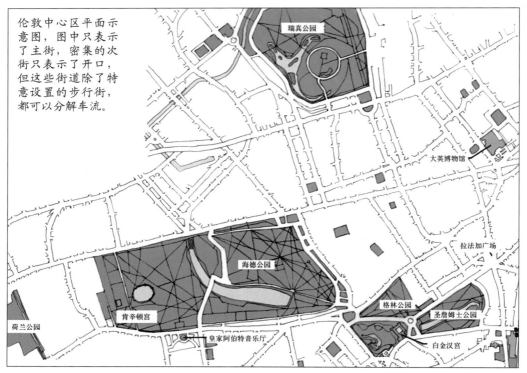

伦敦中心区平面示意图，图中只表示了主街，密集的次街只表示了开口，但这些街道除了特意设置的步行街，都可以分解车流。

莎士比亚剧场旧址，从前这里对英国城市的作用仿佛和狄俄尼索斯剧场对雅典的作用一样。

英国议会大厦和特拉法加广场一带几乎天天有人在抗议，伦敦依旧众声喧哗。

现在的伦敦已经很少有可以大刀阔斧大拆大建的机会，所以这种小型工程机械比较有用武之地。

百年老市场并不急于升级换代，改成高档市场以使城市显得富贵，以使政府获得更多税收，而城市因此更有魅力，市民会帮助维护这种街坊的卫生。

为失业农民发救济金，以平息农民的怒火和不致让他们走投无路。现在伦敦的大片区域，原来是几个村庄，村庄之间的空地原来是公地，几个村子都想把公地圈为己有，最后只能妥协，争执不下的地就谁也别占，让它空着最终成为城市公共绿地。从1863年第一条线路开通，世界上最古老的伦敦地铁在今天已经四通八达，大为分解了地面交通。而地面的公共道路网密度更大，尽量疏解了车流，当然，老城中心实在太拥挤，不得不局部地收一点拥堵费，即使如此，为了保护街坊空间，伦敦市民普遍反对通过修穿越市区的高架路来进一步改善交通。在城市美方面，伦敦就是以"乱"取胜，伦敦城里什么风格都有，以"众声喧哗"来体现生活的真正秩序——自由地共处。

　　除了1666年的那场大火和"二战"时被轰炸后的重建，伦敦没有进行过运动式的城市改造，那两次重建也没有执行像样的总体规划，而街坊城市的本质早已成为英国人的一种自觉，伦敦和英国的社会一样，就这样一点点不停地改造，避免了巴黎和法国那样的震荡。

二、大城的近代新区

柏林

作为近代欧洲的后起大国，德国曾经想尽办法向法国学习，收容法国逃亡的新教徒，出高价将正在寻找流亡地的伏尔泰请到柏林宫廷，派海涅等人常驻巴黎了解法国的社会变化情况等。柏林城的形态与巴黎有点儿相似，城市最中心最古老的部位都是河心岛，巴黎是后来建有巴黎圣母院的西岱岛，柏林是现在作为世界文化遗产的博物馆岛，而柏林以岛为中心的中世纪老城的面积则比巴黎的同性质城区小很多，因为柏林较晚才发展成为一座大城市。

因此，柏林的问题是扩建，而不是改造，柏林的新区同时采用了方格网和斜格网街坊模式，不论形状规则与否，每个街坊单元都被称为一个柏林街块，可能是因为这种模式被德国人执行的特别认真，加之每个街块的建筑比较统一，整体性强，所以所谓柏林街块特别有名。然而在"二战"以后，东柏林对原来的街块构造改动较大，包括市中心和一部分老城中心，拆了不少街块，建起了许多孤立式的现代建筑，那种高大的，长方体形的住宅楼对原有城市的格局和面貌破坏最大。两德统一后，市中心的那种大楼被拆除了一些，恢复成街块式建筑，每个街块中的建筑也趋于多元。

两德统一后柏林波茨坦广场的变化，新型商务区完全按照原来城市的斜格网街坊构造布局。

柏林的博物馆岛模型和帕加蒙美术馆。

图中下部废墟部分是第三帝国原盖世太保和党卫队总部所在的位置，现在是一个露天展廊和一座纪念馆；后面的大楼是原帝国航空部，楼长达300米。纳粹就喜欢建这种超尺度的建筑，因此这两个街块都非常大，达到300米×400米以上，在柏林街块中显得鹤立鸡群。虽然美国华盛顿的商务部、农业部大楼的长度与其接近，但它们所在的街块大小只有320米×160米。

展廊中的另一块展板上表现在希特勒死后的柏林曾经发生饥荒，人们开阔城市绿地种庄稼，演出了一幕特殊的田园城市场景。

展廊中展出的希特勒的御用建筑师斯佩尔为柏林做的一个改造规划，一条巨大的轴线深入柏林的老街块群中。

冷战时期位于柏林街坊中的查理哨所，当年柏林墙横穿这片街坊。

这幅展板上炸弹要落下的地方就是柏林比较标准的街块区。照片中这位父亲显然是专门带儿子来看展览的，还不停地指着一些照片和儿子兴致勃勃地说往事，但他儿子表面听着看着，而其真实状态是索然无味。看来，在有反思历史传统的德国，让下一代关心历史也不是一件容易事，尽管现在已经不是希特勒故意提供给青年汽车、摩托车、娱乐而让他们放弃社会思考的年代了。

在德国议会大厦新穹顶上远望，柏林还保留有不少现代主义国际式的高层板式住宅楼。

勃兰登堡门一带近年按照街坊格局新建的一些多层建筑，那个奇怪的屋顶是弗兰克·盖里的设计。

欧洲被害犹太人纪念碑后的街块和街坊建筑。

战后位于西柏林的威廉皇帝纪念教堂很快被计划重建，在当时的方案竞赛中胜出的是卡尔斯鲁厄大学的建筑学教授艾尔曼，他的方案是将残骸完全拆除后建造一座现代风格的新教堂，但这一设计引起了柏林市民的反对，他们希望保留旧教堂的残骸以示纪念，汉堡的圣尼古拉教堂就是那样。最终，双方达成了妥协，旧教堂的钟楼残骸得以保留，以警世战争，残骸周围按照艾尔曼的方案，用混凝土骨架和玻璃砖建造了4栋极富现代感的建筑单元，这种建筑的风格理念与同样为空袭毁坏的英国考文垂教堂的重建非常近似，它们均成为当时的著名建筑，并对后来处理新旧建筑关系的理念产生影响，使街坊建筑风格更趋多元。

巴塞罗那

在欧洲的大城市中，老城和新城都很优秀，同时对比强烈的，除了里斯本，至少还有西班牙的巴塞罗那，除了保留有一些古罗马时期的城市遗迹外，老城完整地展现了中世纪城市的特色。19世纪中期扩建新城时，除了在老城中开辟了两三条大街使新老城及新城的西部与海滩之间有必要的连接外，如著名的流浪者大街，老城只是城墙大部分被拆了，内部改动很小。新城面积大约是老城的8倍，几乎全是由约100米见方的街块组成，由于面积太大，新城中一条纵轴和两三条横轴被突出，更有特色的是在方格网中加入了两条对角线，从而产生出一些活跃的尖角形街块，适度地打破了方格网有些单调的节奏。

俯瞰巴塞罗那新城的方格网加少量斜线式的街坊。

老城新城过渡区域的街坊。

新城街坊标准式的街口，角部建筑多呈45°角。

杂乱而充满生活气息的街坊屋顶。

开辟为绿地广场的斜街角。

新城街坊标准的街景，右侧两座奇特的房子分别是仿摩尔式和仿银器式混合的风格的阿马特耶之家与高迪设计的巴特略之家。

位于斜街口的建筑，一般都会特别设计角部。图为特拉德斯之家。

左上3图：除了高迪、路易·多米尼克·蒙塔内尔的巴塞罗那新艺术运动风格的建筑，新城街坊中另一种有风格的建筑是被称为"仿银器式风格"的西班牙特有的一种哥特式建筑风格，如"科马拉特之家"和"亚洲之家"等。

街坊中屋顶上有一大团铁丝的建筑是安东尼·塔皮斯博物馆，那铁丝肯定不是脚手架没拆干净，那是某现代艺术大师的装饰艺术。

街坊中近年出现的新建筑。

三、新大陆的新城市

西班牙殖民者的城市

16世纪的西班牙，由于摩尔人留下的城市足够多、足够大、足够美，所以没有什么新建城市的需求，交通形式未变，所以也不急于改造穆斯林城市那种蜘蛛网式的街道，基督徒的中世纪式城市的街道也差不多，最急迫的事是要尽快将摩尔人那些壮丽的清真寺改为更壮丽的教堂，几座最大的教堂当时正在紧张收尾。而在哥伦布发现新大陆后，几个冒险家为帝国在新大陆抢得了大量殖民地，需要在那里新建大量城市。因为新大陆那里发生的屠杀行为有损帝国的名誉，所以帝国政府除了颁布禁止无故虐待原住民的法令，也颁布了在新大陆新建城市时需要遵守的原则，规定"只有在印第安人不受到损害，或事先征得他们同意之后，才能在一块空地上建起新的居民点。"这些法令、原则显然执行得不好，因为原阿兹特克帝国的首都特诺奇蒂特兰就被夷平，重新建造"新西班牙"的首府，即今天的墨西哥城。殖民者执行政策的认真性都反映在对帝国政府要求新城采用方格网式街坊城市模式的遵循上，看来，当时的西班牙人已经坚信，未来的城市将回归当年罗马帝国在伊比利亚所建城市的模式，如巴塞罗那附近的塔拉戈纳那种模式。待到巴塞罗那要扩建新城时，显然会采用这种模式，还有马德里等城市的新城。

在罗马帝国时期，现在巴塞罗那旁边的小城塔拉戈纳是伊比利亚半岛上最大、最重要的城市，至今，古城里还保留着大量罗马遗迹，而目前存在的城市就建于罗马古城基址上，仍然保持着当年方格网式的街坊格局，从城市复原模型看，很多街坊的轮廓都没有变化，原来的赛车场轮廓也保持着，现在的建筑就盖在看台的地基上。原来的祭坛在中世纪改建为大教堂，只有大教堂旁边有一点中世纪格局。

新阿姆斯特丹、新约克（纽约）

一方面是西班牙人开了一个头，另一方面是格网形街坊模式在欧洲已经成为城市模式的趋势，新大陆后来的殖民者在建他们的城市时也继续了西班牙人的做法。

今天的纽约由荷兰人于1624年建立，当时名为新阿姆斯特丹，起步区在曼哈顿岛的端部，当时，阿姆斯特丹的新环形运河街坊刚刚形成，但新阿姆斯特丹那里不需要挖运河，荷兰人只需要沿着曼哈顿岛端部弧形的河岸建设方格网形街坊即可，街坊的尺度约60米×100米。1664年英国人抢到了这块宝地，改名新约克，美国独立战争结束时，英国军队从这里最后撤出新大陆。

待城区发展要深入到曼哈顿岛长方形的颈部区域时，规划自然地选择了方格网街坊模式，每个街坊的尺度约60米×200米，街坊的长边对应曼哈顿岛的横向，短边对应纵向，这样使几乎所有的建筑都可以朝南，不过，这很可能是规划产生的巧合，那时的欧美人规划时很少考虑建筑的朝阳问题。规划这样做，最主要的考虑应该是在追求一种均衡，总距离短的路每段路长一点，总距离长的路每段路短一点，长路间距大一点同时路宽一点，短路间距密同时路窄一点，这样城市空间更有节奏感。

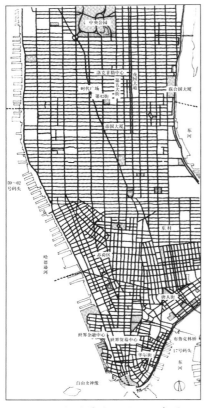

纽约曼哈顿平面示意图。

描绘1873年时的纽约城的古画，当时教堂的尖顶还可以鹤立鸡群。

1660年的新阿姆斯特丹平面示意图，当时的城市基本上就是一座设防的村镇，位于曼哈顿半岛的最南端，其朝向陆地的那道城墙就是后来华尔街的位置。

在曼哈顿端部沿海岸形成的半圈弧形街坊与主体的长方形街坊衔接时，会出现很多不规则街口，早期的摩天楼上部一般比较细高，从斜街口望去仿佛高塔。

纽约是一点点长高的，曼哈顿端部最早的红砖房子有些有纪念意义的至今仍然保留着。

现在汽车和行人的街道，古老的教堂还保留着，只是现在，它们只能挤在高楼的丛林中。

1900年满是马车和行人的第五大道。

低层、中层、高层建筑混合的街坊，教堂右边小小的3层楼的存在，不知背后有什么故事。

中央公园一带的街坊。

　　纽约的方格网形成之初，街坊里都是二三层的房子，后来房子越来越高，直到摩天大楼如雨后春笋，但街坊的格局没有发生大的改变，连道路的宽度都几乎未变，街坊格局的适应性在此得到充分体现，大为增加的建筑容积率必然带来更大的交通流量，在地铁帮助解决了相当部分后，地面通过更有效率的组织，主要是单行线规划，使曼哈顿的交通远不致到说不过去的程度，这主要得益于曼哈顿的路网密集，使要到任何目的地的汽车因单行线规划而需要多跑的路很有限，不致让汽车没完没了地兜圈子，现在中国很多城市中的单行线规划可以说就是一种兜圈子游戏，汽车要因此多跑很多路，事实上在增加车流量。

波士顿

在荷兰人建造新阿姆斯特丹几年后，一群移居北美的清教徒建造了波士顿。清教徒是新教信徒中更要求"清洁"的一派，他们要剔除所有的天主教思想残余，除了《圣经》是神圣的，任何自称代表神圣、权威的组织、个人都得不到他们的尊重，这样一来，身兼英国教会领袖的英国国王看他们就不可能太顺眼了，于是他们大批移居北美，在北美，除了《圣经》，他们也尊重自己制定的公约。

波士顿的起步区与纽约类似，也位于一座河流入海口边的半岛端部，清教徒立志要在北美建设作为世界表率的社会，具体到城市模式，方格网街坊模式早已进入北美，而波士顿最早的街区可能是因为地形有坡度采用的是不规则斜格网街坊模式。至19世纪，需要急剧扩张的城市经过削山填海，最终打造出了两片确实可以作为方格网街坊的表率式街区——后湾区和灯塔山区。

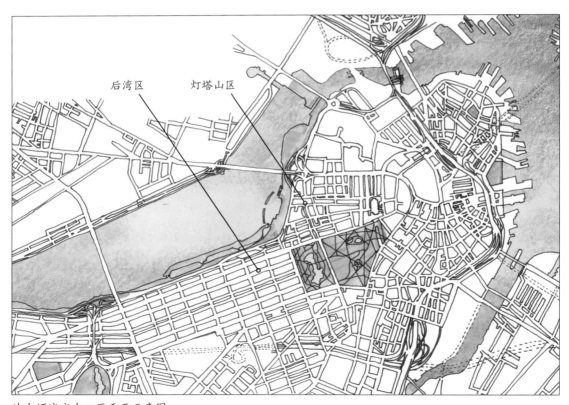

波士顿城市中心区平面示意图。

上4图：后湾区的街坊。

　　单从平面布局看，方格网式街坊的空间、造型都容易单调，但如爱丁堡、巴塞罗那、波士顿等城市的这类街坊都没有单调的问题，其首先得益于当时这些城市中都没有大型的房地产开发公司，房地产公司之间更没有强强联合。事实上，那些房子的开发商大多是户主自己，很少有户主能自己买下一个街块的土地，一个街块的土地往往要分成十几或几十份分别出售，这十几或几十个户主一般不愿意将自己的房子盖得和别人家一模一样，这样就产生了丰富的街景。除非政府规定所有的建筑都要遵守政府颁布的标准图，巴黎改造时就是这样，虽然巴黎的城市面积之大在很大程度上需要这样做，以获得一定的城市景色稳定性，但这样做过分了，还是有弊端，巴黎许多街道显得乏味。在这方面，巴黎似乎做得不如巴塞罗那好，不仅是高迪的建筑，还有很多建筑师的才华使巴塞罗那新城既整齐，又丰富。

　　波士顿这两处街坊之所以特别美主要因为两点，一是在此之前，街坊中的建筑应该直接面街这一点原则被执行的太绝对，建筑均尽量、全面地临街，与街道空间之间没有任何缓冲，阿姆斯特丹和受其影响的英国的街坊最多有个所谓的"建筑口"，这是过分突出商业性的结果。看来波士顿的后湾区和灯塔山区定位完全是住宅区，建筑不需要抢着尽量靠街，当时应该也有相关法规要求建筑与街面之间要留出3米左右的前院空间；二是在这两片街坊建设时，正值活泼的维多利亚风格风行，从维多利亚时代起，建筑需要新形式时，不再依赖"复兴"，不论是文艺复兴、古典复兴、哥特复兴，还是拜占庭复兴，而是不用顾及什么学院派制定的法式，自己喜欢什么，就去历史建筑的宝库中去取什么，然后灵活组合、再创作。建筑前有小前院、矮围墙、门斗、小绿化，首先使这两片街坊在空间层次上丰富了许多，而维多利亚风格使此类小街坊建筑摆脱了原来只能突出二维美的局限，建筑沿街部分的立体感大大增强，建筑的基调还是新英格兰地区的传统红砖建筑，但装饰华丽的凸窗、外凸或深凹的门廊等都是从前少有的，所有这些细节的丰富使方格网街坊的街景不亚于轴线和中世纪曲折小街的街景。可能一方面因为传统深厚，另一方面因为这里的两所著名大学里都有著名的建筑系，使波士顿的城市设计在美国总是处在领先地位，城市不断有新元素，但至今，上述两个街区的房子还是波士顿最贵的。

美国国会大厦以西的大轴线。

华盛顿规划图。

华盛顿

美国新首都华盛顿的规划完成于18世纪末，规划负责人——法国裔的美国建筑师朗方的方案是将凡尔赛宫苑的巴洛克式平面与方格网形街坊模式的平面叠加在一起，凡尔赛宫的大轴线、放射线本来是绝对王权的象征，但在当时法美友好的气氛下，它们也可以被解释成是这个新联邦国家架构的象征，同时成为城市公园。一般居住区的街坊尺度是160米×80米，住宅楼像波士顿后湾区的一样，也留有适度的前庭空间，故许多街区非常美丽。但建筑容积率远比纽约曼哈顿低的华盛顿，交通状况却不令人满意，一个原因应该是那两条宽阔的大轴线对交通有一定的阻隔作用，穿越它们的可行驶汽车的道路间隔过大；另一个原因是凡尔赛式的放射线过多，它们被朗方延伸入方格网后，产生了过密的斜线，过多的不规则形路口和转盘，整体道路网复杂混乱，网格的规律性难以把握。

华盛顿纪念碑至白宫周边的轴线绿地和街坊。

华盛顿街坊中的道路。

漂亮的老街坊建筑。

亚洲城市的近代街坊

自1510年达·伽马占领印度南部的果阿，欧洲殖民者很快又在马来西亚的马六甲、槟城，以及新加坡、中国的澳门等建立武装商业据点，并逐步将其发展为城市，这些早期的殖民城市的模式有些像欧洲中世纪后期的城市，有要塞，街区因商业需要而开始具有街坊模式的性质，后来又加入了巴洛克式的元素。19世纪以来，东南亚人、特别是东南亚华人综合当地传统和欧洲元素，创造出了被中国人称为"南洋骑楼"的建筑和街坊。现在，这类东西合璧式的城市中有果阿、马六甲、槟城的乔治市、澳门的老城成为世界文化遗产。

可能早在两宋时期，中国南方在里坊制废除和商业兴盛的综合社会情况作用下，就产生出一种面宽很小，但进深巨大的店宅一体式的城镇建筑，以在有限的街道长度中获得尽量多的能提供给商户的店铺，中国南方的很多城市中目前还保留有很多这类建筑，不一定是宋代遗构，但应该是自两宋开辟的格局。

两宋灭亡时期，是中国人南迁东南亚的一个高峰期，使东南亚受到中国文化的更大影响，而日本人在"遣唐使"之后，并没有全盘复制中国文化，至少改造了唐代的里坊制，其城镇内也是以那种大进深的建筑为主。在华人和日本移民同样多的越南会安古城中，日本人修有一座廊桥，风格和中国浙南、闽北现存的南宋廊桥非常接近，而古城中的店铺多有那种大进深的构造，同时，会安的街块大小远远小于一般的里坊，这也许是受了那里日本人的影响。

越南会安古城中的老客栈，空间主要利用进深。在中国江西赣州的老城中，也还保留着类似的老客栈，建筑质量更高。

可能是预计城市将急剧扩大，现在的会安政府在出让郊区土地时，仍然按照小开间。大进深的原则，对沿街商铺，则按照开间大小收税。

中国澳门老城的街坊中某中式老宅，近似巨大，中间以数个天井采光通风。

上2图：澳门老城的街道，葡萄牙人最初将其按照他们家乡的小城镇模式规划，相当于欧洲中世纪后期的空间格局，有比较宽敞的广场和主街，一般区域虽然是街坊式的，但街巷比较狭窄。

英国人规划的中国香港基本上是近代新街坊的格局，包括中、上环的部分坡地区域，横街比较陡，但仍然尽量在行车。

在香港"长高"以后，原来的街坊格局大体上依然维持着，只是因为人口密度太大，而在中心区增加了太多的高架路。

如果城镇仍然需要更多的临街商业店铺，人们自然会想到那就应该多提供街道，可以延长以往的主街，但主街不可能无限延长，那么主街很可以兜圈，同时可以在主街兜圈圈起的地域中重新开辟新的主街，进一步可以开辟得密集一些，这样，街坊格局也就自然形成了，但街坊格局从经验上升到概念，可能还是在欧洲复兴了希波达莫斯式街坊之后。

欧洲人对其殖民地的规划与欧洲当时的规划思想大体同步，19世纪以后，新街坊模式也被引入亚洲。在欧洲人大举进入南亚、东南亚之前，那里的统治者多为穆斯林，特别是处在莫卧尔帝国时期的印度。本来印度教的城市有按教义中宇宙图式来布局的传统，这方面现存最好的实例是柬埔寨的吴哥城。但在伊斯兰化之后，印度城市多是西亚那种密密麻麻、迷魂阵式的城区，王公贵族则住在城外城堡式的宫殿里。当时德里的格局就是那样，英国殖民政府在老德里南面兴建新街坊式的新德里，两片区域城市形式的强烈对比往往被用来说明城市的无序性和有序性的对比，更准确地说是马车、汽车时代的现代讲究公共卫生的商业城市与传统步行城市的对比。

柬埔寨吴哥城遗迹区布局示意图。"吴哥窟"这个名称是中国人的习称，但吴哥不是一组石窟，也不是一组寺庙，它是一座巨大的城市，只是因为竹木构造的人居建筑都毁掉了，现在只有神居的石头建筑保留下来。

吴哥城主要是按照印度教教义中的宇宙构造图式来布局的，类似中国西藏的城镇、庙宇按照所谓"曼陀罗"来布局。

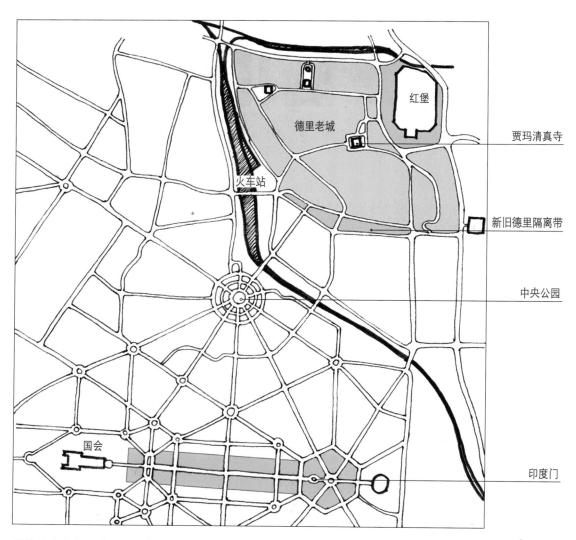

新德里城市中心区平面示意图。

南洋骑楼式街坊

在殖民者对现有城市进行一定的街坊化改造之后，泰国、马来西亚等地的华人逐步开创出了一种后来被中国人称为"南洋骑楼"的建筑和街坊。骑楼街或称柱廊街本来在欧洲和中国南方都有，"南洋骑楼"是东南亚华人将当时欧洲流行的维多利亚建筑风格与早有的进深巨大的店宅一体式建筑结合的产物，后在防火等要求下，建筑的进深逐步缩小，由这种建筑构成的区域也慢慢由里坊转化为街坊。现存此类街坊格局最彻底的地方是新加坡的牛车水，牛车水的街坊构造与庞贝古城的很相似，即使那里店宅一体式建筑的进深已经大为缩小，但建筑多能做到面朝主街，背靠后街，主街比较宽阔，现在可以容纳一定的汽车车流，后街通常也可以通行后勤汽车，非常适应现代城市的要求。如今的牛车水紧靠新加坡最繁忙的金融商务区，但它在交通功能方面不会给城市带来不便，在服务功能方面还能和其他区域形成互补，最重要的是，它使新加坡这座城市具有了难得的历史文化气息。

"南洋骑楼"这种建筑形式被南洋华侨引入中国后，在华南各地城市中都出现了或多或少的骑楼街，一些商业新区在以骑楼为建筑形式的同时，也相应地形成一些接近街坊模式的小街块区，但由于习惯和城市体制等问题，并没有出现牛车水式的相当纯粹的街坊。在中国遭受殖民入侵后，除了香港、澳门地区，还有一些城市因为规划设计者是当时的欧洲人，故城市的一部分甚至整个城市都是街坊模式的，这些城市的街坊我们在后章介绍。

欧洲老城中普遍存在的传统骑楼。

中国南方古城中普遍存在的沿街敞廊。

俯视牛车水片区。除
街道略窄使人行道稍
局促、路边无法停〔
外，它完全融入了现〔
城市。新加坡的新城市
划继续秉承街坊模式〔
使城市绿化空间与建〔
间关系亲密，这大大〔
进了人们对其作为花〔
城市的认同。其实新〔
坡中心区的绿化率并不
是很高，关键是因为〔
坊格局，它的各类花〔
都能让人看到、感〔
到，而不是大部分深〔
在小区中。

新加坡这种由"南洋骑楼"式街坊形成的室内型商业
空间与欧洲近代如"伊曼纽尔二世廊"式的商业空间
类似，都来自街坊模式的脉络。

牛车水街坊的后街，多由近代的新消防要求而形成，同
时它解决了货物、垃圾运输与人流分流及更复杂的水电
设备安装维修等问题。内部虽不美观，但也不至影响
市容。

上2图：位于马六甲海峡要冲之地的马六甲古城是欧洲大航海时代时中国文化与欧洲文化最早发生碰撞的地方，
古城的"南洋骑楼"式街坊区比新加坡的要古老，故里坊痕迹还比较重，很多老宅进深巨大。据说这里老宅的面
宽普遍很窄是因为荷兰殖民者最早实行按建筑面宽收税造成的。

上2图为泰国普吉老镇老街上的骑楼，主要为来自中国潮汕地区的华人所建，虽然商铺的进深都很大，但由于没有形成牛车水那种街坊，所以较大的街块内部后来建起了一些高楼。使老城整体感受损，不过沿街连续骑楼的环境被破坏得还算有限，经过近年整修后，老街成为了普吉岛的又一旅游业招牌。

由于历史、气候等原因，"南洋骑楼"多带有维多利亚风格。左图为柬埔寨暹粒的骑楼。

下4图为老挝名城琅勃拉邦，法国殖民者在湄公河边营造的街坊式小城，典雅的沿街小楼、小院非常适合改造成为度假旅馆，关键是这些建筑有沿街性，才能为城市营造出适宜的气氛，才能吸引到足够多的度假者喜欢到这座大山里的小城来，享受一种特殊的城市美。

四、浪漫主义和唯美主义的修正

在人文主义、理性思维使社会取得长足进步以后，中世纪时代在很长一段时间内名声不好，人们希望政治上更有秩序、更统一，也希望城市应该尽快摆脱中世纪狭窄、曲折式的空间模式，变得宽敞明亮，有几何规律性。

然而，人们逐渐意识到，追求秩序的代价如果是从不得不接受封建统治转化为必须接受专制统治，那代价可能更严酷，以法国为例，不论是大革命前的君主专制，还是大革命中的雅各宾专制，或者是大革命后的资本专制，都令人窒息。在城市方面，格网式街坊模式的规划在由大资本统一开发一个街坊乃至数个街坊后，单调枯燥感越来越严重。在社会方面，城市改造像圈地运动一样，时常伴随着对底层市民的生活资源的掠夺，穷人要么被驱离城市，要么城市中出现贫民窟。

巴黎著名的时尚大街上的建筑，如果这些建筑不加任何装饰了，则庄重有余，但略显呆板。

巴黎卢浮宫附近的街坊，建筑单调，但由于有一些形状不太规则的空间，就可爱多了。

描绘伦敦工业革命时期贫民窟的素描画，联排"别墅"由于居住人口太多而拥挤肮脏，高架的铁路桥随意从住宅的上空飞过。

伦敦的新街坊建筑，构造十分精细，但由于风格趋同，整体上反而显出一些刻板。

左2图：贝多芬的家乡德国波恩小城，典型的浪漫主义城市，大教堂造型灵活，老城墙根新旧杂陈。

左2图为法国马赛，城市中有大片的近现代街坊区，有勒·柯布西耶的现代主义建筑代表作，但现在最吸引人的地方还是有黑死病记忆的老港湾和中世纪窄巷。

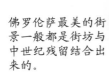

佛罗伦萨最美的街景一般都是街坊与中世纪残留结合出来的。

　　在现代社会体制没有健全之前，法国用频繁革命的方式，而英国则用各社会势力不断妥协的方式来尝试新制度。思想文化、商业、艺术界则分别向过去和未来寻找方向，回首过去的主要是浪漫主义和唯美主义，展望未来的主要是乌托邦的思想和实践。

　　以浪漫主义音乐家贝多芬对拿破仑的态度为例，当拿破仑是贝多芬心目中打败旧制度、建立新制度的英雄时，贝多芬会把自己写的交响乐献给他，而在拿破仑称帝后，他在贝多芬的心目中就变成了新的专制者，本要献给他的乐谱就被撕毁了，这就是浪漫主义的总体态度。

左图：法国图尔的中世纪老城。法国诺曼底人的祖先是维京海盗的一支诺曼人，他们曾经野蛮好战，掠夺成性，在中世纪初期，法国北部许多城市遭受过他们的血洗，包括当时的圣城图尔。他们后来在诺曼底定居下来。左上图是图尔老城中现存的传统木筋房的局部，据说是在诺曼人破坏后残留下来的，如今成了图尔的文化特色。中世纪的一个街块面积较大，这个街块被豁开了，露出了原来街块内部的景象。

左下图近处的木房子应该是仿中世纪建筑，远处开在木筋房里的一间餐厅的窗口有一尊达·芬奇的头像，可能达·芬奇在那里吃过饭。城市的魅力很大程度上靠城市积累下来的历史人物和故事。

达·芬奇晚年是在距离图尔很近的中世纪小城昂不瓦斯度过的。图为从藏有达·芬奇的小教堂俯瞰昂不瓦斯老城局部，那时文艺复兴后法国小城镇和乡间的街坊式街区构造，建筑风格和空间尺度还有中世纪的痕迹，内部街道还有些窄。

上左5图：鲁昂是诺曼底首府，由于紧挨塞纳河入海口，诺曼底人很早就利用商贸航运的便利将其发展成为中世纪欧洲最大的城市之一。由于诺曼底公爵威廉一世征服了英国，故在英法百年战争中，诺曼底是英军的一个根据地，他们在鲁昂审讯及烧死贞德。"二战"后期，盟军将开辟西线战场的登陆点选在诺曼底，为了减少登陆部队伤亡，盟军对诺曼底的许多城市进行了狂轰滥炸，鲁昂老城成了一片瓦砾，连印象派大画家莫奈刻画过的大教堂也损毁严重。在战后重建中，诺曼人再一次表现出他们的蛮劲，但这次是要证明他们早已不是野蛮的海盗，他们没有丝毫犹豫就放弃了一次发房地产财的好机会，宁可先临时无家可归，也不图省事将已经是瓦砾堆的老城推平，建法国大建筑师柯布西耶推广的新房，而是用满地的碎砖头将老城按原样慢慢地恢复出来，再住回里面，去重温威廉一世、圣女贞德、拿破仑、莫奈的时代。

浪漫主义对当时欧洲最重要的反专制思潮——启蒙运动即有呼应，也有反弹，它们都推崇自由平等，但浪漫主义反对启蒙思想中过分的理性主义，更为推崇自然主义、个性化，在文化风格上强调个人情感和想象力，反感"正统"的化身古典主义，怀念中世纪骑士那种感性化的英雄情怀、行吟诗人的激情澎湃，赞美田园美和民间艺术。正是在浪漫主义的影响下，"黑暗的中世纪"中阴森、血腥、野蛮的因素被时间和时势共同淡化，中世纪竟成为了自然美、童话美、浪漫主义的代名词。

紧接着，以"为艺术而艺术"为宗旨的唯美主义又风行一时，其思潮的前奏是英国绘画界的拉斐尔前派，顾名思义，即是到文艺复兴之前寻找艺术真谛，也是推崇中世纪艺术。

事实上，中世纪老城在摆脱了拥挤、脏乱的状态后，它的美是显而易见的，在自然选择逻辑下形成的城市，也积淀了众多人的智慧，使中世纪城市总是呈现出异常丰富的城市造型和美妙宜人的空间，特别是，中世纪老城都是时间锤炼出来的，不是规划设计能够轻易复制出来的，中世纪城市的美当时正可以呼应人们对僵硬化的格网街坊模式的不满，而至今，最受人们喜欢的城市仍然多是中世纪城市。

经过现代改造后，维多利亚时期的著名建筑——朗廷酒店前的街道情景，汽车迫使人车分道、人行道等管理措施出现。

表现维多利亚时期伦敦城市空间景象的古画，繁荣而杂乱，交通无序而拥挤。

上2图：伦敦皇家阿尔伯特音乐厅附近的红砖街坊，维多利亚女王的丈夫阿尔伯特虽然来自当时比较落后的德国地区，但他观念进步，当时的国王夫妇有时会刻意使自己像一对中产阶级夫妇，音乐厅好周边的公寓楼用红砖材料而不是石材，也反映出当时王室的作风。

113

巴黎与北京

由于北京拆掉老城的遗憾，使中国人可能比较关心巴黎到底是应该保护中世纪城区，另建近现代新城好，还是像奥斯曼那样改造好这类问题。在过往舆论的惯性下，多数人赞美奥斯曼改造，一方面因为中国人偏爱宏伟的景观，另一方面是因为在奥斯曼改造后，巴黎仍然是世界公认最好的城市，赞美的人中包括很多惋惜北京古城墙的人，自然，他们不知道或不愿意同时想到奥斯曼改造的重要工作之一是把巴黎的古城墙全拆了。

巴黎和北京老城的面积太大，不能主要靠步行交通，也不能像威尼斯老城那样全部依赖旅游业，所以他们不可能不被改造。奥斯曼的改造之所以"成功"，不光是因为动手早，巴黎人的平均艺术素养高，虽然奥斯曼在担任巴黎改造总指挥之前的职务是巴黎警察局长，但这个人显然不是没文化的人。更主要的原因一方面是巴黎的改造方案继承了罗马改造的优点，从而赋予了城市一种建立在轴线基础上的新的美感。同时，他的改造将巴黎那有些里坊性质的大片中世纪街区改为街坊格局，以适应近代城市的功能需要，又保留了一定的空间丰富性。

然而尽管如此，巴黎人很快看到了奥斯曼改造的弊端，将中世纪老城区都拆了，是不明智的，巴黎本来可以更完美。因此，巴黎不再大规模拆迁了，他们不动声色地否决了柯布西耶的巴黎改造方案，连很多局部城市更新方案也否决了，更小心翼翼地维护着现有的古城，不让他再全面"现代化"了，局部的现代化也是反复论证，非极优异的设计难以实现。近年巴黎着力发掘蒙马特山、马莱区、左岸这几片仍然残留着中世纪拉丁韵味的区域，本来，这几个区域都是平凡的街区，更一度沦为过落后区，而现在，它们都是巴黎最令人流连的地方，是巴黎延续其魅力的新要素。

奥斯曼改造中最正面的事应该是城市下水道的建设，许多电影里都表现过巴黎下水道的壮观，然而那种大隧道并不是奥斯曼率先开凿的，欧洲许多城市在早期都有在地下挖取建筑材料的做法，慢慢地城市地下就会出现隧道网，有些城市将这些隧道作为尸骨存放处，巴黎即如此，电影《巴黎圣母院》中卡西莫多最后找到埃斯拉尔达的地方应该就是这种隧道。现

形形色色的城市空间为巴黎创造出永恒的魅力，图为法国古典主义风格的孚日广场的廊道。

蒙马特区的弯曲山道，路尽头的粉色房子是酒吧。

奥斯曼巴黎改造期间，被驱逐出市区的贫民大群聚集在当时还是郊区的蒙马特山上。普法战争法国失败引发了巴黎公社运动，社员以蒙马特为最后据点。山上的圣心教堂后来成为社会和解的象征，教堂边的小丘广场成为艺术家集中地。现在，越来越多的游人和餐馆把一部分艺术家已经挤走了，他们可能又会捧红一片旧区。

左岸残留的中世纪街区，现在是步行的餐饮区，顾客除了游客，主要是巴黎各大学的师生。

马莱区的窄街，这里曾经是犹太人聚居区，后来是艺术家聚居区。近年，欧洲各城市都致力于开发以前的犹太人区。

对于很多城市设计者的历史定位往往会随各时代的价值观而变化，勒·诺特曾经获得路易十四的极高礼遇，死后葬在丢勒里花园的入口处。但在法国大革命时期，他的遗骸被从墓穴中挖出。后来，在法国人冷静之后，又将他的墓修好。他毕竟是一位艺术大师。

右上图：描绘巴黎西岱岛的古画，当时巴黎圣母院周边还是中世纪街区。

右下图：奥斯曼拆除了中世纪街区，盖了几座大宫殿，虽然整齐，但那些建筑显得很刻板。

在这种隧道仍然存在，在蒙帕纳斯公墓东南面，有个地下墓穴博物馆，里面还有600万具尸骨。奥斯曼只是利用了一部分隧道，改造增建后形成那壮观的工程。

北京的老城墙被拆固然可惜，但如果我们看到同样壮观的巴黎、维也纳、佛罗伦萨等名城的城墙也被全部或大部被拆了，我们的心里也许能平静一些。总之，北京的问题再集中在城墙上、集中在老城该不该改造上已经没有意义，关键是怎样改造。当年北京的改造首先没有一种美的形式的控制，古城原有的空间美被打碎，又没有建立新的美的形式；明清时期本来已经松动的里坊格局不仅没有被适时打破，反而被增强，这两点至今如此。由于看到外国游客喜欢胡同、什刹海那些有中世纪空间性质的地方，就保护起几个片区，这总算是件好事。然而，在那些地方经济利益诱人以后，就要由大开发商出面统一改造，改造的方式多是以假替真，结果自然很难以假乱真，何况，好像不能将以假乱真作为改造原则吧。

当然，北京和巴黎因为它们的历史和性质决定它们再怎么样也是名城，它们都有众多伟大的历史建筑，孕育了迷人的城市文化，记录了大量文明史话，特别是巴黎。而北京的空气、交通再怎么受抱怨，北京户口、房产还是那样珍贵。对于北京的改造者，压力似乎只有"虚无缥缈"的文明定位。

整体的里斯本、爱丁堡、巴塞罗那

爱丁堡新城能成为世界文化遗产，除了新型规划，还因为那里的新古典主义建筑非常出色，一方面是因为建筑的艺术性普遍很高，另一方面是那里的每个街坊都是由多座风格协调，同时造型不同的建筑组合而成，才使新城显得美丽。而爱丁堡能成为一流名城，是因为这座城市还有一流的中世纪老城、城堡、大学、纪念建筑等，作为整体的爱丁堡才更加迷人，令人目不暇接。

相比爱丁堡的新城，里斯本庞巴尔下城的建筑可能略显单调，而其左右两侧山上的阿尔法玛区和上城的建筑以及造型都比爱丁堡老城显得丰富。下城商业广场的东北边就是围绕一座山头建设的阿尔法玛区，那里是里斯本最早形成的城区，最早的居民应该是伊比利亚本土人和乘船而来的北欧的凯尔特人，然后是腓尼基人、古希腊人、古罗马人、哥特人、摩尔人等。围绕阿尔法玛山顶区域的老城墙还保留着，一座精美的老石门里首先是一片老城，然后是圣乔治城堡，这里又是阿尔法玛最古老的地方。老城弥漫着悠悠然、暖洋洋的气息，街头的餐桌上冒出烤鱼的香味儿。圣乔治城堡是里斯本城市的生成点，城市成为首都以后，城堡就变成了王宫，1498年，当时的国王曼努埃尔一世在这里款待载誉归来的达·伽马。

上2图：爱丁堡老城和城堡之间历来是爱丁堡人最喜欢的地方，城堡前广场每年都会举办著名的戏剧节。

左图：卡尔顿山坡上的装饰派风格建筑与小城堡及古灯塔式的纳尔逊纪念碑结合在一起，使它仿佛成为爱丁堡的另一座中世纪式的城堡山，城市因此更有体积感。

在阿尔法玛区过于拥挤了以后，人们开始在西面的山上扩展所谓的上城，然后贵人富人都搬到那面去了，阿尔法玛区曾经变成了贫民区。下城至上城有两座已成为文物的升降机，光复广场西北角的荣耀升降机是缆车形式，下城街坊中段西侧的圣胡斯塔升降机是垂直电梯形式，后者的设计

从庞巴尔下城至山顶城堡区的步行台阶路。

俯瞰阿尔法玛区的近河部分，典型的南欧中世纪老城。

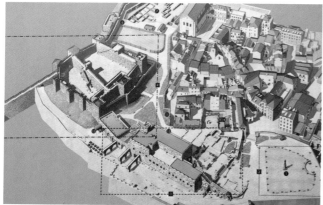

顶部的城堡区鸟瞰图

城堡区的街巷，这里开车、停车都需要相当的技术。

相当于北欧人，南欧人会显出更多的"人情味"，连接下城和山地的里斯本的老电车本是这座城市的一景，如果电车外再扒有人就更据里斯本特色，扒车又简便又能省车票，特别是对于只坐一站地的人，所以这种方式广受青年人的喜爱，但扒车一来有危险，二来逃票毕竟是违法的事，里斯本政府曾经要整治，但法不责众，没办法，在杜绝无望时，为了减少扒车的危险性，电车加宽了扒车者要踩的脚踏板，有的车还在后门上增加把手，毕竟，出了交通事故就是不幸，这真是从国情出发的政策。当然，如果警察看到有人扒车，还是会管的，但那些"便民"措施绝不是为了钓鱼执法，警察看见有人扒车通常只是喊一声。

118

师是埃菲尔的学生。上城的道路网已经接近格网形街坊模式，建筑也更大更华丽。

　　同理，巴塞罗那也是如此，尽管高迪等人已经使新城很美、很有纪念性了，但如果没有完整的老城保留下来，巴塞罗那的魅力也不会这么强烈而持久。尚保存有大量古罗马遗迹的老城已经被浓郁的中世纪哥特气息所笼罩，与爱丁堡老城一样，除了个别几条宽大街道，老城都是步行区，这样中世纪的窄巷就不再显窄，而是恰到好处的亲切。相比巴黎，巴塞罗那的缺陷是这里的世界级故事没有巴黎多，虽然老城中几座最漂亮的哥特式回廊院都开辟成了博物馆，包括半个巴塞罗那人毕加索的博物馆，但毕竟，毕加索在巴黎的著名活动更多，而且，当他想回祖国时，佛朗哥政府不让他回，逼他在法国待着。

　　巴塞罗那也有城堡，位于老城南面的蒙特惠奇山顶，可俯瞰整个城市和大海，由于山体较大，现在城堡已经是山的次要元素，1929年的世界博览会主要展馆，1992年夏季奥运会场馆区，米罗艺术馆等形成了丰富的山地区，那里还可以遥望对面的、包含高迪的桂尔公园的山地区。

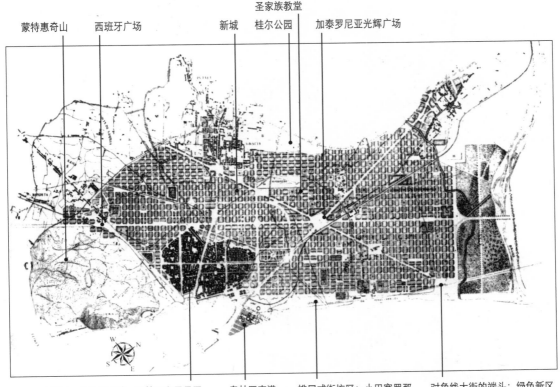

巴塞罗那城市平面示意图

巴塞罗那老城中的老圣十字圣保罗医院，曾经有贫民救济院功能，1926年6月7日下午，巴塞罗那的电车撞倒了一位衣冠脏旧的老人，大家认为他是个流浪汉，就把他送到这里，3天后老人在这里去世，这时，人们才认出流浪汉原来是他们的建筑天才高迪，因为他当时穿着工作服，才发生误会。这座建筑后来被改造成为加泰罗尼亚国家图书馆，庭院是市民休憩的地方。

老城边缘由理查德·迈耶设计的现代美术馆洁白的墙面可与旁边待成功艺术家们住的破烂但有个性的公寓楼对比。

在老城的哥特区中，窄巷、宽街、小广场相互流动。

老城北部近代街坊的街道比新城街道窄很多，这种尺度却更便于观赏著名建筑"马蒂之家"的细节，不像在新城中观赏那些高迪建筑，在路这边仰角太大，在路那边离建筑又太远。这座建筑中有著名的"四只猫"酒吧。

一条大轴线将蒙特惠奇山下的西班牙广场和山上的世博会主展馆国家宫连接起来。

方格网形街坊模式不仅适用于平地，也适用于山地，纵向沿等高线，横向爬坡。图为新城北部利用一条山地街坊的横街建成的可上至居尔公园的一条自动扶梯道。

五、乌托邦的思想和实践

欧洲历史中非常令人感叹的一点是经常有既得利益集团中的人由于个人主义、英雄主义或什么东西作怪而跳出来，为非既得利益者说话，如果说浪漫主义和唯美主义等总体上还是中产阶级以上的一些人士是为了自己的精神问题而做出某种对文明进步有益的事情，那么同时代的乌托邦派可能更高尚一点，只是他们太理想主义化了。

浪漫主义和唯美主义主要关心的是自由、美等问题，而当时的城市底层市民关心的是最起码的生存条件问题，他们没有像样的住房，生活、工作的环境恶劣，营养不良，子女得不到教育，当时的绝大多数中产阶级以上人士只关心自己不要被这些人制造的脏乱差影响到，至于自己的工厂产生的烟尘，他们是以欣慰的心情在一定距离外观赏，对他们来讲，那烟尘实在不可或缺，因为那象征着他们的财富和社会地位，只是不要近距离闻太久就可以了。至于城市底层的贫穷，他们认为那是由个体的懒惰、愚钝等因素造成的，没有社会制度的原因，如果实在需要整顿一下他们的居住环境，以免蔓延，就修一些兵营式的、难民营式的整齐排屋就行了。

但在富人中总有个别人，或为了自己的理想，或出于良知和同情心，主动想办法改善工人的生活、工作条件，他们搞了一系列社会实践，由于太超前，实践多以失败告终，但他们为后人留下了许多可贵的理念。

上2图：德国工业区中埃森的旧工厂和工人住宅，旧工厂早已停产，如今是世界文化遗产，旧工人住宅已经被整修，成为不豪华，但很温馨的家园，整个社区现在就弥漫着一种乌托邦气息。不过，从建筑几番清洗后，仍然能看出其曾经的脏黑情况看，这里在工业时代的面貌会非常可怕。

乌托邦的由来

我们需要重点关注乌托邦问题，因为它与中国的关系深刻而复杂。

乌托邦一词最早来自于英国的托马斯·莫尔在1516年出版的《乌托邦》一书，这个词是莫尔用希腊文中的"没有（ou）"和"地方（topos）"这两个字组成的，意思是并不真实存在的地方，中文译音为"乌托邦"。而早在中国西汉年间，司马相如在他的名作—《上林赋》中，写到两个分别叫"子虚"和"乌有"的人，将帝王苑囿的风景说得天花乱坠。司马相如给他们起了这么两个名字就是要说明这两个人并不真实存在，他们所说的事和地方也不存在，这就是成语"子虚乌有"的典故，很巧合的一件事。

莫尔在他的书中描绘出的那种共产主义图景，真是他的理想或仅是他的写作方式，据说，专家们至今还在争论，因为与古代存在类似意识的柏拉图的著作《理想国》相比，莫尔的《乌托邦》已经显得浪漫了许多，它没有像《理想国》那样正儿八经地去叙述一个国家制度，并力推哲学王治理国家，他只是在描述一个叫希斯拉德的旅行者在乌托邦这个国家的见闻，包括对那里的城市的描绘。希斯拉德说，在乌托邦里，公民不能拥有私人财产，大家过的是一种物质充裕的集体生活，从而根除了当时欧洲因私有财产利益引发的罪恶，这显然是莫尔的一种良好愿望。而类似《乌托邦》一书的写作方法曾经是欧洲一些作家为表达对现实社会不满而采用了一种特殊的写作形式，在欧洲一直存在着，其写作形式主要是通过描绘一个梦中的好地方，它可能不存在，但能让人联想到现实这个地方不好，但作家可没这么说，从而逃避统治者迫害。

不论中外，类似乌托邦的思想都古已有之。面对苦难的现实，人幻想出一个理想社会是很正常的事，在中国有陶渊明笔下的桃花源，有人们一直怀念的井田制、憧憬的均田制，有墨子提出的"天下为公"，直至近代康有为著有《大同书》。

到了20世纪50年代末，《大同书》和《乌托邦》中的很多细节在中国真实出现，如城市公民

托马斯·莫尔的画像

从伦敦塔内外望伦敦桥。

定期下乡劳动，在农村过集体生活，接受贫下中农教育改造。农村和城市机关单位、厂矿等都公社化，公社内财产公有，人们只保留少数生活必需品为私有物品，吃饭是在集体大食堂，有的还住集体宿舍。当然没有宗教，但每天要读语录，开自己和他人的批判会。

莫尔其人

在今天的中国，"理想国"和"乌托邦"都不是正面词汇，而在莫尔的祖国，温斯顿·丘吉尔在其《英语民族史》一书中盛赞莫尔是一位杰出的思想家：

"莫尔和费希尔反对国王在教会内拥有最高统治权，这是英雄的壮举。他们认识到现存天主教制度的缺点，但是也反对和害怕那种破坏基督教世界统一的咄咄逼人的民族主义情绪。他们看出，同罗马的决裂必然导致肆无忌惮的暴君专制，莫尔挺身保卫的一切，都是中世纪人认为最美好的东西，他在历史上代表中世纪的普遍性，它的宗教信仰以及对来世的希望。亨利八世的血腥刀斧不仅砍死了一位聪颖睿智的谋臣，也砍死了一个制度，这个制度虽然没有实现自己的理想就中途夭折，但它却以美好的理想点缀了人类社会发展的伟大历程。"

今天到伦敦的老城堡伦敦塔参观的人还可以在里面找见托马斯·莫尔的纪念碑，1535年，莫尔就是在这里被英王亨利八世以叛逆罪名被斩首。

托马斯·莫尔早年是有名的天才少年，后来得到英国国王亨利八世的信任担任过内阁大臣、大法官、下议院议长等要职，因身为"公正无私的法官和穷人的庇护者"而广受国民爱戴，我们在前面说过，他激烈谴责圈地运动，因为他的地位和其他人的努力，圈地运动曾经数次被叫停，农民在运动中的痛苦也有所减轻。莫尔还曾是一名虔诚的修士，不仅经历过数年的斋戒生活，据说还曾经苦修过。苦修就是类似于小说《达·芬奇密码》中的赛拉斯佩戴苦修带那一类的做法，通过自我折磨肉体来赎罪，净化灵魂。而莫尔并不是一个简单的宗教狂热分子和卫道士，他心里清楚当时的天主教制度有缺陷，必须改革，但他不能容忍他认为的亵渎上帝的行为出现，故马丁·路德一站出来，他就立即口诛笔伐，还利用身为大法官的职权严酷打击他认为的异教徒，甚至判了几个人死刑，显然，他确实没有宗教自由的观念，那太超前了，当时宗教改革运动的领袖路德和加尔文也没有，他们都是一些特别认死理的人。

亨利八世的新宗教政策和婚姻情况都引起了他的不满，为表抗议，他先是辞职，当亨利八世又抛出宣布伊丽莎白公主为王储的新《王位继承法案》时，他拒绝在上面签字表示效忠，这彻底激怒了亨利八世。托马斯·莫尔掉了脑袋，这是他自己选择的，在他同样忠于的上帝和国王之间他最终选择上帝，因为他认为，亨利八世和伊丽莎白作为世俗领袖不能同时是宗教领袖，那会造成神圣的基督教世界的分裂。他还认为："一个人或许可以丢掉脑袋，却无伤于他的人格。"

亨利八世的暴戾是公认的，但似乎历史学家并没有公认他是暴君，他也并非毫无建树，他为英国建立了强大的海军。据说英国人是世界上最守纪律的民族，如买东西、上公共汽车排队这些好风气的形成也与他有关，他无意中抢先建立了脱离教廷的民族国家，为进取和竞争精神注入了一种机制动力，因此而得以扩张的新教精神至今仍为英美人津津乐道，认为这种精神是他们在世界上处于领导地位的精神保障。被莫尔反对继承王位的伊丽莎白公主后来成为一代贤明的君王，她顺应了民众进取扩张的民族主义情绪，推行了重商主义政策，还用终身不婚的行动维持了稳定的政局，英国从此真正强大。即使是他反对的圈地运动也有正面因素，它促进了工业革命的到来。

从所谓历史进程来讲，莫尔好像是错误的一方，但英国人显然没有因此来评价他，他们没有成王败寇也没有事后诸葛亮，除了信仰和人格，他们更因莫尔的思想和理想而敬重他。乌托邦正是莫尔的思想和理想之一，至于这一理想是否真能实现，以及莫尔的名字从1920年代起便被意识形态上敌对的一方刻在了苏维埃的红场上都没有减弱他们对莫尔的敬重，他们看重的是包含智慧的思想和产生精神的理想。单从分析小小的英国为什么能对人类历史影响如此之大这一出发点来看，英国人的此种态度和做法极值得重视和思考。反观我们现在的一些所谓文化人，他们谈历史是非是以眼前的胜负形势为标准，以人或事的自身结局为标准，或贬或捧，让人觉得什么文化呀，思想精神呀，都是能按这样的价值评估论斤卖的。

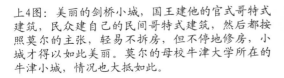

上4图：美丽的剑桥小城，国王建他的官式哥特式建筑，民众建自己的民间哥特式建筑，然后都按照莫尔的主张，轻易不拆房，但不停地修房，小城才得以如此美丽。莫尔的母校牛津大学所在的牛津小城，情况也大抵如此。

乌托邦实践

可能连莫尔自己也没有想到，他死后不仅他的《乌托邦》文体被后人继承发展，他描绘的乌托邦世界也有大量的后人去付诸实现，包括他浪漫主义式的细节描绘。莫尔自己应属于保守派，而他的思想却一直为改良派乃至革命派热衷，而且非常热衷《乌托邦》中有关集体共产主义生活的细节描写，在许多人心中，那是纯洁、完美的社会，没有人压迫人、人剥削人的罪恶，那样的具体生活是温暖、热情、无忧无虑的。

去亲身实践的人最早是来自一些宗教团体，欧洲早期的修道院曾只接纳贵族子弟，这些人住集体宿舍，吃集体食堂，共同劳动，自给自足。后来，北美大陆的发现为这种生活实践提供了更好的场所。从17世纪开始，来自荷兰的一些宗教团体就开始在美国建立乌托邦公社性质的移民区。今天的美国已经是私有财产观念最强的国家，而它的内部也还存在诸如摩门教一类社团。

当年美国的独立战争受到法国一批进步贵族的援助，这些人中有一名青年军官名叫圣西门，听过空想社会主义这个概念的人，对这个名字就不会陌生。圣西门小时，启蒙思想家、百科全书派的达兰贝尔当过他的家庭教师。法国大革命中，作为贵族的他被关押了一年。释放后，正赶上被没收的贵族土地在拍卖，可能是因为他习惯了拥有土地的生活，他自己原来的土地可能也被没收了，总之他当时有钱有权买地，他买了，然后法国货币贬值，他一下成了富翁。但他没有去扩大再生产，而是搞起了"改进人类文明"和"改进最穷苦阶级的精神和物质状况"的研究试验，这使他花钱如流水，自己很快变成最穷苦阶级的一员，他憎恶贵族不劳而获的生活，赞美劳动，但当他需要用自己的劳动维生时，他已无力劳动，只能靠自己从前的仆人接济度日。理想幻灭，生活艰难，他选择自杀，虽然当时没死，但也很快贫病而死。

下一位著名的乌托邦人士是英国人罗伯特·欧文，他来自中产阶级家庭，在当上一家大纺织厂的管理人后，他主动投资修缮厂房和员工宿舍，还把来自于贫民院的童工送进自办的学校进行普及教育，让他们养成守秩

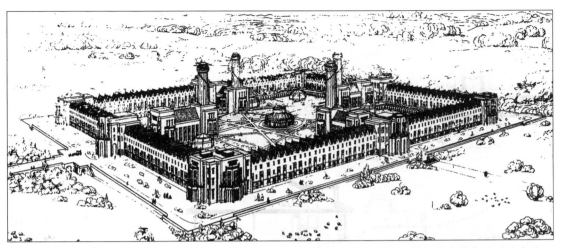

欧文设计的一个新协和村，街块和大院的综合体。

序、爱清洁、勤俭节约的好习惯。他还著书阐述自己的观点，认为人的性格是由环境造成的，所以关键问题是要从人的幼年起就须将其置于适当的环境之中。

然而作为工厂主，他这种带有慈善性质和社会主义者性质的做法遭到了其他股东们的反对，他于是另起炉灶，除了在英国另建新厂外，也于1825年来到美国，并在印第安纳州买下3万英亩的土地（约合18万亩）兴建著名的新协和村。18万亩相当于120平方公里，这个土地面积相当于明清北京城面积的2倍多。

这是一个乌托邦公社式的产业社区。我们今天还能看到欧文当年设计的图纸，在足够大的土地上，建筑、道路布置得井井有条，连工厂设计得都很精致，烟囱也成为了一种建筑装饰。建筑群单元布局是完美的几何图形，生活区会远离工厂，其格局显然有莫尔描绘的乌托邦的一些痕迹。

欧文的另一个设计，总体上，欧文喜欢简单化的环境，而城市必然是最复杂的社会体。

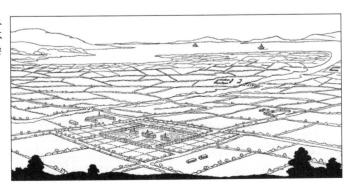

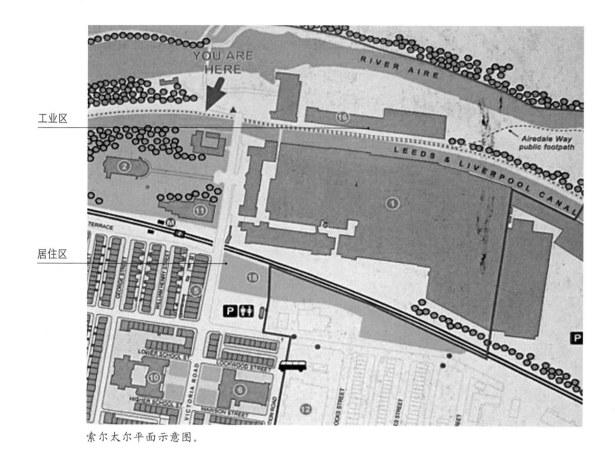

索尔太尔平面示意图。

具体规划是在大约每500公顷的土地上建一个1200人居住的公社，居住区中住宅楼是个正方形的方框，其中三边为夫妇及3岁以下幼儿的住房，另一边是大孩子和青年的住房，以及医务室和一个招待所。中间的大院内有公共建筑和公共设施，包括公共餐厅和厨房、学校、图书馆、成年人聚会点、业余活动用的绿化设施和一个体育设施。这种构造布局与因此形成的居住者的行为模式与遗留至今日的欧洲中世纪的一些修道院几乎一样，如莫斯科的三位一体修道院。住宅外部在建筑前直接布置花园，整个建筑群外由环形道路围绕，这可以说是现在的花园式工厂和花园式居住区的原型。

新协和村开始的时候运行得不错，但不久各种矛盾就接踵而来，欧文在这里没有规划法院，因为他觉得在这样一个合作友好、各司其职、各得所需的社会里应该不需要那个东西，这一点他做得比莫尔写的更理想化。面对糟糕的情况，欧文失望地退出，大约赔了4万英镑，这在当时是巨款。欧文回到英国，那里的工人仍然爱戴着他，视他为他们的领袖，然而这抵消不了欧文的失意感，欧文晚年变成了一个唯灵论者，这一点是耐人寻味的。

128

索尔太尔

欧文之后，他的儿子继承了一段他的事业。再之后有影响力的乌托邦人物是法国的傅立叶。根据他的思想，美国的马萨诸塞州的一些农场主又建立了类似的农业移民区，最终这些实践都未能持久。尽管如此，正直的人都不会看他们的笑话，而是格外敬重他们，为了思想和理想，他们大都放弃了原有的财富和优裕生活，为实践奔波，为社会改良进行探索。我们今天享用的社会公共福利、公共权利等必然是在这些人不断追求社会改革形式的探索中被提倡、被确立的。他们被称为空想社会主义者，不管这些称呼是不是公道，实际上他们的许多空想如今变相地已成为现实。我们现在看欧洲、美国这种最地道的资本主义社会的一些地方，虽然不一定有莫尔笔下乌托邦的细节，但显然有它的氛围和韵味，更有相应的制度。

同时，当年的实践只要不是过于脱离现实，就有成功的案例，如英国的工业城镇索尔太尔。

泰特斯·索尔特爵士年轻时在一次偶然中看到，从南美洲回英国的货船中常用大量的羊驼毛压仓，到港后羊驼毛都被扔掉，他认为这种被今天的一些中国网民称其为"草尼马"的动物的毛应该和羊毛一样能纺织出优质的布料，经过研究实验，他获得了成功，因此迅速致富。难得的是在致富后，他一直想改善他的工人的处境，这时英国铁路网的形成使他能够把工厂搬离城市，又不像欧文等人那样将工厂和附属的人员生活区搬到太偏僻处后影响生

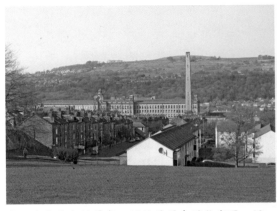

今日索尔太尔的景象，近处是原来的住宅区，远处是原来的工厂区。

当年的工人住宅，外观比唐宁街10号也差不了太多，而且是坚固的石头房子。

法国南部城市蒙彼利埃的"人民凡尔赛"式公寓楼群。

产运输，他也没有实验新的城镇规划和建筑设计形式，没有把新的工业社区封闭起来进行制度实验，而只是在不列颠岛中部纺织工业聚集地域中的一处公路、铁路、运河边按照当时的一般性格局建起了一座新的小工业城镇，工人居住区仍然是排屋式，但由于周围山清水秀，建筑质量好并有地道的古典主义风格，有齐备的公共设施而令人耳目一新，据说他为此投入了50万英镑的巨款。当时索尔特在那里进行又亲和又严格的家长式管理，他颁布了社区生活守则，包括不能酗酒，不能在公共空间中晾衣服等细则，索尔太尔一时成为维多利亚时期的典范城镇，社区在较长的时间里都能保持繁荣，后来的衰落与其家族生意在俄国革命中受损有关。20世纪末，有怀念索尔特的商人将索尔太尔改造为有历史价值的，艺术性的居住、办公社区，2001年，因为记录了特殊的历史和城镇模式，那里更成为世界文化遗产。索尔太尔对田园城市理念的形成有很大启发，对大型工业社区的规划更有影响力，中国早期的大型国营企业的厂区规划几乎都接近索尔太尔模式，只是索尔太尔不是封闭式的，它是一座城镇而不是一座大院。

至于欧文和傅立叶落在图纸上的对乌托邦公社的设计，从总的规划图式上是优秀的，它在任何一本有关城市、建筑设计史的书中均占有一席之地，只是具体的建筑使用格局可能不再符合社会实际。他们的规划图式都有文艺复兴、巴洛克的风格，对后来的设计师非常有启发。从20世纪90年代起，欧洲的许多建筑师就喜欢用这种图式来布局建筑群，特别是在法国，建筑师、评论家还为这种图式形成的住宅区起了一个名字叫"人民凡尔赛"。

莫尔的原文、原意

近代中国人将一些意识和行为冠上乌托邦这么一个外来词在以前多见于政治领域而非文化领域，乌托邦本身的意义，特别是这个名词的首创者托马斯·莫尔究竟都说了些什么，并没有多少人去深究，为温斯顿·丘吉尔所称颂的莫尔的思想也就不为人真正广泛了解，乌托邦一词，特别是莫尔所指的乌托邦本义也遭到了一定程度的曲解，由于许多曲解已成约定俗成，所以我们在讨论相关问题时也只能用乌托邦一词已被曲解的意思。

为了莫尔留下的可贵思想，我们在此必须先浏览一遍《乌托邦》原文，它并不长，两部加一起才8万字，只对城市有兴趣的人可直接选读第二部，才4万余字，而且通俗易懂，其中一些描写更与当今中国关系密切。

莫尔笔下的乌托邦人建造城市首先都有一个他们理想中的样式，所有城市都按这个样式兴建，所以所有的城市就都一样，这倒与我们现在全国千城一面的现象相一致，不过，不一致的地方更多。

乌托邦的城市格局接近于米列都式的街坊模式，建筑物直接面向城市街道，建筑物或建筑群内部没有过多的内部道路，城市里关注交通问题，还很细致地关注大风的影响。除了城市公园，市民们还都有自家的小花园，虽然自家花园乃至自家房舍都不上锁，所有市民都可在白天自由穿行，但毕竟名义上有自家的花园，对于日常的心灵生活来讲，自家花园再小也是最重要的。

乌托邦人讲求工作效率，特别是城市的建设效率，他们努力而辛勤的工作，但只做有意义的工作，而且绝大多数乌托邦人都从事工作，所以乌托邦所有人同时又都拥有许多工作之余的休息、娱乐时间。《乌托邦》中有这么一段文字：

"首先建造房屋和修理房屋，在其他每一个地方都要大批工人不断地进行劳动，因为挥霍浪费的后人，对其父亲辈建造的房屋不加爱惜，任其在时间的过程中颓毁坍塌，因此，他本来能够以很小的花费就可加以维修，但是他即要花大钱另造新屋，而且，在大多数情况下，一个人花费巨款造了一所房子，另一个人都有要求更高的相法，根本不把它放在眼里，因为不加维修，便很快失修倒塌，然后他就在别处花同样数目的钱另造一所房子。在乌托邦国之中，一切都安排得井井有条，公众福利管理很好，辟地建造新房的事情是很少见到的，而且他们不仅很快地发现房屋的问题，尽快地加以维修，而且也避免使房屋倒塌。他们靠这种方式，用很少的劳动，很少的修葺费用，使他们的房屋经久耐用，以致他们的瓦木工人几乎没有什么事情可做，他们待在自己的家里，整修木料和石料，以便如果有任何这类工作需要时，他们可以很快建好房子。"

时下，我们正在近乎疯狂地拆掉一座座旧城市、去打造一座座新的理想城市，我们虽然在理论上反对乌托邦，但却时刻在追求乌托邦。然而，《乌托邦》的原作出乎人们的预料，莫尔的许多描写很接近于现在欧洲人的做法，他们注意维护和维修建筑，特别是有文化记忆的老房子，但又不是简单地新三年、旧三年，缝缝补补又三年，不仅维持老房子的整洁，还不断改进它们的舒适性，一旦需要建造新房子，现代人似乎也在抱着一种历史责任感，要续写现代文化，必然去努力创造出一种新建筑形式。

由于历史原因，城市如果的确太破旧了，又积存了许多毫无文化历史价值的构造物，拆除行动是不可避免的，但要是发展到把大量刚刚建好没几天的大楼，立交桥都拆了，而新的筹建模式又没向正确的模式上做出明显的转变的程度，这样的拆除行为只能属于败家子行径，虽然拆除者个人可能因此发家，这不停地拆了建，建了拆的过程也会创造不少GDP，也使大量农民工保住了工作，而相当数量人的生活质量与其说是变好了，不如说是在瞎折腾，至少付出和得到的不那么成比例。更严重的问题在于，如果我们过分依赖这种创造GDP的方式，我们会在其中累得一点想别的事的力气都没有了，这样，我们的创造力就没了，谈不上创新了，也就没有竞争力了。另外，这种折腾过程中我们的自然和文化历史资源的浪费和损害几乎是不可避免的。

除了疯狂地拆，《乌托邦》里还批评了另一种疯狂：

"但是他们更加奇怪和憎恨的是某些人的疯狂，这些人几乎给富人以神圣的荣誉，他们自己既不欠富人的债，也并非在富人的掌握之中，他们这样做并不是出于其他的原因，而只是因为富人有钱，而且，这些人也知道，富人是那样地吝啬小气，以致他们确信，只要富人活在世上，就决不会从金钱堆里为他们拿出一个铜子儿。"

本身作为富人的莫尔这么说应该还是有些道理的，某些开发商、为开发商工作的人、充当开发商军师的权威专家、规划设计专业人员、充当开发商的喉舌的媒体编辑、记者，以及一些政府官员，他们是一个利益圈子中的人，他们彼此之间互相拥戴，互相崇拜不令人奇怪，那是正常的，商业炒作也是正常的，还有小孩子爱追星也是正常的，然而为数不少的成年人，很多还受过高等教育，这些人如果仅仅是把赚到钱的开发商当明星追一追也就罢了，但不是，很多人在真心地顶礼膜拜，还要自己掏腰包建庙造神，给予为国家完成了投资，创造了GDP，让城市变得不认识了的人"以神圣的荣誉"。这情景假如莫尔能看到他肯定还会纳闷，这些人赚走了你的钱，你又不一定买到了质价相符的房子。花了这么多纳税人的钱，城市交通拥堵依旧，而且越发严重，不少祖先遗产也被毁了，那么你在崇拜什么呢？钱！可钱又不会给你。可能你会说，只有崇拜钱，将来自己才能赚到钱，这倒也是。

下2图：自度假酒店这种场所出现后，它便不停地致力于营造乌托邦式的世外桃源气氛，使不现实的乌托邦现实地摆在人们面前，在现实世界乌托邦化失败后，人们可以在假日里躲到这个乌托邦中享受几天理想生活，这样来把现实和梦想结合。左上图是希腊圣托里尼岛上的白房子度假酒店，右上图是高更眷恋的塔西提岛，现在那里是海上度假屋的一个集中地。

泰国苏梅岛的一间度假酒店，这种酒店的环境是中国现在正在流行的花园小区环境的一种蓝本。

乌托邦模式同时也非常受一些专制政体的偏爱，图为德国纳粹设计的理想工厂，与傅立叶等人的工厂设计非常接近。

田园城市与花园小区

除了社会问题，从19世纪开始，城市自身的问题也越来越突出，近代新城已经普及，但在人口不断增加以后，新城也迅速出现脏乱差、拥挤的问题，如果只通过简单扩大新城来解决这些问题，随之会产生更多新问题。城市越大，涌进城市的人越多，脏乱面积越大，交通问题越无法疏导。

在过去，欧洲的城市与乡村的区别太绝对化，城墙里面的城市建筑密度极大，几乎没有任何绿化面积，只是因为城市小，市中心离乡野的距离也非常近，所以无人在意城市中无绿色空间。在扩建街坊式新城初期，如爱丁堡新城，开始引入林荫道、街心绿地、绿化广场等要素，因为很多新城的面积也不大，所以这些绿色空间可以保证城市质量。但在城市不断扩大之后，即使如伦敦、巴黎、纽约那样，开辟面积巨大的城市公园也解决不了城市问题了，只能起一些缓解作用，因为这时工业生产进入了城市。

中世纪后期，一些城市的初级工业开始蓬勃，如佛罗伦萨的羊毛业、建筑材料业等，其生产场所多在城墙外，对城市的影响很小，城市与生产场所的联系也没有太大的不方便。但工业革命以来，越来越多的工业向城市聚集，为了方便工商业活动，许多城市拆除了城墙，这样，城市就与工业区混为一体，进一步，工业区与居住区犬牙交错，城市环境崩溃，不仅工人的生活环境恶劣到极点，中产阶级乃至资产阶级的生活环境也好不了。

这时候，回归乡村生活的呼声就会高起，同时，思想界也在探讨用城乡结合的方式解决城市问题的可能性。早在罗伯特·欧文于乡村中建设他的新协和村时，他也将这个"村"称为"田园城市"，至1898年，英国社会活动家埃比尼泽·霍华德发表《明天的田园城市》一书，正式开辟出一种新城市模式。

田园城市的英文为"Garden Cities"，"Garden"的本意专指靠近住宅的小园圃，人们在其中种菜也种观赏花，所以它译为中文时可以是花园，也可以是菜园，但通常来讲其性质最接近中文"田园"中的"园"，又因为霍华德提倡的城市新模式重点在于首先控制城市规模，然后以农业性质的田园区与住宅区、工业区按一定比例配置，除了以此解决城市环境

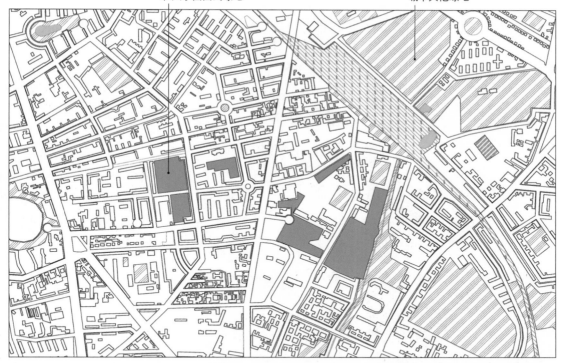

私人小园圃式绿地　　　　　　城市其他绿地

在欧洲的一些城市中或城市边缘，可以见到一些穿插在居住区中的大片绿地，这种绿地都分成很多小块，每块属于一个家庭，供他们在假日在此种花种菜。如图示柏林北部的某片区域，这种格局应该就是在田园城市的理念下产生的。

上2图：柏林那片区域中的两个小园圃，其拥有者多在里面建一座小花房，用于储藏和临时休息，小园圃的设计、建设品质则取决于每个家庭的相关水平和兴致。这种城市绿化形式与公共绿地相比各有优劣，宜配置存在。

上2图：这种私家小园圃组成的绿地在荷兰也非常多见，海牙附近沿火车线布局的此类绿地，同时充当了隔离带。

上9图：泰国北部城市清迈虽然城市的绿化率一点也不高，但因为一些良好传统和城市目前的一些特征而非常具有田园城市的意味。

如果从老公路进入清迈，会穿过一条由参天大树构成的林荫道，老城外围的新城与曼谷的情况类似，原是里坊式的，正在向街坊式转化。基本为正方形的老城外围仍然由原来的护城河环绕，局部还残留老城墙和城门，已毁的城墙均未予恢复。除了新城外围的快速环路，老城新城的道路宽度均比较窄，城市的建筑密度也相当大，路上人流车流密集，但在城市路边各处，都有许多安静的空间，其中最舒适的是众多的佛寺，其实佛寺中的绿化率并不高，但气氛属于十足的绿色空间，安详、静谧、放松、友善，最关键的是，佛寺中多能停车。

清迈是一座经济上以旅游业为主的城市，城市街道中拥有大量商店、餐厅、度假酒店、博物馆等，这些场所多有绿色庭院，以各种巧妙的形式与街道空间相互渗透，特别是多数度假酒店的小前庭都对公众开放，商店餐厅的花园更是开放的，这些空间里虽然没有田园活动，但有田园精神，其布局意象非常符合霍华德在田园城市中的设想，相比每家每户以铁丝网维护的德国、荷兰那种小园圃，因为其开放，所以清迈更让人感到田园城市的感染力。

清迈还有几家五星级的、位于城市稍边缘地带的大酒店大胆地以稻田为环境主题，取得了极佳的效果，只可惜它们的稻田不对公众开放，从经营管理上，这似乎可以理解，如果它开放了，就是名副其实的城市田园酒店了，清迈就更是田园城市了。

问题，还有一个重要目的是让城市兼具乡村和城市的双重优点，让人在城市中的生活不完全失去原来乡村生活的乐趣。所以，"Garden Cities"应该翻译为"田园城市"，而中国更受广泛认同的是"花园城市"，这更能反映多数中国人对城市的企盼。

对于工业革命的理解和展望，政治家一般会比文化学者和艺术家看得尖锐、透彻，英国维多利亚时期的保守派首相迪斯累利有很多名言，最有名的是"没有永远的敌人，也没有永远的朋友，只有永远的利益"。还有一句是"正如艺术对古代世界发挥着极为重要的作用一样，科学对于现代世界也是如此。在现代人的心目中，实用取代了美。同样，曼彻斯特也如同雅典，代表着人类伟大的业绩"。现实证明，他说对了世界发展的大趋势，而圣西门、欧文等人不忍目睹曼彻斯特式的伟大业绩实现过程中的悲惨和丑恶，也是英国维多利亚时期的约翰·拉斯金和威廉·莫里斯等人不忍看到"实用取代了美"之后，社会变得庸俗、势利、粗糙，他们在经济和文化艺术界分别进行了一些乌托邦式的实验，想抵抗这种趋势，或想让这种趋势变得美一点。自然，他们都没有达到目的，但也都产生了一定的影响力。霍华德的努力也是这种行动之一，在田园城市理念推出后，影响巨大，很多城市和霍华德自己都进行了实践，虽然田园城市的理念很少能贯彻到整座城市中去，因为当时工业扩张的利益很难被放弃，而很多郊外的居住镇区、组团、小区等及一些城市的郊区居住区都或多或少地贯彻了田园城市理念。至于大城市中心引入公共绿地、城市公园，并不是由田园城市的理念首先倡导的，田园城市的居住区许多采取了小区形式，而大城市的中心区依然维持街坊形式。

从城市户口代表一种特殊身份以后，中国的城市就不再会有人口不足的问题了，城市对于乡村元素避之唯恐不及，自然不会接受田园城市的理念，但如果将田园解释为花园，那么又被认为有英国来头的花园城市的概念必会受到疯狂追逐，在许多人心中，花园城市是什么，顾名思义即可，难道不就是城市中到处是花园或整个城市就是一座大花园吗，那么只要城市的绿化面积、花园数量等指标达到有关标准不就是花园城市了吗，为了体现中国特色，宜用"园林城市"这样的名称来体现花园城市的性质，故

近年，可能是因为城市人口又一次增加，游人也大增，拥挤又使人想到田园城市理念，欧洲城市绿化的风格急剧地向田园、园圃风格转化。图为巴黎国家自然历史博物馆前的轴线绿化，仿佛在带人走入法国的田间。

上2图：与法国国家图书馆新馆隔塞纳河相望的伯西公园，里面很多园圃完全是小菜园的样子，公园旁边有许多街坊式的住宅区和公寓楼群。

而，现在许多乌烟瘴气的中国城市都有国家园林城市的头衔，进一步更有山水城市、森林城市。

就这样，像曲解乌托邦一样，花园城市也被我们曲解了，既然需要高效率的市中心都可以像充满闲情逸致的花园一样，那么居住区更应该是花园小区。的确，田园城市中的居住单元很多采用了花园小区模式而不是街坊模式，但这些花园小区几乎都位于城市郊区，同时小区很少是封闭的。

六、后现代主义的修复

在后现代主义出现之前，城市、建筑的设计思潮已经出现了数次"复兴"，艺术形式上的"绝对创新"越来越少。现代主义的创新是非常绝对的一次，但人们逐渐感觉到，那些有持久魅力的现代主义作品貌似绝对创新，其实它们只是将复兴的技巧做得极其隐蔽。同时，那些没有魅力现代主义作品实际上等同于没有任何创新，也没有任何复兴，基本上不属于艺术工作范畴。而那些有持久魅力的后现代主义作品，都首先在主流上属于现代主义作品，即体现出了现代主义相对"绝对创新"的核心艺术理念，如为艺术而艺术，用空间、体积、质料、逻辑本身来体现美等；那些没有持久魅力的后现代主义作品，则是因为它们只是在绝对复兴。

现代主义大师格罗皮乌斯的代表作——位于德国德绍的包豪斯学院建筑可谓历久弥新，它不仅一直充满魅力，还一直对后人充满启发性，因为它极端地发掘了建筑、构图的本质，同时，创新、继承并重地体现了空间的本质。像它周边的德国传统村镇空间那样，人们可能永远不会喜欢一点没有围合性美感的空间，而这种空间往往被现代主义者强推给人们，但格罗皮乌斯却继续推敲着围合空间（下图）。

欧洲至今存在的王室，都因为他们受到了多数国民的爱戴，他们的生活不能太奢侈，宫殿不能太华丽，如丹麦王宫，建筑非常朴素，太因为组团布局"复兴"了巴洛克式空间，仍然体现出了气派（上图）。

从理念的本质来讲，高技术派建筑师也应该属于后现代主义者，因为他们使用最现代的手段，却在复兴古代经典的空间、结构、节奏的美，如圣地亚哥·卡拉特拉瓦为他的家乡——西班牙巴伦西亚设计的这组建筑，与周边其他现代主义建筑，对城市显然产生了不同的影响（下图）。

巴黎里昂火车站周边在近年形成一片由"玻璃盒子"组成的现代商务区，可能是因为有人觉得巴黎应该什么元素都有，不能缺"玻璃盒子"，但这片区域确实没有什么魅力，而考虑了空间因素的法国国家图书馆的玻璃楼群就不同了（上图）。

柏林6小区

在西欧各国先后成为工业国之后，为争夺全球市场，各国之间剑拔弩张，加之几个大国间本来有一些所谓"世仇"，最终酿成第一次世界大战爆发。战败国德国很快废除帝制，成立魏玛共和国，但由于对战胜国过于软弱，更在经济上发生了著名的"魏玛通胀"，这个德国历史上第一个共和国在动荡中维持了十几年后，被希特勒纳粹政府取代。

魏玛共和国时期以包豪斯为标志的现代主义城市与建筑创新是当时德国的重要亮点之一，现在，除了魏玛和德绍的包豪斯建筑，还有那个年代建成的柏林6个居住小区成为世界文化遗产，人们认为这6个小区代表着在"一战"后特殊的政治和社会条件下开发低价住宅时唯一可能的适用方式，与从前唯利是图的开发模式相比，这种投资主要来自当时德国地方政府的项目，表现出一种"左翼"的、有一些乌托邦意味的新社区模式，社区中有互助社、公众俱乐部等。

魏玛时期的德国左右两方面势力严重对立，政府只能左右逢源，建设低价住宅肯定会倾向"左翼"的形式，在19世纪末与乌托邦思想有关系的社会实践除了田园城市，还有"睦邻之家"活动，以美国芝加哥的社会活动家简·亚当斯进行的实践最为著名，1889年，她在芝加哥创设美国第一座睦邻之家，在贫民居住区里提供救助邻人的社会福利服务，建筑设施有成人夜辅校、幼稚园、少年们的俱乐部、公共餐厅、咖啡馆、体育馆、女性俱乐部、游泳池、装订作坊、美术馆、音乐团体、剧团、图书馆等。

柏林6小区总体上遵照睦邻之家的宗旨，当时德国的社会形势决定着魏玛政府不得不在财政已经极度恶化的情况下投资兴建低价住宅，为此只能再超发货币，所以，柏林6小区对"魏玛通胀"可能也有推波助澜的作用，好在这些房子当时毕竟解决了一些低收入者的居住问题，而不是被"投资者"买完空着等升值，更难能可贵的是，它们在造价很低的情况下，不仅美，还在进行一种文明探索。造成德国当时离谱的通胀率的原因除了宏观形势不好，一些金融官员、投机者的行为也令人怀疑和愤恨，那些人中有相当数量的犹太人，同时左翼人士中也有相对数量的犹太人，从而使希特勒有借口煽动德国人的排犹情绪。

这6个小区分别是由布鲁诺·陶特设计的法尔肯贝格（Falkenberg）花园城区、席勒公园（Schillerpark）的"红房"社区、由陶特和马丁·瓦格纳共同设计的马蹄形社区

(Hufeisensiedlung)、由陶特设计的卡尔·雷根居民之家(Wohnstadt Carl Legien)、"白城"社区(Weisse Stadt)和西门子城(Siemensstadt)的环形建筑(Ringsiedlung)。

它们均位于柏林郊区，今天的人们看它们，可能没有惊艳的感觉，与现在的花园小区差不多，但在当时，它们综合完成了改善居住环境、控制住房造价、探索新模式新风格等任务，而在今天的规划设计人员看来，虽然是居住区设计，但当时的建筑师很注意居住空间与城市空间的关系，尽管在郊区，也尽量使街道空间完美，其能成为世界文化遗产，也在于它们除了是花园小区早期的典范，也是城市设计的典范。

6小区的建造年代与欧洲殖民者在中国的上海、天津、青岛、大连等城市兴建几

自伦敦海德公园、纽约中央公园等开始，在城市中心开辟大型公共绿地的模式就得到确认，图为柏林北部的席勒公园，6小区中的一个就在它旁边。

席勒公园边与6小区同时代的住宅楼正在大整修，这种普通住宅楼在中国早就会被拆掉。

马蹄形小区平面示意图。

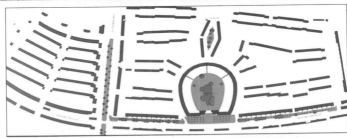

马蹄形小区核心区域鸟瞰景象。

马蹄形小区内的马蹄形中心绿地，很朴素，但很美。

马蹄形小区的外围。

小区中心绿地人口处城市街道的车流，人口处有少量公共建筑空间。

中心绿地中的马蹄形水池，图案的一致性使中心绿地产生一种巴洛克式的美。

住宅楼朴素的立面。

片现在很著名的半街坊半里坊居住区的年代差不多，如上海的石库门、天津五大道、青岛八大关等。除了校园，当时他们没有将欧洲新兴的小区模式引入中国，小区模式大举进入中国是在1949年以后从当时的苏联引入，那时建的小区现在已经大多被拆，剩下的恐怕也在拆迁规划中，而柏林6小区正在不断维护，一方面是欧洲人不热衷拆房，更主要的是人们需要它们来展示如何使"维护标志性的历史建筑与现代舒适需求统一"。

马蹄社区位于柏林市中心南部，建于1925年，建筑师陶特首先利用一个原有的马蹄形水塘形成小区中心花园，再以一圈马蹄形的住宅楼加以围拢，该社区也因此得名"马蹄社区"，陶特对其他建筑的布局多采用他特别提倡的不对称和错列的方式，那在当时也是新潮的，与中心花园的空间一样，马蹄形外部的空间也是外高内低，形成"框"型，外框是3层的住宅楼，内部是2层的联排别墅，建筑的间距很大，故小区的容积率肯定很低，整个小区可容纳5000人，形象朴素，但让人感觉很温馨舒适。

马蹄社区的布局使它如果要封闭管理是很容易的，但社区整个是开敞的，公私空间的分界是住宅楼的楼梯门和联排别墅的户门，联排别墅一面属于各户的私人绿地则用绿篱隔断。而白城社区更兼具街坊、小区的双重空间特点，建于20年代末期的这个小区跨越一条公共干道，小区建筑使干道形成巴洛克式的空间，干道入口处建筑外凸，形成对称的门阙状，弯曲的干道转折处建筑形成巨大的过街楼，这些构造使城市公共空间充满美感，小区很多住宅楼的楼梯门直接开在干道的人行道边，配套的商业也多临干道。为了节约造价，建筑除了尽量使用预制构件外，外墙多为最简单的白墙，只在局部有一些小装饰。

联排别墅面向车道的主入口。

联排别墅朝向花园绿地的入口。

包括在白城小区区域内的城市车道，居民的停车位也包含这条路边的车位。

上2图：白城小区中的巨型过街楼式设计向格罗皮乌斯的包豪斯学院大楼一样，是为了获得一种大家喜欢的空间意象，这实际上已经是后现代主义的意识了。

白城小区的建筑在与相邻的老建筑衔接时，做出了特殊的处理，以使城市沿街风景保持美观。

很大程度上得益于新艺术运动。新艺术运动、连同工艺美术运动等都是试图对工业革命的副作用进行修"实用取代美"的总体趋势不可逆转，在社会层面上保然主义的美最终都无法持久，同时人类的爱美之心不美学理念、形式的现代主义适时而出。

战对于"实用取代美"的趋势也起到巨大推动作用，战后度和时效性，特别是"二战"后，现代主义更得到推广，但现，现代主义要真正做到美，一方面要求设计师必须高明，平庸，那可不像从前平庸的设计师和工匠只制造平庸的结果，很可能会丑陋；另一方面，真正美的现代主义建筑，其往往需要在材料、工艺等方面有特殊的讲究，最终造价并不比传统建筑低，工时也不短。

意大利城市布雷西亚的意式现代主义建筑，本身已经有后现代主义的特征，但还是不如老城建筑有魅力。

如果说造型简单的蒙帕纳斯大厦并没有给巴黎带来太大伤害的话，只因为那种大楼在市中心很少，城市边缘的现代建筑建筑地区，确实缺乏魅力。

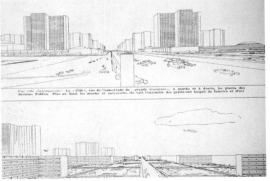

上2图：柯布西耶巴黎改造计划的模型和图纸，这是他最疯狂的方案。

的确，现代主义与以往的各种风格流派不尽相同，在城市形式上，它带来的变化是前所未有的，秉承柯布西耶所谓"住宅是居住的机器"的理念，城市更需要成为一种经济的机器，同时，现代主义关心健康的环境，以使机器正常运转，那么，城市规划就应该使城市像机器那样构造清晰，简捷，道路就是机器的传送带，由汽车充当传送带的动力。可能是想让人们充分体会机器的脉动，现代主义的城市规划都为汽车提供不可或缺的地位，特别是私家车，如柯布西耶为印度北部城市昌迪加尔做的规划，火车站在城外很远，与城市之间隔着广阔的绿地，柯布西耶在市区使用了方格网模式，但街块尺度达600米×800米，柯布西耶将每个街块视为一个小区，小区不封闭，内部可进出汽车，但无公共交通，对步行者不是很方便，但总体功能没有大的问题，问题是大街块内部建筑布局对于一般设计师来讲容易不知所措，不像小街坊那样容易应对自如，柯布西耶那种大师面对大街块的建筑设计时，靠的是"纯粹精神创造"，他在昌迪加尔城市端部的行政区建筑设计中就表现了这种"纯粹精神创造"的能力和魅力，但一般建筑师显然没有这种能力，他们负责的城市绝大多数街块的设计只能是不知所措的，导致昌迪加尔作为城市

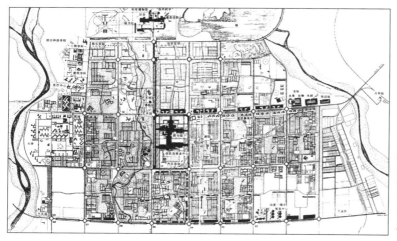

昌迪加尔城市平面示意图。

按柯布西耶的设计，昌迪加尔道路网中的十字路口都是转盘形式，在这座城市的汽车保有量还不是很大的情况下，路口的车流已经不小了，随着印度人口的高速增长，如果再搞城市化，这种道路系统肯定要大幅改造。

柯布西耶设计的行政中心。

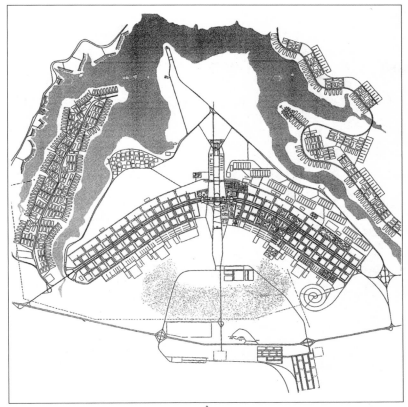

巴西利亚城市平面示意图。

非常缺乏城市魅力。

更具有范例性质的现代主义城市是巴西新首都巴西利亚，它是少数的以城市身份获得成功的现代主义设计， 在经历了早期的萧条以后，巴西利亚的人口突然快速增长， 城市繁荣至今， 年更成为世界文化遗产， 它能如此，是有几点特殊性的。一是作为柯布西耶的信徒， 巴西规划师、建筑师卢西奥·科斯塔和奥斯卡·尼迈耶从城市的整体规划设计开始， 就进行"纯粹精神创造"， 实际上，除了运用现代主义艺术的意识，他们首先像朗方在美国首都华盛顿的规划中所做的， 运用了巴洛克式的城市整体框架，方格网构造只在大框架下的局部存在，而且其方格网的尺度是80米×300米，这实际上相当于用现代主义的风格来体现传统的图式；二是尼迈耶将其出色的建筑设计贯彻于整座城市而不是只局限在城市的几个局部，而且建筑的造型是城市整体造型的一部分；三是巴西利亚建成以后其神奇、纯净、在人口少的帮助下还有些苍凉的城市景象产生出强烈的宗教气氛，吸引来一些宗教团体在此建立教堂，很多教堂的设计仿佛也是出自尼迈耶之手， 就像很多城市学者认为的促使城市最早产生的首位要素是宗教圣地一样，这些宗教团体和教堂对增加这座新城的人气贡献巨大；巴西是所谓"金砖四国"之一，近年经济快速增长，必然带动人口、特别是城市人口增加，何况，巴西利亚毕竟是这个人口大国的首都。不过，其市区人口至今也只有几十万，不及中国一个地级市。

作为世界文化遗产中城市项目的唯一一座20世纪的城市，巴西利亚当之无愧，它在完美体现现代主义艺术的同时，也将传统城市的精髓表现了出来。然而，巴西利亚

上2图：分别从正面和侧面鸟瞰巴西利亚的大轴线，地地道道的一座现代主义汽车城市，只是不像柯布西耶的巴黎改造那样绝对，而是复兴了巴洛克式构图，和用"纯粹精神创造"设计了建筑。

巴西利亚的一座教堂，现代而纯净，但它复兴了哥特式教堂的尖券和彩色玻璃。

仍然有它的问题，交通过分依赖汽车，空间过于空旷，普遍性的城市空间和景色显得平淡无趣等，这些问题在多数平庸的现代城市中就更突出了。

大多数现代主义城市的街块尺度并没有像巴西利亚那样，回归近代的标准，而是像柯布西耶在昌迪加尔那样，大大扩张了街坊尺度。另外，在建筑材料、工艺、机电设备变化后，建造大体量集中式建筑变得越来越容易，加之密斯等人对所谓"普遍性空间"的提倡，使大面积街块中越来越流行岛状的城市综合体，至于一般的居住区、办公区，多数才华并不出众的建筑师或开发商就是用"国际式"的方块楼以简单或笨拙的排列予以布局。

后现代主义与城市

　　人类肯定是不断地需要新鲜元素，同时心智平和的人并不想因此毁掉多数旧元素，有历史、文脉，生活才丰富，人们慢慢地发现，除了巴西利亚那种特例，没有老城老区的城市都容易乏味，所以在"二战"以后，尽管住房极端缺乏，现代主义愈加风行，欧洲许多被炸毁的古城还是被人们用被炸碎的砖石慢慢修复起来，而不是趁机推平，建现代化新城。

　　对于已经建好的大片现代化新城，人们越来越觉得那里面虽然有阳光、新鲜空气、花草树木了，但很多地方太没有文化了，"实用取代美"做得太绝对了，也让人受不了。在艺术上，能做到"少就是多"实在不是一件容易事，结果往往就是货真价实的少、空洞。

上4图：德国不莱梅贝特夏街的5个角落。这条小街是北欧新艺术运动风格的经典作品，原名箍桶匠街，20世纪20年代，由一位当地的咖啡商人投资，他喜欢建筑艺术，委托艺术家按当时流行的新艺术运动风格设计，在"一战"后德国经济困难的情况下，从1923年开始用了10年时间建设完成。但在"二战"时被炸毁，战后按原样重建，形成一个商业性的步行街坊。

上图为捷克城市布尔诺的老城模型，典型的东欧中世纪城市，现存的老城已经没有了城墙和城北的要塞，老城内部保存基本完好。由于东欧老城的空间尺度比北欧还宽敞，故老城的大部分区域可以适应汽车。

左2图为面对一座著名老教堂钟楼的街巷，表明这个20世纪初兴建的房地产项目在设计时已经清晰地将文艺复兴的风格再复兴到当时的城市空间设计中，项目形成的这条街巷一头对应钟楼，另一头以过街楼的形式与城市主街相连，从而使项目具有了一个小街坊的性质。

1966年，美国建筑师文丘里发表《建筑的复杂性和矛盾性》一书，他批评现代主义的一元性和排他性，主张建筑应该强调异质性、特殊性和个体唯一性，主张建筑师除了是创新者，还应该是保护传统的专家，针对人们的不同需求和社会生活的多样化，"对艺术家来说，创新可能就意味着从旧的现存的东西中挑挑拣拣"。对这种设计方法更直接的定义是"激进的折中主义"。

实际上，类似的思潮在英国维多利亚时期已经出现过。在新兴的产业阶级成为社会主导力量后，一方面是功利主义盛行，社会环境变得粗糙、市侩气，另一方面是老贵族对所有新事物冷嘲热讽，而约翰·拉斯金、威廉·莫里斯等人希望能找到一条让传统艺术继续生存，也让艺术能随时代发展的路，并关心艺术对大众生活的积极作用。

　　而在当时的社会上，一种所谓的"维多利亚风格"似乎更主流，社会普及性更强。新兴的产业阶级需要在文化艺术领域与贵族有同样的发言权，他们接受新事物，同时也需要"古典的外衣"，但在古典的造诣上可能没有贵族精到，维多利亚风格于是应运而生，其形式有些庞杂，个性化，而总体表现是，在装饰品、家具和建筑上，不排斥新事物和异域元素，在更重视实用性的同时，装饰往往也更夸张，可以自由对古典、罗曼、文艺复兴、哥特等各种古代形式和各种异域元素进行适度变形和组合，偏爱刚刚流行过的浪漫主义推崇的中世纪民间哥特艺术，这一点与罗斯金和莫里斯的趣味相同。其表面上是对这些古代形式的一种复兴，实际上由于不重视这些形式的所谓法式，主观上也在求新求奇，故形成了一种表现复杂的新流派，表面上仍然有古代的气息、元素，而本质上它已经是一个工业时代的新事物，可能在追求贵族意味，但实际表现出的是更多的平民特点，它是动态的，可以灵活地适应新技术、新材料的变化。后来，有历史学者就将维多利亚风格称为"折中主义"。

　　维多利亚风格的影响力巨大而持久，在横向上，它风靡当时的欧洲和欧洲各国的殖民地，对北美、澳洲、南亚、东南亚的影响尤其大，同时，在这些地区地方元素的影响下，产生了更丰富、自由的形式。在纵向上，维多利亚风格确立了一种设计方法，我们或许可以借助后来属于后现代主义范畴的"结构主义"、"解构主义"这类概念来理解，即对各种风格形式进行归纳、提取、分解、重组。文丘里就指出，保持传统的做法是"利用传统部件

1893年美国芝加哥世界博览会会场设计，以复兴夸张的巴洛克风格，来提倡城市美化运动。

151

巴黎遗留的维多利亚风格的街坊。　　　　　伊斯坦布尔沿博斯普鲁斯海峡的维多利亚式街坊。

复兴维多利亚风格的美国佛罗里达州的海滨城小镇，是后现代主义推崇的城市设计典范，其空间构造恢复了街坊模式。

和适当引进新的部件组成独特的总体"，"通过非传统的方法组合传统部件"。另一位美国建筑师罗伯特·斯特恩将后现代主义概括为文脉主义、隐喻主义和装饰主义三个特征。

后现代主义在建筑设计中风行过后，其更持久的影响力是在城市设计方面，循着"变形"的传统，后现代主义的城市设计在城市总图模式上偏爱巴洛克风格，有人将后现代主义就称为"后巴洛克风格"，而如巴西利亚这种现代主义的标志性城市，实际上就已经引入了巴洛克式图式。巴西利亚也超前反映着，或是引导着后现代主义的一个重要发展趋势，即建筑不一定折中，可以是纯粹的现代主义，但城市空间可以是巴洛克式，也可以是中世纪式等，总之宜反映各种历史文脉和城市肌理，自然，一种最基本的城市文脉和肌理就是街坊构造。

作为一种思潮，后现代主义现在似乎显得已经不够时髦了，但社会对传统的更加重视，使保护城市的所有历史信息成为社会的共识，社会学者从人的传统行为入手，提倡恢复邻里空间，实际上就是恢复街坊空间，这些理念，实际上都是后现代主义理念的延伸。

罗马EUR与人像雕塑

意大利这片古老土地的历代统治者似乎都比较热衷盖房子，虽然其中的尼禄皇帝和墨索里尼因为也爱拆房而对城市造成过破坏，然而总体上，这些人在规划设计方面的修养都说得过去，人们也普遍认为，墨索里尼在这方面的能力比希特勒强。另外，本着平静理性对待历史的原则，在"二战"后，罗马人并没有拆除墨索里尼为了纪念法西斯党成立20周年和准备开万国博览会而在罗马南郊兴建的一片名为"EUR"的区域，那片区域的规划其实是一个出色的、超前的后现代主义设计，为了满足墨索里尼要复兴罗马帝国荣光的要求，区域采用了巴洛克式的空间设计，强调轴线关系和几何性的空间，而建筑都是简洁的现代主义风格，但同时有意大利古典建筑的意象，在城市空间和建筑周边，以古典风格的雕塑装饰，除了方尖碑，还有大量的人像雕塑。

如今，在原来"EUR"的基础上，这片区域已经发现成为罗马南部的商务和居住中心区，其原来的公共建筑还有一些被改造为博物馆，包括罗马城市博物馆。在巴洛克式的主架构内，都是街坊构造。

在古代建筑中，人像雕塑是一种重要的装饰，最早可能是为了敬神和追求美，然后是为了突出纪念性和个人崇拜，在中世纪是突出宗教作用，

罗马EUR全景。

但这时就牵扯到是否应该偶像崇拜的问题，根据《圣经》的记录，摩西十诫中明确反对偶像崇拜，然而天主教会的发展经验证明，偶像崇拜总体上利于教会收拢人心，偶像产生的宗教气氛会引人沉思，从而帮助心灵从物质世界升华到精神世界，文艺复兴时期的人文主义者、甚至宗教改革者也不反对偶像崇拜，这样逐渐使人像雕塑成为城市、建筑的一种最重要的文化传统。在各种复兴、折中运动至现代主义运动过渡的时期，新艺术运动、工艺美术运动也以人像为中间性媒介。以接续传统为己任的后现代主义不可能放弃这一传统，从支持现代主义转而支持后现代主义的菲利普·约翰逊在他设计的旧金山加利福尼亚大街的一座大楼时，在高高的楼顶突然摆上人像雕塑，让习惯了现代主义建筑的人们一下子感到很不适应，从此，各种人像雕塑又变着法地回到城市和建筑中。要观赏这种装饰，进一步对着他们沉思，显然是街坊的尺度更合适。

EUR一条中轴线上的方尖碑，墨索里尼在这里显然是延续了西克斯图斯五世的做法。

EUR西北侧的标志性建筑，简洁的现代主义，但富于韵律的拱券是罗马帝国的符号，底层拱券下更有罗马风格的人像雕塑。

柏林帕加蒙美术馆中按原样展出的希腊帕加蒙古城的祭坛部分，其中的人像雕塑不仅是装饰、记事方式，也是改变空间感觉的主要元素。

154

法国奥朗日古罗马剧场中的奥古斯丁雕像。

法国沙特尔大教堂门廊上密密麻麻的石雕圣像，号称"石头圣经"。

右一图：日耳曼人在皈依基督教前显然有很多自己信奉的五花八门的神灵，将他们摆在建筑的角部辟邪。信奉基督教后，这种传统还部分地保留着，只是把原来的各种神灵换成了天使。

右二图：捷克布尔诺市场广场上工艺美术运动风格的建筑上的人像雕塑，与其整体风格一样，趋向几何化。

美国旧金山，菲利普·约翰逊设计的一座大楼。

比利时根特的一座老哥特式教堂山墙上站满现代雕塑。

法国蒙彼利埃"人民凡尔赛"式小区前的"掷铁饼者"复制品。

西班牙菲格拉斯达利美术馆馆舍屋檐上的人像雕塑。

后现代主义的城市建筑意识

在后现代主义思潮流行以来，欧洲、甚至美国都很少再规划建设完全的新城和大面积的新区，所以在体现城市理念方面，后现代主义建筑师主要是通过在单项建筑的设计里体现对城市的关系，包括体现城市文脉、整合建筑群体的造型、完善城市公共空间等，即在做建筑设计乃至做各种与公众有关的环境设计时，都要处处争取让设计对城市公共环境有贡献，使单项设计成为城市设计的一部分。

随着思路的不断拓宽，在后现代主义之后逐渐又发展出类型学等思想和方法，创新手段比只是"从旧的现存的东西中挑挑拣拣"更宽泛了，可以是各种要素的任意组合，只要组合得巧妙。各类型日趋突出独立性，类型之间的关联性则手法越多变、越隐蔽越好，总之，目前的情况是，曾经走马灯式的设计思潮不再热闹，而设计资源空前丰富，留给想象力的空间无边无垠，在这种条件下，经典的单体作品反而产生得不多，多数优秀作品都是在城市复杂的情况下，由诸要素相互碰撞、推敲后产生的，这就如同当年凯文·林奇分析老城的优势时所指出的："正是在城市中存在这些为争夺空间而相互斗争的因素，有限的城市空间才呈现出今天丰富和多样化的城市中心区，因此才不同于许多北美城市因投机而兴建的空洞的城市中心区。"

此3图：英国后现代主义建筑师詹姆斯·斯特令最经典的作品是德国斯图加特美术馆和音乐学院，两座建筑紧邻着位于斯图加特两条平行的但有数米高差的道路中间，由于前面一条路是宽阔的快速路，使那里失去了舒适的街坊空间。斯特令在这两座建筑中开辟了至少3条步行路，在贯通建筑自身的同时，使两条城市道路及周边街坊与建筑内的步行系统贯通，即他通过这两座建筑的设计，营造了一片独特美丽的街坊。

现在的意大利热那亚市是一座精彩纷呈同时杂乱纷呈的城市，老城中有一流的中世纪、文艺复兴、巴洛克风格的建筑，但布局似乎太过随意，特别是老城新城街接处的费拉里广场一带。在"二战"中受损的大歌剧院的整修设计被意大利著名的后现代建筑师阿尔多·罗西完成后，广场一带似乎得到了某种整合，罗西设计的简洁、同时有传统符号的大体量建筑起到了统筹元素的作用。

上2图：阿尔多·罗西设计的意大利佩鲁贾大学新校舍。除了有古典的符号，和格罗皮乌斯的包豪斯学院一样，罗西的这个设计也与城市的步行、车行系统结合。建筑要在形式、空间、功能上全方位地与城市结合是后现代主义必然延伸出的理念，实际上也是街坊建筑、街坊城市的理念。

法国斯特拉斯堡火车站，古典主义站房的扩建方式是被高科技风格的玻璃厅笼罩，形成既新颖又传统的城市空间。

上图：在巴黎为纪念法国大革命200周年而兴建的一系列大型公共建筑中，巴士底歌剧院的建筑本身可能是最没有创造性的，但其布局时尽量保留相邻的街坊建筑，特别是紧挨着其正面大门右手的一座原街坊中的普通3层小楼被保存下来，使这座现代主义的庞然大物既能突出自身，又能融入那里的街坊景色，此点使它可以与卢浮宫改造工程媲美。

左图：圣马丁运河边一座比较有个性的小公寓楼与歌剧院的侧面隔街相对。

下3图：荷兰城市马斯特里赫特老城的一个片段，一座哥特式老教堂被改造成了号称世界最美的书店，书店门前的一组老街坊建筑被改造为一个步行街坊式的商业中心，为了使古老的砖石建筑和现代的添加物各自保持自身的独立性，改造工程多使用钢铁和玻璃，使原街坊格局依然清晰，又打造出现代空间，而且这个空间美丽得令人目眩。

左上5图：鲁昂老城虽然修复出色，但也不绝对排斥新建筑，在作为古建筑修复范例的司法宫背后，有一组庭院式的多层商住建筑，与哥特式的司法宫隔街相对，新建筑群落的庭院大门沿用了一座老石头门，纯白色建筑的体型变化与檐柱细节等与哥特式装饰产生异质同构的关系，所以不存在不协调的问题，反而使老城更有时空感。

右下2图：巴黎第六大学庞大的现代主义校舍一直予人一种过分的僵硬感，在其一角兴建了著名的伊斯兰世界研究院好，僵硬感减弱了许多，而在以解构主义开始闻名的扎哈·哈迪德在上述二者之间又设计了一座曲面形的活动艺术馆之后，改观就更明显了。

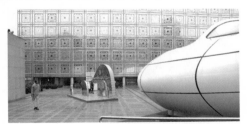

第四节　街坊新貌与新街坊

近代商业和工业的发展使人口不断向城市聚集，城市富裕人群先是建新城新区以逃离中世纪老城区，在新城新区的中心区环境也恶化了之后，继而逃向郊区，由于他们掌控资本，这样一来，城市经济的活力必然减退，在信息技术不断革命的时候也是如此，何况，一个健全的社会不可能对城市沦落置之不理。城市是人类文明的骄傲，经济发展离不开城市，城市也完全能成为最好的居住场所，关键是要找到城市的适宜角色和模式。最重要的是人的追求，城市太混乱会使人发疯，同时郊野太孤寂也会使人发疯，人需要丰富的生活，也需要多元的交流，那么人类怎么可能放弃城市呢，特别是最丰富，最有交流惊喜的市中心。

从有意识地修复老城开始，到使原本空壳化的市中心恢复活力，欧美城市中心的街坊空间重新精彩起来，还兴建了很多精彩的新街坊。

比利时布鲁塞尔一个正在慢慢更新的老街坊区，多数老房子被整修，少数拆除以后建造现代住宅，现代建筑仍然延续街坊建筑小而多变的特征，新旧并置也使街坊像继续生长的生命体。

一、回归传统街坊

"在没有体验过于人性化尺度下生活的情况下，美国的两代人已经成长并且成熟。在追求如何建造好的东西时，我们失去了太多的文化内涵。若干个世纪形成的知识体系和技巧、经验被扔进垃圾筒，想再捡回来并不容易。建筑文化丢失在现代主义及其信念中，城镇规划被移交给律师和政客，对汽车、高速公路和地产利润的反对声被一扫而光。"

这是一位名为詹姆士·霍华德的美国学者对现代主义的看法，虽然对现代主义不太公平，但在后现代主义兴起时，人们就是这样的看法。美国人还进一步认为，这一切都始于1939年的纽约世界博览会，当时通用汽车公司布置了展会最大的展览，主题是现代主义将缔造的未来美国，美国梦的最新版本是，在城市中心，宽阔的马路间匀称地分布着高楼大厦，而更吸引中产阶级的是郊外住宅，它们被草坪和花木环绕，私家路直通私人车房，这种生活的核心当然是通用汽车公司生产的小汽车。

右图：1939年的纽约世界博览会上展示的未来城市，据说继承发展了霍华德田园城市的理念。

下图：未来城市对交通的一种设想，将地面留给汽车，人行道都在二层，美国市中心区的一些局部后来果然发展了这种模式，中国的香港应用得更多。

右图：至今仍然在美国蔓延的独立式别墅区，承载着许多人的美国梦。

上2图分别从内部和泰晤士河对岸望伦敦的老金融区，大量的新建筑，特别是高层建筑改变了区域的气氛，伦敦人对此曾经发生激烈的争论，查尔斯王子站在保守派一边反而使保守派吃亏，因为他的身份可以让对手指责他干预社会事物。由此，有强烈马戏团色彩的摩天轮最终得以在伦敦核心区竖立。

右图：从格林威治村远眺伦敦新金融城，那片区域的性质与巴黎的德方斯新城类似，不会引起争论。

汽车生活让美国人自豪了许多年，同时，城市在慢慢空心化，但喧嚣依旧，而即使是郊外的汽车交通也越来越不顺畅，尽管郊区的高速公路密如蛛网。一些城市学者意识到："在汽车走进每家每户的这个时代，驾驶私家车随意到达城市任何地方的权利，恰恰是毁灭这个城市的权利"（刘易斯·芒福德《城市与高速公路》）。人们开始怀念传统的生活空间，进一步会思考人是否应该、是否能只陶醉在现代化中。其实，经过现代主义风行之后，美国的现代主义建筑和区域在总体环境中所占的比例也不足三分之一，欧洲的这个比例更小，但英国王储查尔斯已经迫不及待地表示："我相信，当一个人失去与过去的联系时，他就失去了灵魂。同样，如果我们否认过去的建筑以及应向祖先学习的课程，那么，我们的建筑也会失去他们的灵魂。"

多数人认为，查尔斯王子可能过于保守，一定数量的新建筑按照合理的方式插入到老城区中会带来异常出色的效果，但确实有越来越多的人在怀念传统空间，喜欢在那种空间中步行，于是各种各样的传统空间开始复活，包括传统街坊，也有越来越多的人乐于住回这种街坊，在有著名街坊的城市，都逐步将街坊作为城市的一个重要亮点。与中世纪式空间相比，街坊的正常使用性更强，与城市正常道路的可结合性更强。

复兴的老城及老城在城市复兴中的角色

我们在前面比较过，欧洲的中世纪老城大致上相当于中国古代城市中的一个里坊，虽然空间景致迷人，但内部街巷狭窄，出入不便，建筑老旧，采光通风不良，特别是卫浴、采暖设施还没有跟进时，那里面的居民可顾不上那里的美，有机会就搬走了。

在欧洲，私人产权观念极强，拆迁可不是件容易事，也无利可图，如果老城被人们遗弃了，就荒废着。相比北欧，南欧的中世纪老城更原始、居住条件更差，许多山区的老城被荒弃，人口向大城市集中。同时，南欧的经济不如北欧，故南欧大城市中的低收入者只能在老城住，老城因此一直比较脏乱。浪漫主义和后现代主义先后引领人们回顾老城，前者引领的多是文艺爱好者，这些人不太在乎老城的脏乱，后者引领的是全民，所以这个风潮开始时，老城必须整修得很干净漂亮。而慢慢地，那些南欧的老城由于有更鲜活的生活，使它们的魅力在一些人心中更持久，如葡萄牙的里斯本、波尔图、科英布拉老城等，这些老城基本上属于山城，交通不便，房屋陈旧，但居民多能够自得其乐，在成为文化艺术区域后，那里的居住状态获得了一种尊严，老城也开始有步骤地得到维修，如波尔图，还有西班牙格拉纳达的阿尔拜辛区、科尔多瓦、托莱多、萨拉曼卡、阿维拉、意大利的那不勒斯、锡拉库萨、法国的阿维尼翁、里昂老城等般整个老城成为世界文化遗产的更是如此。

左图：地形起伏很大的波尔图老城，似乎只有远处杜罗河上的路易一世大铁桥为老城带来一些工业时代的元素。

下图：波尔图老城中的小巷和老房子，这种房子一般只能步行到达。

上2图：西西里岛上锡拉库萨中世纪的老城门，这座城市最早由古希腊人所建。右上图：
西班牙萨拉曼卡老城的主要街道是比较宽阔的，但由于周末傍晚去老城大广场的人太多，
只供步行的主街已经人满为患了。

左图：为了完善公共服务，西
班牙格林纳达市政部门硬是开
辟出一条穿越世界文化遗产阿
尔拜辛区的从市中心至更著名
的世界文化遗产阿尔罕布拉宫
的公交线路，由于阿尔拜辛区
内最宽的主街局部只有2米多，
所以公交车只能选用小型客
车，同时必须容忍车会被经常
剐蹭。

右图：位于山地上的科英布拉
老城里仍然尽力开辟出一些汽
车道。

上2图：法国阿维尼翁老城中在教皇宫殿一带形成宽阔的空间，但老城深处还是中世纪式
的，许多大教堂都深藏在窄巷中。今天，这些窄巷中的生活依然活跃，只是需要进入工程
维修车时会有一些不便。

上3图：法国里昂曾经是罗马帝国在高卢最大的城市，现存的罗马遗迹在城西的富维耶山上，山与索恩河之间后来发展为中世纪老城，老城中建筑密度很大，公共街道很少，为了方便步行者，里昂人就想出一个办法，让一些建筑的内庭、天井通过底层过道彼此相连，形成连续的"串廊"，再与公共街道相连，就形成了另外一种公共道路系统，从而形成一种特殊的"街坊"。有些串廊非常隐蔽幽深，很像中国藏羌地区一些设防村庄中的暗道系统。

右图：这种串廊传统后来在里昂位于罗纳河和索恩河之间的半岛上的街坊式新城中还有应用，只是空间开敞了许多。

下2图：里昂新城中的新街坊，类似巴黎，下图的歌剧院是法国建筑师让·努埃尔早期的作品。

南欧的大国西班牙在最近陷入债务危机和经济衰退前，已经高速发展了数十年，很多大城市在20年前就开始转型，如前钢铁生产城市毕尔巴鄂，因为以城市艺术为主题转型很成功，故在世界规划设计界很有名，弗兰克·盖里、诺曼·福斯特、圣地亚哥·卡拉特拉瓦等人的设计确实让毕尔巴鄂的时尚新区充满吸引力，但这座城市能持续繁荣，其中世纪老城的复兴也功不可没，去毕尔巴鄂的游客，主要消费还是在老城进行，老城平日也比新城人气旺得多，特别是晚上。毕尔巴鄂的老城有其自身的韵味，而在优秀老城非常多的西班牙，毕尔巴鄂的老城绝不算太出色。可能正是因为毕尔巴鄂人考虑到这一点，他们才将一部分精力放到打造新区上，难得的是他们在引进新建筑时，确实引进了最出色的，这样才能吸引到游客，而游客来过之后会有正面评价。此外，在中世纪老城和新区之间，19～20世纪建设的格网形街坊式新城才是毕尔巴鄂的城市主体，这片城区承载着城市的主要功能，现在里面也有许多艺术街区。

新区　　古根海姆美术馆　　卡拉特拉瓦设计的步行桥

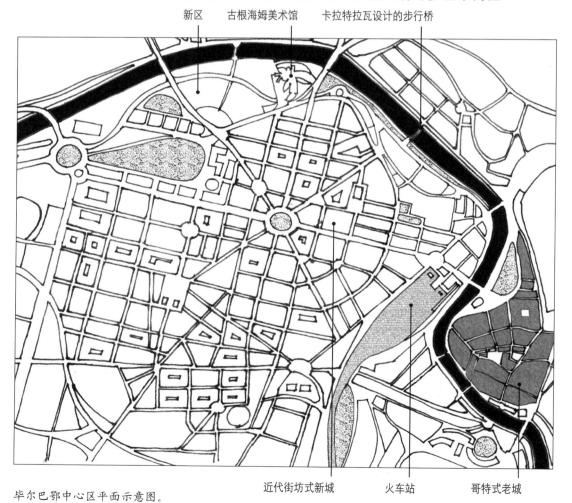

近代街坊式新城　　　火车站　　　哥特式老城

毕尔巴鄂中心区平面示意图。

左3图为毕尔巴鄂老城的景象。

下图：新城老城交界的河边正在举办露天音乐会。

右图：盖里设计的古根海姆美术馆与包豪斯学院，以及许多后现代主义建筑一样，热衷与城市道路系统纠缠在一起，以实现自己是属于城市的目的。

上图：卡拉特拉瓦的步行桥本身是城市道路的一部分，而后于它设计的城市建筑就需要与它相呼应。

左图：傍晚时分，古根海姆美术馆前是周边居民散步的地方。

右2图：萨拉戈萨火车站的人行天桥和通向世博园区的跨埃布罗河大桥，设计多出自名师之手，只是人气不旺。

上图：平日的世博园区中难得碰上人，只有这些雕塑的人在惺惺相惜，同样，它们的设计也多出自名师之手。

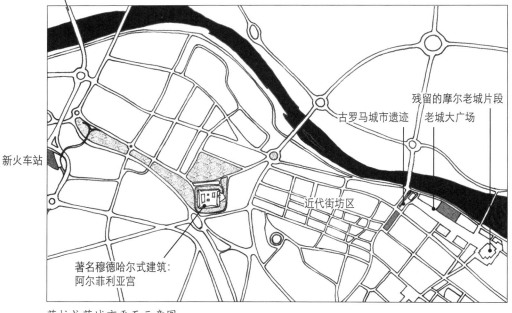

至世博会址

新火车站

古罗马城市遗迹　老城大广场　残留的摩尔老城片段

近代街坊区

著名穆德哈尔式建筑：
阿尔菲利亚宫

萨拉戈萨城市平面示意图

　　另一座西班牙城市萨拉戈萨的情况与毕尔巴鄂差不多，萨拉戈萨的中世纪老城建在古罗马城市的基址上，延续着罗马新城市那种不太规则的格网形式，老城内外还有与摩尔人有关的穆德哈尔式建筑，已经是世界文化遗产，同时，萨拉戈萨也希望由新潮建筑、城市艺术品来丰富、发展城市，由该市承办的2008年世界博览会留下一批优秀建筑，萨拉戈萨政府也希望在博览会旧址上能成就一片新城区，但至今那里还是非常空旷，人们至少还是喜欢在老城聚会。

相比之下，塞维利亚的老城要比前两座城市的著名得多，塞维利亚也有古罗马城市遗址，但离现在的城区较远，然摩尔人的老城已经足够美丽，那种老城比基督徒的老城幽深得多，游人在里面迷路是很正常的事，但大家通常会忘情得任由自己迷路而期盼能欣赏到更多建筑与空间美景。

而塞维利亚真正变成大城市是在大航海时代，这首先就要向哥伦布致意，他曾在这里策划准备他的远航，最终也可能葬在这里。他自己没有在新大陆找到多少财富，但在他的指引下，欧洲人从新大陆获得的财富早已难以统计，塞维利亚是最早从中获益的城市，也是获益最大的城市之一，在财富和安达卢西亚人艺术天赋的综合作用下，塞维利亚才成为欧洲最美最丰富的城市之一。

1992年是哥伦布首航美洲500周年，塞维利亚以纪念这个日子为主题申办这一年的世界博览会，获得成功。至今，博览会的很多建筑还立在瓜达尔基维尔河边，与老城相望，但同萨拉戈萨一样，那里也非常荒凉，甚至一部分绿地成了无家可归者的相对固定的栖息地，里面建了很多临时住房，住房外有野炊式的炉灶。

至少近代以来，世界上几乎所有的经济腾飞最终都以房地产腾飞再泡沫破裂而告

塞维利亚老城中比较近代的街坊区。由于游客众多，这些尺度的街坊区如今至少有一半要开辟成步行区。

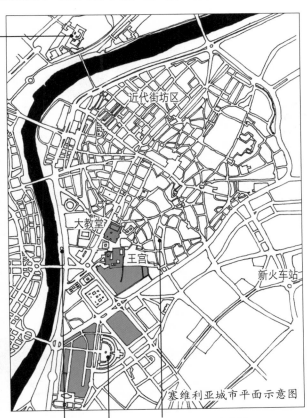

哥伦布住过的修道院

近代街坊区

大教堂

王宫

新火车站

塞维利亚城市平面示意图

黄金塔：大航海年代的标志　西班牙广场　摩尔式的里坊化老城区

　　"没有见过这座城市的人真是可怜"。这是拜伦的长诗《唐璜》演化出的歌剧开头的歌词，听着肯定让还没来过塞维利亚的人不舒服，但它肯定也为塞维利亚的旅游业做了贡献。从原来清真寺的宣礼塔、后来是大教堂的钟楼上望老城，摩尔时期的街区还部分保留着，很杂乱，但现代人旅游时似乎偏爱这种地方。这种偏爱也传染到中国，于是中国的老城就开始设高价门票。

摩尔老城的小街边，摩尔人留给伊比利亚半岛的文化传统之一是彩色瓷砖装饰。

紧挨着哥伦布曾经住过的修道院，曾经建起过一座工厂，如今废弃的工厂和整修过的修道院已经成为包含有一座伊斯兰文化研究所的公园的一部分。

1992年塞维利亚世博会会址，左下角的蓝色牌子后面不远处就是无家可归者的一个集中营地。

终，西班牙的情况也是如此，为了拉动新城建设，在修高速铁路时，很多城市都故意将火车站放在离现有城区很远的地方，以利用它们之间的张力发展房地产。上述3座城市的火车站都算近的，而如有著名古城的布尔戈斯，专门将位于市中心的老火车站废掉，在离城区约10公里的地方另建新车站，车站外发展了众多新住宅区，公交车服务很周到，在住宅区转来转去，但那里还是人烟稀少。笔者稍后看到新闻，西班牙为了吸引中国人到他们国家买房，据说投资50万欧元以上的给居留权。

布尔戈斯老城的市政广场，由于这座城市位于世界文化遗产圣地亚哥·德孔波斯特拉之路上，所以广场上经常可见佩戴贝壳标志的各种朝圣者，这是西班牙、法国等新开发的"朝圣经济"。

上2图：中世纪式的坡地老城中近年也建起了少量新建筑，一小组新建筑位于老街上的一个老石头拱门里，新建筑边有公共电梯，可将人带至老城的高处，这也是在进行一种街坊改进。

上2图：世界文化遗产布尔戈斯大教堂周边还有几座教堂，节假日这里便成为了"集体婚礼"的场所。

只可惜火车站那边的新区看来要熬过这次经济低潮期才有繁荣起来的机会。

复兴的老街坊

南欧的老城建成时间一般比北欧早，所以内部街道更窄，布局更乱，似乎不太适合现代生活，好在南欧人更眷属传统，不致使老城完全成为景点，即使是威尼斯，虽然多数当地人在结束了白天与旅游业有关的工作后离开老城居住，他们这样做或许有威尼斯的房地产太有经济价值的因素，而在老城相当于里坊深处的地方，那里的房地产没有旅游业中的价值，便有人一直居住着，很多北欧北美的游客喜欢走到这些深处，若有所思地看着窗口晾晒的衣服、床单，肯定有人在想，这是多么真实的生活，想想自己的家乡这样晾东西会被罚款，是不是生活也太那个了。

不过，如果一座城市的经济出现了一些根本性问题，实在缺乏就业机会，还是会有大片街区被荒废，如意大利西西里岛上的名城卡塔尼亚，非常漂亮的港口古城，但有大片的漂亮街区人去屋空，可能因为黑手党把治安搞得太差，也可能是有人对埃特纳火山频繁喷发感到担忧。

我们在这里有必要规范一下，无论是中国的古代里坊还是欧洲的中世纪城区，现在都没有大面积封闭的情况了，其内部空间都类似于街坊，但为了我们讨论问题的方便，我们将内部街道能有效起到城市公共车辆交通作用的街区都视为街坊式，而内部街道只能容纳公共步行交通的街区一律视为里坊式。

上2图：卡塔尼亚城中荒废的街区，其中建筑的灰黑色并不是荒废造成的，卡塔尼亚紧挨着著名的活火山埃特纳，火山灰是一流的建筑材料，所以卡塔尼亚的房子多是灰黑色的，然后用白色的巴洛克式线脚勾勒，同样有美感的效果，并形成卡塔尼亚的城市特色。

左图：老城市中心完好的城区，巴洛克式的火山灰建筑显出特殊的华丽感。

由于有古希腊街坊城市的基底，所以那不勒斯的老城与一般的中世纪老城不同，虽然街道一样狭窄，但其整体是方格网状的。

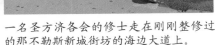

一名圣方济各会的修士走在刚刚整修过的那不勒斯新城街坊的海边大道上。

下2图：英国约克老城的街道。

这样一来，如那不勒斯老城那种原本在古希腊的街坊格局基础上兴建的中世纪街区，因为街道太窄，而需要被视为里坊；而北欧普遍建于中世纪后期的老街区，由于街道宽，现在能够较正常地通行公共汽车，虽然其街道格局没有任何几何规律，但可视为街坊，住在这种老街坊里，就不存在无法现代化的问题了。

北欧中世纪城市街道较宽的原因可能是原来人口较稀疏，人也粗放一些，还可能是北欧的街道不需要荫凉反而需要阳光。总之，这一点与中国古代南北方的情况类似，北京的许多胡同是勉强可以走汽车的，南方古城一般就不行了。英国和比利时的一些早期商业城市要早于阿姆斯特丹成型，相对于纽约的英国老约克城，虽然曾经是罗马帝国下不列颠省的首府，建立君士坦丁堡（今伊斯坦布尔）的君士坦丁大帝就是在这里被军队拥立为皇帝的，但后来中世纪式的城市完全将罗马老城压在了地下，不过，老城门和大教堂之间，以及其他中世纪城区内的街道，宽度足以保证同时拥有不太狭促的人行便道和汽车道，使其老城在整体上比较接近街坊格局，在工业革命时期的纺织业衰落后，今天的约克旅游业和教育业异常发达，老城和新城都充满活力。

在过去的所谓低地国家中，现在属于比利时的根特、布鲁日等亲水商业城市的繁荣要早于阿姆斯特丹，这些城市的构造介乎于威尼斯和阿姆斯特丹之间，整体图式像威尼斯，没有什么几何规律，但街道、河道的空间状态已经有些像阿姆斯特丹了，总之呈街坊格局，建筑形式也类似于阿姆斯特丹那种山墙面朝街的小楼，而且由于中世纪属性强一些，那里的建筑立面更丰富。

根特历史古老，它成为欧洲仅次于巴黎的第二大城市时，阿姆斯特丹还是一个渔村，当时那里的羊毛纺织业和佛罗伦萨一样发达。15世纪末，后来欧洲职权最多、地盘最多的神圣罗马帝国皇帝查理五世出生在根特，但他给自己的出生地带来了灾难，由于赋税沉重，根特等商业城市的市民愤而反抗，遭到查理五世和他儿子的持续镇压，根特的衰落使英国的纺织业受益，而在19世纪，又由于根特人得到了英国的纺织技术，根特有所复兴。现在的根特生活气息很足，游客也不少，其河边、广场边的近代街坊可能是同类中最美的。

根特的河边。

根特临广场街坊生动的立面。

布鲁日无水地带的老街坊。

布鲁日的水道，与根特一样，比较宽阔，水网构造比较简单。

由格雷夫斯设计的海牙新街坊式大楼群。

新街坊与复兴的老街坊相衔接。

上3图：海牙街边的3张市政建设宣传牌，分别显示老街坊曾经的破败，现代主义改造的尝试，和目前多元化改造的市中心区景象。

　　相比根特，有"北方的威尼斯"之称的布鲁日现在更有名，其整个老城是世界文化遗产，老城核心部位的街块形状虽然不规则，但性质已经非常接近街坊，街块的周边道路较宽，不仅可以通行汽车，路边还有停车的空间，使这些街坊逐渐吸引各种创意类的小公司入住作为办公室，也有很多居民乐于住在那里，老城东南部的街坊形状已经非常规则，尺度在100米×60米左右。

　　荷兰的海牙等城市形式与根特、布鲁日等类似，在"二战"后期，德国占领下的海牙遭到盟军大规模空袭，大大加重了这座城市在战后复兴的难度，很多老街坊区被荒弃，仍然有贫穷市民居住的街坊则破烂不堪。"二战"后初期，海牙一度主要以现代主义的方式来改造城市，但很快收手，近年，在兴建时尚新街坊的同时，也全面维修了老街坊，二者流畅地贯通，城市的魅力由此恢复。

"二战"后，东西欧各自实行不同的制度，相比之下，东欧更偏爱现代主义，同时现代主义的设计愈发呆板，好在不论东西欧，对历史老城区都没有大规模拆改，除了少数如罗马尼亚布加勒斯特那样的个例，但东欧漂亮的老城真正焕发活力还是在近年，如原来属于东德的历史名城埃尔福特和莱比锡。埃尔福特的老街坊在城市贸易繁荣的时期形成，宽度足够而随意性更强的街道在一些转折处不时形成各种形状的小广场，结合由中世纪式的木筋房和北欧的彩色老房子组成的街坊立面，惹人喜爱，稍加整理，老城几乎可以作为近代街坊城市使用，电车道都铺进了老城。

埃尔福特的这个角落显示了东北欧老城粗犷型的空间，反而为后来修建轨道交通提供了方便。

埃尔福特有一座由木筋房构成的美丽廊桥，桥上原来有市场，现在汽车过河的问题只能通过另外建新桥解决。

埃尔福特保留下一批很好的德式木筋房，经整修后成为老城的基底，也增强了老城街坊的空间感。老城的多数街道可以容纳汽车通行。

上2图：法国南部古城奥朗日老城内的街道，对于南欧的紧凑空间，现在对汽车的考虑就需要更精细。

莱比锡

原东德第二大城市莱比锡的现状则展现了另一种有意思的现象，由于战争破坏和东德时期比较粗放型的重建，莱比锡老城在基本保留着中世纪后期街坊式街道网的同时，街坊建筑新旧混杂，一些条块状的现代主义高楼叉了进来，造成空间有些零散但同时也比较轻松了，建筑风格有些冲突，同时又显出一份难得的平凡自然，不像纯粹的古城有时也表现出一种单调感，老城的气氛因此显得很真实也很惬意，由于老城不大，莱比锡这座60万人口的城市就将老城变成了整个城市的中心商业区、观光区、休闲区，这种做法在西欧很普遍，只是一般的老城都是比较纯粹的老城，而莱比锡老城样子和老城周边的街坊区差不多，只是形态不那么规则，古建筑更多。肯定是由于爱来老城的人太多，老城内部道路几乎都开辟为步行街，但其街道的宽度足以满足车辆通行，所以老城居民和一些在老城办公的人还是可以过汽车生活，同时很多人选择骑自行车。

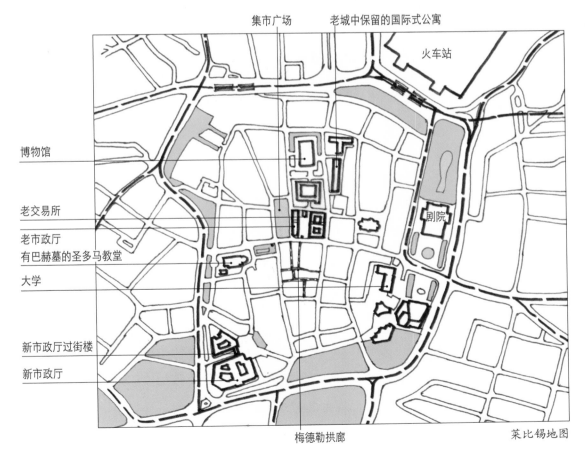

莱比锡地图

上2图：火车站附近的街坊中有待建的土地，相邻建筑的山墙便裸露出来，这也便为涂鸦高手提供了创作机会。右上图：在火车站附近的一个工地上，好像要保留一座老房子的一面墙。这种改造建筑的手段如今已经非常普通。

莱比锡火车站是欧洲著名的老火车站，宽敞高大的前站房里有各种商店。

火车站前街道好像只允许公共交通车辆通行，故车流不大，对往来于火车站和老城的人流影响不大。

由于觉得莱比锡老城有强烈的普遍性意义，对中国城市的借鉴性更大，因为中国稍大城市的老城现状决定着那种老城不可能纯粹化的保留，老城的街道势必要部分加宽，至少部分道路可通行后勤车辆，中国人普遍喜欢开阔些的空间，喜欢时尚元素，这些要求莱比锡老城都有表现，所以笔者特意在老城邻近火车站的一栋现代主义公寓楼的出租公寓中住了几天，像一个准居民一样以真切感受这种街坊城市的日常生活。

公寓楼的造型平淡无奇，看其样式和楼龄，应该是东德时期所建，但细节设施已完全更新，看样子会长期保留了，从一些历史照片看，这一带原来有更多的类似板楼，两德统一后为了恢复城市魅力和功能还是拆了一些。楼后有一个供停车、摆垃圾桶的小内院，但不封闭，安全措施和半私人空间的分界处是单元楼梯口的密码门，笔者个人比较喜欢这种能更顺畅出入自己住宅的模式，下楼一转弯就是公共街道，而从楼梯门口走到巨大的莱比锡火车站也只需要3分钟，同时，楼梯门口又是那样的安静、整洁。

从笔者住的公寓东望，可见
圣尼古拉教堂的钟楼。

公寓对面的一座博物馆前，在流动市场日是商贩的停车场，很多商贩就
用汽车做摊位。

市场上卖鲜花和蔬菜水果的摊位，后者的许多经
营者是土耳其移民。

老城中建筑精致的咖啡厅。

德国音乐界始终人才济济。

葬有巴赫的圣多马教堂后的喷水池，是儿童喜欢的地方。

公寓楼对面是两座时尚的博物馆，坐在里面的咖啡厅可以看着古代大理石雕塑品咖啡，咖啡价格比"上岛"要便宜。沿公寓楼和博物馆之间的街道向南，街道局部放大形成一个小广场，在一周内的某两天，广场上有流动市场，出售各种食品，最诱人的是各种德国香肠，据说德国的香肠有著名品牌，但都是地方性品牌，没有"双汇"那种纵横中国的品牌，发现它里面有瘦肉精了13亿中国人想吃香肠时都没有什么别的选择。而德国和欧洲各国的情况是，各地出产的食品多在本地销售，这样人们才有到各地品尝特殊美食的乐趣。

老城和附近居民在这种市场上买好几天的食物，不用开车去远处的超级市场，非常方便，由于我们的公寓有厨房，那几天，我们也在这种市场买东西。这种定期市场目前在中国的一些中小型城镇还存在，但备受挤压，大城市中则早已消失，特别是在市中心区。

流动市场广场的西南面是过去老城中心的集市广场，当时广场在整修，整修完成后，也许市场会回到这个广场。集市广场东面的建筑是老市政厅，老市政厅背后还有一个小广场，广场北面华丽的白色建筑是老商品及证券交易所，原建筑"二战"时被毁，1960年代由东德政府修复，可见当时的东德古迹修复水平与西德不相上下。老交易所前的小广场名为甜品广场，从前主要卖水果，现在有露天餐桌。小广场的南端有一个喷泉，是从前市场的取水处，欧洲广场上早期的喷泉无论多美，从前都是市场的水源。

老交易所门前。

有铜狮的喷泉和梅德勒拱廊的入口。

喷泉南面斜对着的高大入口里面是梅德勒拱廊，这种拱廊商业街的模式自1800年在巴黎被发明后，很快风靡欧洲，它可以将较大的街块内部原本没有商业价值的空间开辟出来，莱比锡这条廊道兴建于1912年，穿越了一个160米×110米的大街块。

莱比锡老城最重要的古迹是大音乐家巴赫曾经长期任其唱诗班指挥，并最终安葬于那里的圣多马教堂，位于集市广场的西面，教堂的前门面对原来的城墙，后面现在有绿化广场，水池中的喷泉没有音乐伴奏，但人们这时都和在教堂里凝视巴赫墓时一样，仿佛能听到他谱写的乐曲。

集市广场的老市政厅在20世纪初已经改为城市历史博物馆，更堂皇巨大的新市政厅位于老城西南角，那里原来是一座城堡式的建筑，马丁·路德在埃尔福特大学毕业后成为神父，1519年在那里的礼拜堂进行了他第一次福音布道。18世纪那里改为莱比锡艺术学院时，歌德曾经在里面学习。改建新市政厅时，城堡原来的高塔被保留，使城市的历史建筑印记得以延续性记录，城市的天际线得以保留，后来新市政厅需要扩建时，为了避免因此减少城市公共道路，使单一街块过大，其北侧的城市道路被保留，主体建筑和扩建部分之间以一座大过街楼联系。

德国第二老的莱比锡大学位于老城东南角，比较遗憾的是现在的校舍建筑已不能体现丝毫的古老性，莱比锡人干脆让它更现代，增建部分采用更前卫的风格，这样确实比建一座假古建筑或采用复古风格好。大学西面的奥古斯塔广场目前东欧印记还比较重：过于宽阔的空间面对孤立巨大的集中式现代建筑。将宽阔的老城墙拆除变为环城路和绿地也

上2图：梅德勒拱廊内部，与其外部是比较繁琐的新艺术运动风格不尽相同，其内部是相对简洁的新艺术运动及装饰派运动的混合风格。

上3图：老城中的一些细节。

右图：从新市政厅东南角的大门廊外望，这种半室外的空间容易与城市空间交融出宜人的场所。

下图：新市政厅与其扩建部分相连的过街楼，在此，我们不应该把注意力集中在过街楼的漂亮造型上，而是应该关注其是因为要保留一条城市道路而生成的，那片街区的道路是比较密集的，而且要保留的道路还非常短，何况为了保留它而被分隔开的是政府建筑。

加强了这种广场的空旷感，这是莱比锡的遗憾之一。环城路外是大片的居住办公混合区，都是由尺度为100米×150米左右的街坊组成。

　　莱比锡在德国不是名列前茅的旅游城市，它的老城墙基本被拆光了，内部没有太完整的古建筑片区，没有超一流的单体建筑，战后重建造成新旧混杂，空间似乎显得有些凌乱，也正因如此，它与中国多数城市的现状才有可比性，从某种标准看，莱比锡不算完美，但它能使人感到舒适方便，也有美感，有历史文化，有时尚元素，所有这些，主要得益于莱比锡始终坚持平易的街坊构造，虽然老城是商业观光中心，但它仍然是一个正常的街坊区，很多人可以在里面过日常生活。它不是富人区，也不是贫民窟，只是有特色的生活区。

老街中的现代雕塑。

莱比锡的旧楼不断被修复。

莱比锡大学边正在施工的新式教堂。

老城外围的街坊式住宅。

格但斯克

东欧最漂亮的老街坊在波兰的波罗的海港口城市格但斯克，这座城市位于重要大河维斯瓦河入海口处，那里最初的居民是波兰斯拉夫人，1308年城市被条顿骑士团攻占，从此一直到"二战"结束时，该市的主要居民是德意志人，城市现在的居民则几乎全部是波兰人。

中世纪的十字军东征时期，产生的直属教皇的3大骑士团中的条顿骑士团成员主要是德意志人，他们在征服普鲁士地区之后，成为武装商业集团汉萨同盟的主要成员，德意志人称为但泽的格但斯克因此成为重要商业城市，城市中现存的老街坊应该成型于汉萨同盟后期，它似乎吸收了汉萨同盟的中心城市吕贝克、不莱梅、汉堡街坊的特点，又放大了阿姆斯特丹街坊的"建筑口"，从而使那里的街坊不仅建筑更华丽，更因为建筑前部的平台和地下室入口设计而显得独一无二。

格但斯克的街坊更显出北欧的地广人稀，街坊内院比较宽阔，可以容纳一个不小的花园，不似普遍的街坊中间只能容纳各家的小后院，乃至只能有一个天井，但街坊的街道为了空间舒适，除了广场的段落，一般并不宽，而且，格但斯克的房子多有一个朝街面前凸的半地下室，凸出部分的屋顶形成楼前平台，平台与街道之间同时有向上和向下的台阶，更使街道的宽度剩得很有限，而这个宽度在马车时代恰好舒适。每座楼前两个趋势的台阶、台阶的栏杆、半地下室的入口、小窗、平台的栏板、平台上的楼入口门廊等元素共同组成异常丰富的沿街景致。

面对格但斯克老城主街上的长广场的街坊建筑立面，其中一座造型对称的楼似乎是为了保持街坊立面的多样性，特别将两翼分别涂成红、绿色。

为了继续街坊传统，格但斯克的一座新建筑虽然不是窄条形的用地，但建筑的立面仿佛是多座街坊建筑。

格但斯克最美的街坊段落之一。

现在，街坊的半地下室和一层多开辟为纪念品商店，商品主要是琥珀，一位店主正在半地下室门口招呼客人。

街坊沿街的细节。

一家由老街坊建筑改造的旅馆，带有纯地下室。

二、街坊文脉

我们将世界主要大城市的地图浏览一下就可以看到，除了亚洲、中东那些在古老传统中早已形成的大都市，如北京、东京、曼谷、德里、巴格达、耶路撒冷、开罗、伊斯坦布尔等的传统城区，其他城市的市中心区除了不大的中世纪老城，几乎都是各种街坊格局。街坊格局也曾经产生过一系列城市问题，这些街坊城市的人在不断探索各种城市新模式，如田园城市，也在想各种解决街坊模式问题的办法，最终使街坊复兴。因此，多数街坊城市，特别是街坊特色比较鲜明的城市在建新城区时，多延续自己的街坊文脉，从而产生出很多异常精彩的新街坊。

上3图：荷兰鹿特丹著名的"菱形屋"，造型奇特，同时它也具有后现代主义式的街坊建筑特点：结合城市道路、线状以围合空间、内庭开放、与其他街坊空间贯通等。

上3图：从1340年获得城市自治权后，鹿特丹利用位于莱茵河口的地理优势发展成为重要港口城市，但在"二战"初期，纳粹德国为了迫使荷兰投降，对鹿特丹进行狂轰滥炸，市中心被夷为平地，使鹿特丹曾经被称为"没有心的城市"，经过不断的建设，目前城市"心"这个位置集中了一批优秀建筑，它们灵活地组成了一种别具一格的都市街坊，空间形态貌似散漫，但有一种自然主义意味，同时功能顺畅。

上2图：乌德勒支的河道和双层堤岸。

荷兰的新街坊

在街坊式住宅方面，荷兰人一直更热衷，并致力于发展这种模式，这与荷兰地区是近代工商业的发祥地之一，也是自由的产业商人、工人最早生成的地区之一显然有关。文艺复兴席卷欧洲的时候到处都在建古典风格的房子，后来更发展成装饰日趋繁琐的巴洛克、洛可可建筑，而荷兰地区相对是以一种朴素同时体面的砖房作为城市的基本建筑，住在其中的都是城市平民，他们觉得在这种住宅和由这种住宅组成的街坊里生活更能感受到平等、独立、自由的意味，日常的工作生活也方便舒适。

除了阿姆斯特丹，荷兰其他城市的近代街坊与比利时的亲水商业城市接近，呈一种中世纪后期宽敞街道网的模式，如海牙、乌德勒支、格罗宁根等，这些城市在也有很多河道，但人工加密的程度远不如阿姆斯特丹，乌德勒支的街坊整体特色不强，细节特色是其河道边有两层路面，一层十分亲水，从前应该是卸货区，现在主要是河边餐饮区，二层堤壁上开有许多窑洞式的房屋，从前应该是仓库，现在正好作餐厅的后勤房，这些房屋也许是在土壁上挖的，也许是垫高河堤形成直接连接街坊建筑的路面时有意形成的，巴黎的很多河堤也是如此，只是没有窑洞式的房子，从而缺了很多意趣。

荷兰就是这样，总能在设计上予人惊喜，一出格罗宁根火车站，人们都会被站前的小广场吸引，广场的表面是起伏的，像丘陵地，周边城市的景色因而变得有趣，当看到"丘陵地"的几个地面洞口下面时，你才知道"丘陵地"原来是一个大自行车库的屋顶。荷兰城市自行车多，自行车库多为斜坡形，斜坡既是车库的坡道，也是停车面积。相比一般的自行车库，有自行车上下的坡道，而在停车面积里还要有自行车通道，而这种将坡地、通道合并的设计方式利用建筑面积的效率显然更高。这其中实际上就表现出一种街坊的意识，在街坊格局中，到达每座建筑需要的道路同时就是城市公共道路，不需要同时有城市道路和街坊专用道路，但如果是里坊格局，那么除了城市公共道路，里坊内还需要有所谓私家路，当街坊城市和里坊城市的汽车保有量一样时，二者需要的城市公共道路面积至少是一样多，那么，里坊城市就需要比街坊城市多拿出很多土地来用于里坊内道路。

一个小小的自行车库设计，包含如此多原则性、理念性问题，实在令人慨叹，也让人意识到，真正的设计进步、创新，必来自设计者在这种层面上的思维，同时，街坊概念的重要性、启发性也再次令人刮目相看。

格罗宁根街坊的特色是街坊中的一些老房子被翻盖为各种新潮建筑。像格罗宁根老城的街坊构造和品质在荷兰很普遍，所以没必要所有城市的老街坊都严格保护，让它们仿佛是凝固在某个时代，特别是仍然作为正常生活场所的街坊。像格罗宁根这样，让城市在时间中是连续流动的，更符合更多人对生活场所的追求。

标准的荷兰式街坊建筑容易被理解为是现在所谓联排别墅的前身，实际上，分辨单体建筑的类型没有太大意义，最有意义的事情是建筑组成如何的群体形式，及建筑群体之间以何种模式组合，只要模式还是街坊，建

格罗宁根火车站前的自行车库兼坡地型站前广场。

格罗宁根现代美术馆，建筑与河堤、城市街道结合。

格罗宁根老城街坊的新旧建筑，右侧街块的建筑为阿姆斯特丹学派风格。

筑单体不仅可以像格罗宁根的街坊那样选择不同的风格，而且完全可以由全部是现代主义风格的单体建筑造成全新的街坊。

另一方面，随着城市对空间集约性的进一步要求，有必要将一些居住单元从一座小楼变为一栋大楼中的一个单位，小楼间的粘和变成了这种单位的集合，从而产生了我们现在最常见的单元住宅楼。住宅楼聚在一起，形成组团习称为集合住宅小区。

除了街坊，荷兰人也很喜欢这种集合住宅小区形式，他们通常采取组合式的设计，灵活地将线状单元楼、点状高塔式单元楼、和面状的低层小街坊组合起来，结合环境设计，形成如画的空间精致，这种小区多数位于城郊，最关键的是，即使在城郊，小区通常也不封闭，面积稍大的小区中间就会开辟城市公共道路。

20世纪初期，结合当时流行的装饰派艺术和新艺术运动风格，荷兰形成了所谓阿姆斯特丹学派建筑风格，其特征是在保持原来砖砌建筑装饰简洁的同时，引入一些自然主义式的造型构件，同时进一步简化装饰，这种风格被使用在很多公共建筑上，在阿姆斯特丹也被使用在几个住宅小区中。

后现代主义时期，由于挖掘传统符号成风，使人们对传统的理解不断向

格罗宁根老城街坊中的单向车道。

189

左3图：荷兰的几处小区，同样具有街坊式的构图。

右图：荷兰还有一种特殊的水上街坊——水上浮屋。

荷兰一般的城镇面貌，老街坊、多层住宅、高层公寓混合。

深层次进展，人们对更"原型"的传统越来越迷恋，对于街坊，可以复兴，那当然也可以新建，在阿姆斯特丹大多数货运码头迁到城市北部较远的区域后，邻近城市的码头一部分成为专门的客运、观光船码头，一部分改造为住宅区，这些码头住宅区的平面模式与阿姆斯特丹的传统街坊类似，但建筑风格都是现代主义的，后现代主义和现代主义的这种良性互动，打造出了新街坊，这之后，新街坊成为欧洲最流行的新住宅发展模式。

上3图：阿姆斯特丹老码头区新建的街坊式住宅区，那里住户的交通工具很少是私家汽车，除了自行车，很多人家还有私家船。

右图：码头区新建的商务区，建筑体量比较大，但仍然维持着街坊意象，并着意体现街坊建筑的美感。

下2图：阿姆斯特丹老城边缘区的现代街坊建筑。

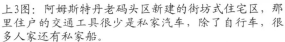

阿姆斯特丹郊区形成的现代商务区，虽然很新，但城市意象反而没有太多新意。

191

汉堡码头区

汉萨同盟的重要城市之一，德国最大港口城市汉堡邻近易北河入海口，城市之中和周边河道、湖面众多，自古是一座亲水城市，后来荷兰人为这里进一步注入了临水街坊模式，使城市更为多元。

历史上欧洲的人口流动一直很大，动乱时期更是如此，由于宗教和商业利益纷争，在西班牙统治下的荷兰，有大批新教徒逃难至汉堡，他们多居住在老城南部的易北河支流边，在这里从事工商业、运输业的同时，将荷兰式线状的运河结合码头的模式带进汉堡。19世纪末，这片区域被划为自由港保税区，人们在码头上用红砖在很短的时间内建起了面积尽量多的结合加工厂和仓库的建筑，虽然不是住宅，但这片建筑区的整体构造与阿姆斯特丹的街坊区很相近，这大约也是荷兰文脉在起作用。如今，这片习称"仓库城"的地方已经成为汉堡的著名观光区之一，从前的仓库建筑很多被改造成为公寓、艺术工作室、咖啡馆、餐厅、商店等，这里原来的免税商品，如咖啡、茶叶、烟草、香料、地毯等等成为如今汉堡的特色消费品。

汉堡与阿姆斯特丹的相似之处不仅如此，与前者一样，工业码头区不断搬到远离市区的地方，近市区的码头很多被改建为住宅区，在仓库城南面的几个码头，近年建起了一片极为精彩的街坊式住宅区，住宅楼的体量都不太大，全部是现代主义风格，因为采用了大量新技术、新材料，所以它们都属于所谓绿色建筑，同时又具有高科技派建筑的特点。虽然都是现

仓库城　　　　　新街坊

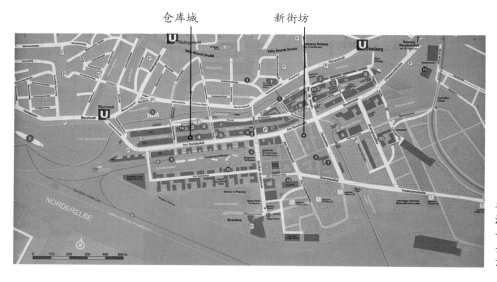

街头展示的汉堡仓库城一带的老码头区平面示意图。

192

左上3图：仓库城的建筑和构造，整体上与阿姆斯特丹的标准式街坊构造类似，只是原来纵向的两排背靠背的小楼变成了一座实体的大楼，为了尽量增加建筑面积，大楼纵向的一侧直接临水，只有一侧堤岸，这样反倒使仓库城的建筑在水陆两面都有直接出入口。横向的路间距也稍稍变大。

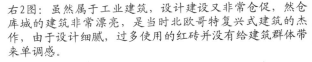

如今仓库城是汉堡的热门景点，图为一妇女旅游团在化妆导游的带领下步入仓库城。

右2图：虽然属于工业建筑，设计建设又非常仓促，然仓库城的建筑非常漂亮，是当时北欧哥特复兴式建筑的杰作，由于设计细腻，过多使用的红砖并没有给建筑群体带来单调感。

下3图：虽然仓库城的建筑外表都有许多小窗户，样子像住宅楼，这可能是其设计者想如此来延续汉堡街坊建筑的文脉，其实多数建筑内部是工业化的大空间，只有少量端头处的局部居住性的大楼内部有窄小的内庭。这些内庭通过廊道四通八达，有些像里昂的串廊。

左2图：仓库城的多向层下边有饮横双桥，横街开餐店等，强化了街坊气氛。桥为街坊的现在一些，

仓库城和新街坊住宅区相隔一条车道，新街坊利用这条车道将其自身的汽车引入平台下的半地下室中，这样新街坊内部基本上没有汽车。这样的弊端是新街坊面对这条车道的街道空间被牺牲了，不过，它通过将内部广大的水滨等空间尽量多地开放予公众加倍补偿了。

新码头街坊区与仓库城的形象对比，可谓相得益彰。

临水出挑巨大的建筑为水滨步行路盖上了顶棚。

直接连通公共空间的住宅楼出入口。

小台地上的住户专用空间。

代主义风格，但每栋建筑的具体造型都不一样，所以即使排列非常整齐，也绝不会有单调的问题，保留了街坊建筑的丰富性。而最可贵之处是，虽然改建成为了住宅区，但码头区仍然是开放的城市公共空间，美化后的堤岸、码头这些最好的亲水空间几乎都属于公众，很多人在那里聚会、闲聊、读书。同时，这里的住客一方面可以享受近水楼台的便利，另一方面有一些适度的私人空间，这主要是由堤岸的分层设计实现的，私人空间层比公众层高2米左右，然后住宅楼向水面大幅出挑，自身因此实现了亲水，公共空间也有了遮阳避雨的便利，公私空间之间也不会有令人不愉快的隔绝感。所以汉堡这个码头区新街坊不仅让人看到街坊空间创造美的持久能力，也让人慨叹街坊空间对城市空间气氛的控制能力，从而使城市文化、城市价值观保持健康。

　　汉堡虽然多水面，但水上交通远不能向阿姆斯特丹那样发挥对城市交通的作用，虽然汉堡的地面路网也非常密集，为此建有近2000座桥梁，但汉堡的城市交通还要靠地下交通来起关键作用，汉堡地下隧道的长度在全世界是有名的。

街坊与水岸空间之间丰富的变化。

社区幼儿园的活动场地就在街坊内的无车区，台阶是老师最好的课堂。

但有不愿意听讲的调皮分子跑到转弯的树池里撒尿。

街坊建筑的韵律。

区域端部少量的独立式建筑，可丰富空间景致。

柏林的新街块

　　"二战"时的空袭几乎把汉堡的老城夷平，战后重建时出现了太多平庸的现代建筑，使汉堡老城的魅力受到一定影响，柏林也是如此，好在汉堡和西柏林都保留了原有的街坊格局，东柏林则建起很多国际式的板楼，对原来的柏林街块格局形成了一些破坏，包括城市中心区域。

　　20世纪80年代，正是欧洲老城复兴的高潮期，建筑理论处在结构主义和解构主义的交替期，为了进一步使柏林街块焕发活力，西柏林借举办国际建筑展览的形式，邀请当时世界上一批最有名的建筑师提交街块住宅设计方案，罗伯特·克里尔、阿尔托·罗西、彼得·埃森曼等个人风格强烈的街坊住宅方案得以实施，在原来由各种古代风格和普通现代风格的建筑组成的柏林街块中插入这些个性化设计，确实使街块的视觉吸引力明显提升。

　　两德统一后，柏林作为新德国的首都，进行了大规模改扩建，东德时期兴建的一些国际式板楼被拆除，兴建街块式的新行政及商业建筑，包括波茨坦广场那种巨大的新商业中心，也严格按照街块轮廓设计，地块上原有的零散老房子，被精心保护在高楼大厦的间隙中。

柏林格兰特博物馆中展览的图片上显示"二战"后，德国妇女被组织起来捡碎砖头以备城市重建。

原东柏林政府纪念活动的会场，背景是国际式的公寓楼。

红绿色的建筑为西柏林国际建筑展览中阿尔托·罗西的街坊住宅设计作品。

街坊立面的新旧并置。

阿尔托·罗西设计的住宅的内天井，极度简单。

经过精心装修的老街坊建筑，整洁又充满细节。

柏林洪堡大学附近的一处新街坊式住宅区，每座住宅楼比一般的柏林街块中的建筑体量小，更接近于荷兰的体量。

左图中新街坊的背面。

上2图：柏林零星的新街坊式住宅。

柏林波茨坦广场的索尼中心内部，位于一个三角形街块的中部，几座大楼中间的空间被大顶棚覆盖，同时这些空间都是公共的，这种构造类似巴黎的春天百货大楼，来源于传统街坊建筑，只是规模更大，更通透。

波茨坦广场尖端街块的尖部建筑。

索尼中心中被保护起来的一座小型老建筑的内部。欧洲的古迹已经很多了，但他们还是在尽力保护一切美的东西。

上图：柏林一处普通的街坊，笔者曾经住过左侧小楼中的一间公寓，在寻找那间公寓的时候，街坊中的人都主动指路。虽然车道是石块路，但路上的汽车对建筑内人的影响很小。

右图为公寓楼的小后院。

"古城"纽约

纽约可能是世界上最大、最彻底的街坊城市，这与它只有400年的城市历史、城市的最初建设者是特别有街坊传统的荷兰人和英国人有很大关系，纽约的规划一直以画方格子为主，当时的目的主要是为了向商人出售土地时方便，让每一位购地商人都能建起自己的临街商铺，而格子多为方形只是为了在快速建设中利于保持必要的清晰性和节约建设成本、时间。在不长的城市历史中，纽约也出现了一系列城市病，而纽约的骄傲在于，经过采取一系列措施，在没有改变城市基本格局的前提下，纽约在为了扩大城市经济容量而变为一座高楼大厦的城市时，一方面城市能正常运转，另一方面城市的魅力与日俱增，而这种魅力有著名摩天大楼的帮助，但最根本的是，由于拆改程度被尽量降低，纽约的城市历史、文脉、发展历程都被记录下来，讲述着它生长过程的故事。今天的纽约是一座时尚之城，同时单就视觉感受而言，这座城市比许多有上千年历史的城市更显古老。

至今，在很多街区里，包括位于曼哈顿核心部位的一些街区，街坊建筑仍然是有百年历史的2～4层的小楼房，景致可以和波士顿的后湾区媲美。而更多的街坊建筑高大起来，为了使城市空间不至于因此变得太拥挤压迫，纽约城市管理部门不停地制定一些有针对性的、又现实可信的规范，如要求高楼从一定的高度处开始内缩，一个街坊中高楼的比例有若干限制等。

早年描绘华尔街的画作，左侧的美国国家纪念堂至今保持原貌，街里面的矮房子多变成高楼大厦，但街基本上还是原来的宽度。

纽约布鲁克林区的老街坊建筑，可以和波士顿的后湾区街坊媲美。

洛克菲勒中心的公众空间。

洛克菲勒中心的主体。　　　　　　　　　　中心轴线上的环境。

　　1929年世界经济大萧条时，洛克菲勒家族坚持投资完成了地跨好几个街坊的洛克菲勒中心项目，并开辟了一种新的都市建筑模式。虽然在第五大道至第七大道，以及47街至52街之间相邻的数块土地都属于洛克菲勒家族，但他们必须要按照即有街坊格局分布建筑，不能将任何城市道路切断，事实上，他们的规划还进一步细分了街坊，本来，第五大道和第六大道之间按城市规划不需要增加道路，而他们增加了一条，并使其直接连通城市道路，南起48街，北至51街。除了贡献了这部分公共空间，项目还在面第五大道的居中位置于一个街坊的地块上开辟了一条轴线，轴线上有水池，定期有花卉展览，轴线直至项目主楼前的一座下沉式广场，春夏秋3季，下沉式广场里遍布露天餐厅，冬季则是个溜冰场，这组"市民空间"和项目自己开辟的道路都是步行区域，项目亦不断加大在建筑内部开辟公共空间，连接各商业区域，在地下部分，也与地铁站连接，这种模式后来也被所谓的城市综合体纷纷效仿。由于组织得当，对于目前每天25万人的流量，洛克菲勒中心骄傲地宣称他们能应对自如。自建成以来，那组空间一直是纽约最受欢迎的城市公共空间之一，后来它备受后现代主义者的称道。建筑规划与街坊肌理完美结合也是洛克菲勒中心备受推崇的原因之一，项目没有建过大的建筑单体，而是将建筑面积分解到18栋楼宇中，同时，造型挺拔的主楼也有足够的标志性，建筑群体各单体楼宇风格一致，都是当时流行的装饰派艺术风格，但除了为强调轴线对称的两座楼完全一样，其余的每一座楼都有不同的造型，仿佛一般街坊那样由不同的建筑组成，人们明知这是一组建筑，又始终处在纽约街坊特有的氛围中。

在现代主义建筑风行时，纽约的郊区建起了不少国际式的小区，这些小区引起的治安等问题成为后现代主义者批评国际式的重要话题，一些小区因此被拆除。市区则雷打不动，建筑更新只能在街坊的框架下进行，往往被美国文化界视为庸俗、疯狂代表的纽约地产界明星式人物特朗普都明确地指出，他深深了解纽约的街坊传统，他发展的"纽约城"项目的地块虽然是连片的，可以建数座摩天大楼，但他特别要求建筑师不要把楼设计成一个模样，以显示它们都属于特朗普，而是让它们有不同的轮廓，以融入纽约的街坊景色中。

左下4图：对于中国现在的大城市来讲，纽约高楼大厦的数量已经不再惊人，超越它似乎指日可待。但好像很少有人蔑视纽约的城市美，挑剔它的城市运转效率，它的布局似乎再简单不过，多数建筑不仅不花哨，还和它的布局一样简单，但这座城市既异常丰富、又独一无二，还有最简明的认知地图。

20世纪90年代末的赫斯特大楼，还是一座6层高的工艺
美术运动风格的多层建筑。

现在的赫斯特大楼。

时代广场周边的街坊，灯红酒绿，反映
美国文化的另一面。

特朗普的"纽约城"项目。

从20世纪后期开始，纽约需要新建筑空间时，采用完全翻盖的方式越来越少，需要小空间时，可以在一座大楼中分隔，需要大空间时，可以把紧贴在一起的几座街坊建筑打通，尽量减少拆的工作，这样不仅环保，也能更多保留下城市的历史。近年纽约著名的新建筑有赫斯特大厦，它原来是一座6层高的工艺美术运动风格的大楼，建于1928年，21世纪初由诺曼·福斯特设计的新大楼方案是一座钢结构玻璃幕墙大楼叠加在原来的砖石大楼上，使建筑充满了文化韵味。大楼还是著名的绿色建筑，大厦钢材中80%使用的是回收钢材，并因为新型的结构设计而比常规结构节省20%的钢材；建筑的地下室有收集雨水的巨大水池，有多种循环水系统贯穿大楼以冷却空气，从而节省空调。当然，这座大楼"绿色"的第一步是不拆除老楼。

面对交通问题，纽约政府也想过在传统的街坊街区中兴建高架快速路，但遭到市民的普遍反对，最有名的事件是名著《美国大城市的死与生》的作者简·雅各布森带头的抵制行动。雅各布森迷恋邻里空间，认为保持这种空间是城市可持续发展的关键，而邻里空间主要靠街坊理念来营造和维持。

第三章　中国城市的问题与对策

　　要形容中国城市目前的状况，很多人会套用一句老话，即"万国建筑博览会"，有些人对此很不满，希望城市建筑要体现中国特色，待到很多建筑体现了，又说它们土气、官气。实际上，建筑风格如能体现出好的传统，那当然好，但不论它如何的影响到了城市文化，力度都不会是最大的，重要的是，它不会影响城市功能；而城市构造不仅会严重影响城市功能，最终还会在更深刻的层面影响城市文化，孰轻孰重，很容易分辨。

　　我们现在最大的问题就是容易避重就轻，建筑风格、城市构图、景观造型等被过分关注，但与城市功能最息息相关的城市最根本性的模式问题却少人问津。

　　街坊模式对于城市的重要不在于吸引游客，也不在于市民平日总能碰上街坊邻居，道上一声吃了吗，或今天天气不错之类的问候，它是现代城市内在逻辑性的根本。

上2图：西方城市的平面图形虽然有按巴洛克风格构图的传统，但只是他们的传统之一，但当西方建筑师在东方做城市的规划设计时，他们特别注意发挥他们的这一传统，原因主要是好推销，近年，迪拜将构图城市又演绎到一种全新程度，并对包括中国在内许多正在大举城市化的国家产生追随效应。

第一节　里坊城市与街坊城市的比较分析

如果我们认为目前的中国城市需要改进，甚至有一些很棘手的问题尚无解决的好办法，我们就需要进一步分析城市的本质。里坊城市和街坊城市有各自的优势、劣势，而对于现代城市而言，街坊城市优势更多，但街坊也不可能包治百病，街坊不是万能的，但可以说它目前仍然是现代城市的基本原型。

自从开始喜欢上琢磨城市问题，笔者先后注意到城市设计概念和城市形式概念，并在多年前分别写过书探讨这些问题。10年间，笔者才逐渐意识到自己原来对城市形式的理解非常肤浅，虽然长篇累牍地从古代柏拉图的"理型"写到现代荣格的"原型"，但现在看来，当时理解的城市形式离对思维更有启发意义的哲学中的"原型"还相差甚远，可以说当时只是认识到了城市的几种基本"构图"。按照哲学家们的说法，人类可能永远也找不到真正的"原型"，但可以经过努力，不断地接近"原型"。目前，笔者的认识水平是现代城市的"原型"应该是街坊模式，也许现在的真正学者，或是若干年后的笔者，都会认为这个认识也太肤浅，但笔者仍然认为，至少在目前，这个认识对解决中国城市目前的问题有巨大意义。

一、主要差异

里坊、街坊两种城市模式的历史成因和发展脉络我们已经讨论过了，下面的讨论我们主要从它们的现状出发，所以两种模式需要适当地根据现状再度界定，现在城市公共的机动车道路网之间的区域普遍大得不能使其包含的所有建筑都拥有面临公共的机动车道路网的出入口，必须另外开辟机动车道连接这些内部建筑，而这些内部道路不能被视为城市公共机动车道路网的一部分，普遍存在这种现象的城市就是里坊城市，不论是古城还是新城，不论是老城区还是新城区。其主要特征是城市的公共机动车道路网间距大，一般在300米以上，甚至达800米以上，普遍在500米左右；相应地，建筑群落的形式以封闭式的小区、大院为主，城市干道特别宽阔。

区别里坊城市和街坊城市，与城市的构图无关，在希波达莫斯开辟了街坊模式之后，世界其他地区的人根据自身的情况和喜好，逐渐丰富了街坊的图式，在方格网形之外，还有斜格网形、其他几何形乃至不规则形。形状如何不重要，关键是街坊的尺度要保证其中的绝大多数建筑单元直接面对城市公共机动车路，这样一般只能沿着每个路网之间区域的边缘盖房子，一圈房子中间内庭式的空间中一般没有独立建筑，同时一圈建筑之间的间距保持适度水平即可，如此，街坊的尺度就不会太大，一般多为方圆100米以内，有些长方形的街坊长边比较长，但一般也不会超过250米，街坊城市的公共机动车道路网因此就会非常密集。

上2图分别为北京、上海城市规划展览馆中两座城市模型的局部，大部分显示的是现状，也有些体现着未来的规划，除了CBD等少数区域，都是典型的里坊模式。

群己权界的差异

从秦始皇开始至清末，"普天之下莫非王土，率土之滨莫非王臣"这句话就成了中国历代帝王的口头禅，意思就是说虽然中国有一些具体的财产有具体的所有者，但所有财产归根到底是属于帝王的，特别是土地。

公元前841年，西周的周厉王胡作非为，国人通过暴动将其驱逐，国家由众多大臣共治，对此史称"共和"。1911年，最后一个专制王朝清王朝下台，中国开始了或许可以称为第二次共和的年代，而在此之前，为了避免下台，清王朝派了一些留学生去英国学习。留学生严复到英国的时候，英国功利主义哲学代表人物约翰·斯图亚特·穆勒刚刚去世，他的名著《论自由》正广为流传，严复个人很快意识到这本书中的思想是当时的中国最需要的思想之一，便着手翻译，将译本的书名定为《群己权界论》，或许，严复用这个书名就是为了针对中国人耳熟能详的那句帝王口头禅。

在基督教统治欧洲以后，欧洲人认为世间万物都是上帝创造的，理应属于上帝，世俗统治者没有这个权利，从国王到农民，就各自有自己的财产，虽然多寡悬殊，虽然农民经常被巧取豪夺，但财产观念如此，财产所有权的界限也越来越清楚。中世纪早期抢得法国诺曼底土地的诺曼人原来是抢劫成性的维京海盗，他们征服英国后，"征服者"威廉一世要搞一份土地财产普查册，好让征税依据准确，由于太较真，连英国人都无奈地称其为"末日审判书"，不过，这也进一步强化了英国人对财产分清群己权界的习惯，当威廉的后代约翰总是无故侵犯贵族和国民的财产后，贵族就造反逼着约翰签署了一份《大宪章》。

伦敦的唐宁街可能是英国少数几条被封闭起来的原城市公共街道，考虑到英国政府得罪人多，伦敦街上的人自由度太大，它封闭起来对城市交通的影响也不大，似乎可以理解。

英国剑桥城郊处交通主路边房子，由于面临主路，其私人区域在建筑门前有所延伸，并以矮花池、小铁门限定。

上2图：目前曼谷的里坊式区域交通主要靠间距约500米的干道，使干道基本上是双层的，有些还有人行的夹层，不乏很巧妙的设计，但仍然堵塞严重。

上2图：现在曼谷城郊的村落显然至少经过一次更新，这种更新很少是通过大资本成片开发一次性完成的，故村内街道狭窄但安静，断径绝路特别多，很多路与村外的城市干道就差10米，但就是不打通。近来这种情况有所改变，下图的那个路口在新版的曼谷地图上还是封闭的，但事实上打通了，使进出上图那座村落的汽车可以在城市干道上少转很多路。

而穆勒写他那部著作的目的是他认为当资产阶级、中产阶级成为社会主流后，要防止这些人操控的舆论和政府干涉个人权利，他认为"让人类按照他们自己认为好的方式生活，比强迫他们按别人认为好的方式生活，对人类更有益"。个人在自己的疆界内可以自由活动，只要他不对别人造成伤害。

这种理念对于当时的中国太超前了，不过人们也不难发现，一般的社会矛盾主要就是由群己权界不清晰产生的。

也许是巧合更可能是必然，群己权界观念越强烈、事实越清晰的城市就越倾向街坊模式。泰国曼谷原来是一座里坊城市，周边还有许多里坊式的乡村。近代以来，泰国王室为了避免自己的国家变成殖民地，拼命学习欧美式的管理，城市的商业中心区域首先街坊化。而当城市扩大至周边的乡村后，乡村土地的开发权益在泰王有现代意识之后属于村民了，村民为了肥水不流外人田就自己开发，也不让城市公共道路穿越自己的地盘，于是曼谷又变成了一座更大的里坊城市，故曼谷的堵车成名要比北京早很多。直到村民们意识到这样严防死守村界对自己一点好处也没有，自己守好自己的家界就能保护好自己的核心利益了，反之，城市拥堵对自己的核心利益反而有伤害，这时各村才纷纷将村内道路与城市道路网连接起来，公共车流进入自己的村子也利于村民做生意。曼谷的交通因此有所改善，但因为原来村落中的道路与城市路网之间没有任何整体考虑，有些村内道路还没有贯通，故改善尚比较有限，好在整体趋势已经向正确方向发展了。

将最普遍性的群己权界划在家界似乎是人类的自然选择，家庭内部的群己权界观念是近代以后才开始逐步被重视。古代欧洲的社会规模普遍比较小，像希波达莫斯所在的城邦米列都，人口只有几万人，有市民权的可能只有千余人，城市管理不需要太多层次，群己权界在家界对谁都轻松，希波达莫斯的街坊模式正是把群己权界划在了家界，后来的街坊模式也是如此，只是多在公寓楼中加了一道楼与外部空间的界限。这样界限相对明确，层次简捷，必然利于管理。而里坊城市多出了一道极重要的里坊界限，那么就必须要有一个专门机构来管理这条界限，以封闭式花园小区为例，小区内的产权据说在规定时间内属于小区居民，但治权要属于物业管理公司，虽然名义上后者的治权需要前者集体赋予，但程序繁琐，二者很难没有矛盾，事实上，小区土地的产权也不属于小区的各位业主，因为他们的土地证上不包括住宅单位之外的土地；而无论如何，小区内的空间不属于城市公共空间，城市越喧闹，仿佛小区内才越有闹中取静的优势。但是小区人最终不可能不像曼谷的村民那样感觉到，里坊界限在现代城市中很难守住。

从城市干道通向曼谷著名的汤普森博物馆的路只有一条死胡同，所以博物馆要安排电瓶车接送乘非私家车的观众出入那段死胡同。

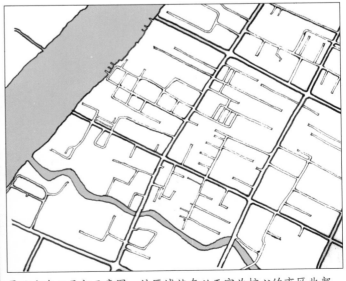

曼谷市中心局部示意图，该区域就在以王宫为核心的市区北部，约400米×600米的干道中间多是死胡同。

道路资源分布的差异产生的不同结果

从群己权界的角度看，里坊城市的街道可分为两种：公共街道和私家半私家街道，而街坊城市中绝大多数的街道都是公共的。

我们用两座汽车保有量一样、城市面积一样的里坊城市和街坊城市进行比较，在里坊城市中，虽然因为公共车道间隔大而使车道显得比较少，但为了容纳汽车，这些车道就需要比较宽，经验数据显示，里坊城市中公共车道占地率一般为20%以上，但这不包括各里坊内私人、半私人道路，而这些道路必须要有，否则大量建筑无法靠近，那么，城市车道的总占地率就还要再加上至少25%，总数至少达到45%，这还不算高架路面积。而在街坊城市中，虽然公共车道十分密集，但车道宽度可以非常适度，一般来讲，最终车道占地率在35%左右即可，同时城市就不再需要其他车道了，建筑一般都可通过公共车道抵达，高架路也很少。

上述比较显示，街坊城市在车道占地率比里坊城市节约10%的情况下，至少能达到里坊城市一样的交通效果，而事实上，往往效果更好，因为路网的密集均衡会使车流分散分解，相对不容易发生堵塞。根据有关统计，目前中国大城市的人口密度、汽车保有量多比纽约、巴黎、伦敦等城市为低，更比东京低，但在城市中有更多立交桥、高架桥的情况下，反而交通更堵塞；城市中还需要开辟更多的停车场，因为宽大车道的路边不宜停车，而里坊内的车道不能停外车，住宅小区在白天虽然车位空闲，但只能闲着。

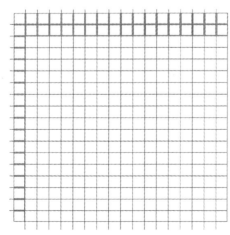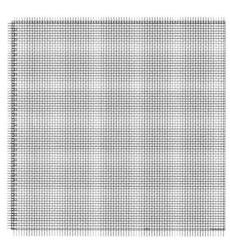

此2图分别在10公里见方的面积内，前者以500米×500米划分街块，后者以100米×100米划分，前者路宽60米，后者20米，故前者的道路占地面积约为20%，后者为30%，但因为500米见方的地块内部尚需要占地约25%的内部道路，结果是前者道路占地比后者多约15%。

分析图

空间的重复与紧凑

在小区型城市中我们经常能看到这样的情景，城市道路两侧的围墙内分别还有道路与其平行，不同的是公共道路上车水马龙，围墙内的小区内部路清静得荒凉，只有下班以后那里才停满了车。一天内的大部分时间里，城市中几乎所有的人流车流都集中在间隔500米以上的城市公共干道上，无法分流，堵车是必然的，而且路越加宽，堵得往往越厉害。如果人们把洪水都集中在有限的少数河道中，当水量超过河道的容量，洪水就会外溢，河堤就会决口，但道路上的汽车却没地方跑，只好乖乖地被堵着。

顾名思义，花园小区就要有花园，为了刺激购房者的购买欲望，通常小区的花园比小区的建筑还重要，它是商品房最好的包装，只是这个花园再好，也只有小区内的人享用，城市公园所需的空间一点儿也省不下来。

中国城市空间过于空旷，同时一部分地面又过于拥挤的现象有目共睹，因此在有国外学者提出紧凑型城市的理念后，国内很有反响。笔者觉得国外学者说的紧凑型城市就是街坊城市，因为他们举的紧凑型城市的案例几乎都是我们前面用来重点分析街坊城市规律的荷兰城市，特别是它们的老城。而紧凑型城市这个概念使用了形容词，如果也按照国外的一般标准，形容词是不能用来界定概念的，而街坊城市不仅更说明了紧凑型城市的本质，也提供了城市设计原则，准确界定了如何紧凑的问题。

苏州新区的某干道边某配套公建背后，此路应该是为后勤及消防要求所留，那道围墙后面肯定还有一条住宅小区内的路，两条路在白天都清净异常，而即使是空旷的新区，这座公建前面的停车场经常满位。如果小区不封闭，这两条路至少可以节约下一条。

巴塞罗那流浪者大街一带的一组商住楼，在中世纪老城边缘嵌入式地建造起来，建筑密度极大，但给人的感觉并不拥挤，原来老城的一条小路就解决了新建筑的通达问题，而且还为一座大教堂的钟楼制造了景框。

二、城市景象与城市文化

现在有一个现象很有趣，中国的不少官员和开发商一边热衷于请欧洲建筑师做设计，一边对欧洲建筑师的家乡嗤之以鼻，瞧不上阿姆斯特丹、伦敦等城市那副穷样，灰巴溜丘的，尽是小砖楼，路不仅窄还不直，伦敦的特拉法加广场是那样的小，新的金融城也不大，城市的一般街区根本没有绿化，几座大公园的景观工程也非常落后。然而与此同时，伦敦已经连续数年被确有很大公信力、不容易用钱收买的国际相关组织评为世界最有魅力的城市和最宜居的城市，众多名人已搬离美国赴伦敦定居。而中国人正在大批移民美国，全力争取早日实现通用汽车公司在数十年前为美国人描绘的那幅美国梦版本。那个版本在中国实现实在有困难，再怎么拆房征农地，中国也没有美国那么多建设用地。那么先退而求其次，国外那些度假酒店也不错，仿佛人间天堂，很多人梦想自己能够永远住在里面，那么，将住宅区打扮成度假酒店的模样，肯定能卖好价钱，事实果然如此。

现在中国的一些花园小区的景观及主要设施基本达到了国际五星级度假酒店的标准，但一旦小区的物业管理公司没有五星级酒店的管理公司勤快，花园小区与度假酒店的不同立刻就暴露出来；同时，人们也发现，那些大型的度假酒店，一旦客满，人间天堂的感觉就大打折扣。而这时再看小区外的城市，就会有更多的人感受到，其实伦敦不错。

苏州新区某楼盘的会所，完全是高档度假酒店的样子。

右2图：苏州新区的另一个大型楼盘，内部广阔的环境在居民们白天去上班了以后，显得空空荡荡。中国的城市需要计算，是否可以承担这样的空间成本。

英国皇家骑兵卫队每天的招摇过市是很受欢迎的一种城市节目，以"伦敦眼"那个大转轮为背景后可能更受一部分人欢迎，也可能有一些人觉得让这种马戏团的东西树在市中心，伦敦也太没有原来属于贵族的典雅气质了。总之，在"伦敦眼"出现后，世界上至少有上百座城市纷纷建起了自己的"眼"。

和"伦敦眼"比，诺丁山狂欢节就更谈不上"典雅"了，但喜欢这样的人很多，它似乎是大俗大雅的形式。大城市就应该多元，大家各取所需。

英国王室和政府建筑的华丽性是无法和法国的相比的。

从国会大厦前可见的大片新公寓楼，伦敦的房价现在也是一个争议话题。

上2图：2013年8月伦敦桥和伦敦塔一带的俯瞰景象，给人最大的感觉还是英国式的保守。继续延续着伦敦新旧混杂的面貌，其实，这种面貌

伦敦的一处普通街坊空间，像北京大院的内部，但这里不仅是公共空间，还可以行车。

伦敦街坊间的公共绿地，与建筑无缝衔接。简朴但舒适，更适合人在其中活动。

伦敦圣保罗大教堂一带复杂的跨泰晤士河步行系统。

泰晤士河老码头区一带的改造是街坊空间应用的典范，原来的运河中现在还有船屋人家，船顶是他们的露台，河边新老建筑杂陈，车行道与步行道分离，便产生出小桥、流水、人家的画面，非常感人，虽然绿化不多，但空间给人的感觉非常绿色。

视觉效果的差异

首先从鸟瞰的角度整体看里坊城市和街坊城市，二者的最大差别一是可见路网的密度明显不同，尽管里坊城市的路可能更多，但里坊内的路通常无法分辨；二是建筑布局体现出不同的规律性，前者的规律性主要表现在独立式建筑多，建筑多朝南，这一点使建筑多不理会街道走向而各自按南北向坐落，后者的建筑多沿街边相接地连续布局，整体形成各种有中空的框形。

在整齐性方面，两种城市各有侧重，里坊城市中的每个里坊的建筑风格通常是统一的，随着里坊规模的越来越大，往往出现几十座几乎一模一样的大楼集中在一起，似乎很整齐壮观。然前日有新闻，南京市某小区有91座外形基本相同的住宅楼，一法国人在那里租了房，当时肯定有人领着

上2图分别为大平原上的北京和山地上的重庆这两座大城市的局部俯瞰情景，总体上，他们与下图所示的欧洲形式比较多样的大城市柏林相比，确实会给人完全不同的印象，空间、造型感觉各有特点，每个人有权坚持自己的偏爱，关键在城市功能的取舍上。如果综合采用柏林多样化的街坊形式，又要务必保持中国城市现在雄伟、整齐的样子，事实上也是完全可以做到的。在北京和重庆之间，地理条件显然是山地重庆差于平原北京，然而正是因为山地限制，使重庆必须开辟许多很窄的山路，无形中使重庆的城市路网相对于建筑区有更大的密度，故重庆的交通状况反而比大多数平原城市要好一点儿。

上2图：东欧由于地广人稀，其城市用地往往比较粗放，但除了城市广场，如左图所示的前苏联那些办公大楼周边也就是如此尺度，而且多处在街坊格局中。而右图所示的河南洛阳市内一所大学门前，竟能如此空旷，大院内也是空旷得一眼望不到边，而中国大学学生宿舍内的普遍拥挤程度则非常少见。

下2图分别为巴黎繁忙而有序的街坊街道和中国清静的小区内道路的对比，中国要想提高城市土地使用效率，就需要将现在这种小区内道路改为城市的街坊式道路。

他，然后，他没注意观察环境，牢记楼号就独自外出，回来时找不到家了，最终在警方协助下好不容易才解决问题；而在街坊城市中，一模一样的楼很少有3座以上的，包括连在一起的开间很小的小楼，虽然它们的样子可能大同小异，但在颜色上、细节上，总有可供识别的差异。

再看城市内部，街坊城市的道路等级不明显，密集的公共道路沿线多是连续的建筑立面，其底层多是各种小商店，比较宽阔的人行道上行人较多，包括在所有的非商业区，沿街围墙很少，几乎所有建筑都直接与公共街道相通；里坊城市的大道特别突出，大道边集中重要建筑，除了商业建筑一般靠路布局，行政、居住建筑多半是大院型的，故道路边围墙特别多，建筑多退缩在围墙里面，虽然人行道有宽阔之处，但人肯定没有兴致长时间沿围墙走路，所以在商业区之外，路上行人较少。两种城市的街景因此有很大不同，街坊城市的很多街道空间就如同没有屋顶的大建筑走廊，尺度比较保守，但亲切，建筑与街道互动紧密，街景质量也比较平均；里坊城市的街景质量差异巨大，好的如花园大道，差的就只有通行意义。

美学与价值观

美的标准是最不容易界定的，两种风格的城市景象，各人有各人的偏向，喜欢宏伟、整齐、统一的人容易喜欢里坊城市，喜欢个性化、多元、平易的人容易喜欢街坊城市。

一般来讲，街坊城市都比较早地将土地分块卖给了私人或公司，那时单一资本的规模都比较小，别说不会有一个大资本集团独自开发几个街坊，一般一个资本连一个街坊都不能独立开发，只能开发一个街坊中的一部分。大多数情况下，小土地开发者有按照自己喜好设计房子的权利，只要不违法，所以街坊建筑的风格一般不会是统一的。

由于越是市中心土地越贵，故市中心的私人地块面积会更小。后来大资本集团越来越多，他们有能力购买、开发大片土地，但土地已经分散了，要想合并一些私人小块土地建造大型建筑，就需要耐心的商业谈判，协议并不容易达成。纽约一批早期的大型摩天楼都是在远离当时的市中心华尔街的曼哈顿中城区建的，那里的土地划分得没有那么碎，即使这样，像克莱斯勒大厦、帝国大厦这些著名摩天楼也只是占有半个街坊。

曼哈顿的街坊地块呈现着不同的开发力度。

上图：比利时安特卫普的一景，一栋极窄的街坊建筑两侧的房子都更新成为现代风格了，让它孤独地保留着历史。

德国法兰克福的一组规模不大的住宅楼，也在注意适度变化以适宜街坊的尺度。

郑州市郑东新城一角，典型的小区式城区，但不算最"整齐"的，建筑的设计不错，但太多的一致性还是让人略觉枯燥。另外就是有空城的危险，不过只要再拆房，就有希望。

上海市中心残留的一些老街坊，如今快变成贫民区了，尽管房子挺漂亮，但里面的居民无暇欣赏，都想尽快致富后，搬到后面那种玻璃大楼里。

如果小块土地的所有者坚持独自开发自己的地块，便会出现一些很细高的楼，在欧美，这种楼往往被夹在连续的街坊建筑之间，不太显眼，很多时候它们似乎是沿街建筑立面的一种变化。在香港，则诞生出"牙签楼"这种特色建筑。对此，有人欣赏，觉得城市因此而丰富多彩，处处能予人惊喜，也更有生活气息，那是城市真实性的反映；也有人觉得那样很乱，为了城市的整洁，政府应该有权力强行合并土地，然后将大片土地统一交给大资本集团"成片开发"，这样，显然里坊模式更会受到青睐。

街坊城市中显然也存在大资本集团，但它们会受到比较多的约束，即使资本有能力"成片开发"，资本也要服从城市构造，而不是城市构造因资本而随意改变，就像洛克菲勒、特朗普在纽约搞开发时，跨越原有街块的项目必须继续受街块格局的限制，而不能让一个资本的项目自成一个封闭体。

就如同喜欢整洁的人往往不愿容忍街坊城市的多变、个人主义一样，喜欢多元、开放的人也不愿容忍里坊城市的封闭型和垄断性，他们会问，到底是房主们按照自己的意愿设计自己的房子是个人主义，还是房地产公司的老板或某城市官员按照自己的意愿确定城市所有人的房子样式是个人主义。在中国，后一种人目前最恼火的是在城市中，他们没有为自己建住宅的权利，只能在开发商那里高价买，自己的设计权利只能限于室内。他们认为这样会压抑他们的创造能力，而他们的城市中却有足够多的创意产业基地。

三、里坊的魅力和问题

就历史中城市生成的目的而言，里坊城市偏重行政的权威和管治的方便，街坊城市偏重商业的便利和土地价值。如果只为了商业便利和土地价值，中国的大城市不会在意城市构造问题，里坊城市怎么了，因为行政资源都在大城市，中国商业活动的主流部分离不开行政资源，所以大城市怎么样都会繁荣，土地都会升值，现实不是如此吗？但是汽车出现了，如果没有汽车，里坊城市会一直自得其乐下去，轿车的前身轿子实在不符合时间就是金钱的原则。

在城市美方面，自浪漫主义以后，里坊城市就不会再有受歧视的问题，人们愈加承认，里坊城市最大的优势之一就是它制造出了最多至今仍最为人们喜爱的空间，欧洲、中东、西亚、南亚的中世纪城市如此，中国的古代城市也是如此，而如北京这种巨城，实际上除了有里坊城市的美，还有类似于巴洛克式城市的美，其壮观的中轴线，整体的城市图形，使世界许多学者对它不吝溢美之词。

除了美，在消除了里坊制度之后，里坊城市的空间还有内部安静、安全，人情味儿足，生活丰富等优点。即使在汽车普及之后，一部分大院、小区内部的这些优点仍然能部分维持，而另外一些小区、大院因为各自的原因失去了这些优点，人们往往把责任归为全社会原因或个别原因，比如物业管理公司监守自盗了、个别人素质差了等，当然还有汽车实在太多了。进一步，人们不难看到，仍然能维持优点的小区、大院越来越少，最后只能限于一些极为昂贵的、位置偏僻的、能享受到某种特权的个例，因为在整个城市运转不灵时，私人空间很难维持原有品质，这倒有些与电视报纸上常说的一种话——"没有大家哪有小家"有些相通性。

外国人喜欢北京的胡同和老院子，于是北京开发出了不少此类场所，包括南锣鼓巷。为了生意，原来的里坊空间在尽量开放。

与南锣鼓巷相邻的菊儿胡同是吴良镛先生设计的带有一些街坊性质、又保留了一些胡同空间传统的住宅区，现在里面各种后续的封闭措施太多了，人们在拼命把它变成纯里坊。

上2图：希腊爱琴海帕特莫斯岛上的斯卡拉小镇中一座教堂的正面和侧后。围绕着这座小教堂，有连续的美丽街景，让人叹息个人化的现代设计对营造这类景致的无能为力。

左下2图：法国布卢瓦古城中最古老片区的入口和通向一座老教堂的小街，令人凝视，也令人流连忘返。

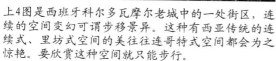

上4图是西班牙科尔多瓦摩尔老城中的一处街区，连续的空间变幻可谓步移景异。这种有西亚传统的连续式、里坊式空间的美往往连哥特式空间都会为之惊艳。要欣赏这种空间就只能步行。

此4图为意大利比萨老城边缘处一段有些街坊化的街区，连续3座过街楼将几座教堂、宫殿建筑连在一起，结合塔楼和建筑墙面上的砖拱，形成一个连续的美妙空间。过街楼这种构造在里坊城市中也常见，坊门通常就是一座过街楼，它用于加强里坊空间的封闭性和防御性。在街坊城市中，过街楼继续吃香，而这时它的作用变为保留城市公共道路的一种方式。

上4图为著名的刘文彩大院所在的四川安仁镇的一条经过修整的老街。中国西南的中小型城镇有相对街坊化的传统，里坊式的大院与有些街坊化的街道结合，往往能形成很不错的空间景致和功能的适用性。此条街算是刘文彩打基础，现代开发商二次包装的作品，比较成功。当年刘文彩的开发模式也是先建好近代化的商业街，然后把原来简陋的市场拆了，让商户搬家。

都是汽车惹的事

当年，为乾隆皇帝祝寿的英国马格尔尼使团的人在中国的道路上看到只有笨重的木轮马车，他们欣喜若狂，因为那时英国已经有由金属车轮制造的轻便马车，他们掰着手指头计算能在中国贩卖出多少辆新马车，能赚多少钱，马上要发财的欣喜让他们睡不着觉，结果空欢喜一场。恼羞成怒后，他们又掰着手指头计算，这回计算的是打败中国需要多少战舰和兵力，结论仍然乐观：3艘大战舰加1万名士兵。这回没白算，也算对了，50年后，大英打败大清，外国的工业制品开始涌入中国。但直至20世纪末，汽车对大多数中国家庭还是太贵了，中国人首先要买房子，城市便按照原来的里坊模式快速扩张，房地产能创造财富，更能使土地升值，土地升值了政府就有理由发行更多的货币，而与此同时汽车还在大幅降价，这使小汽车终于进入了寻常百姓家，而在这时，大家发现汽车在城市中越来越开不动了。

城市变得越来越不令人愉快，乡下也不容易找到干净地方，很多人移民，他们到国外发现，那些中国移民首选地很少有国内那样的封闭式小区，市区里更是非常少，回家时不再有门卫给咱敬礼，自家大门外就是城市道路，好在那里入户抢劫、偷窃的事件不多，家门口的环境卫生也能保持，还不用担心物业管理公司撂挑子。

和简·雅各布森在美国的情况一样，近年思考中国城市问题并更接近问题核心的人多是非规划设计专业人士，很多人认为，中国城市中的大马路修得越宽，交通堵塞往往越严重，不如加密路网，个别城市的规划部门在制定一些新城区的路网间距时，也将原来的500米左右，缩小到300米左右，但这些都是尝试，没有形成普遍意识。同时，这样也带来一些问题，中国现在的用地单位、房地产开发企业都是大公司，他们需要大地块，你把地块分小了，他们一个项目就需要几个地块，然后想各种办法将他们地块之间规划的公共道路变成项目内的半私有道路。几个地块内的建筑形式都一样，这样才更有产品标志性，他们根本不会去想特朗普想的那些事，那家伙因为次贷危机快破产了，而中国的房地产商们还在大干快上。

左图：2010年欧元区债务危机之后，欧洲人首先削减的消费就在艺术文化类上，首先这是世界性总趋势，其次欧洲人原来在这方面有些过剩，再次是从中也反映出欧洲的整体衰退，特别是意志的衰退，他们已经不得不向骑马舞、动漫低头。图为2012年布鲁塞尔大广场背后的文化品商店区，非常萧条，很多商店关闭，离街面深一点的商店更容易关闭，它们不久可能将转型为其他类型的商业区，好在这种街坊商店模式比较容易转型。

右图：中国商业持续繁荣，在大商场规模还不太大的前几年，产生出一批很好的商业性街坊区，如图示的经过改造的上海传统商业区。而近年来，商场的规模越来越大，也有越来越多的大商场长期空置，因为这些庞然大物想转型并非易事，也因为它们是庞然大物，所以轻易也没人敢冒发生危机的风险去清理它们。

商业城市的趋势和规律

重农抑商是秦政的精髓之一，亦为后世尊儒各朝继承，但秦后的中国城市中还是有了越来越多的商业因素，汉唐长安城内均有市场，为市民和丝绸之路上的客商服务。但商业集团自身和民间是没有权力自建城市的，在中国建城必须是中央政府批准，地方政府实施，建城的需求主要是要加强某区域的治理和防卫。然而，北宋以后，即使是突出军事的里坊城市，商业内容也越来越多。

在现代社会中，即使是突出行政元素的城市，商业对城市的意义也不可避免地越来越重要，对任何城市来讲，商业利益都是多多益善。而里坊城市在沿街商铺的数量方面肯定比街坊城市少得多，因为里坊城市中主街少，里坊内的小街不适合开商铺。当然，里坊城市可以通过多开辟集中式的大商场来增加商业面积，但商业圈的形成往往会出乎规划的意料。

类似"无形之手"的现象，城市中的很多商业区由市场自然选择形成，在这方面，所谓筑巢引凤的成功率往往不高，人们可以在里坊城市中看到许多大商场空置，说明"凤凰"会挑三拣四。街坊城市的商铺也会有空置问题，但比较容易转型，除非城市经济衰落，其空置的时间会比较短。另外，均衡分布的沿街商铺的便利性大大高于集中式商场，也利于营造友善的邻里气氛。

四、街坊城市的缺点、局限性和生命力

我们前面所分析的街坊城市在道路总占地率比里坊城市节省至少10%的情况下，反而能获得更好的交通效果的结果是街坊城市的优势中最有客观性的一个。我们觉得，仅凭这一点，街坊模式就应该在中国推广了。但肯定有人认为，用牺牲人民群众居住质量的代价省那么一点儿土地不值得，在街坊城市，老人、儿童一出家门就是城市汽车道，没有花园、大院缓冲，非常危险；几乎每家每户都能听到汽车噪声，多数街坊城市中有大量东西向的房子，很多房子有狭窄的天井，肯定会令这些房子中的人不愉快，至于交通问题，可以通过多修地铁等方式解决，不一定非要依靠街坊模式。

的确，街坊模式有自身的问题，远非十全十美，街坊模式也不可能解决所有城市问题。我们只是认为，在面对现代社会时，街坊模式显然有更多的优点，它可以吸收里坊模式的优点，反之却很难，就算多修地铁能有效解决交通问题，多修地下停车场可以节省土地，但这些在街坊城市中一样可以做，地面汽车少了街坊城市里一样安静，然而，人肯定不愿意像鼹鼠一样整天在地下活动，地下空间的数量也总是有局限，就算我们能源源不断地投资，能轻松应对地铁普遍存在的巨额营运亏损问题。

的确，在街坊城市生活需要更多的自我约束和理性，轻易不能大声喧哗，不能过分靠近别人家的门窗向内张望，需要有平等待人的心理等，然而，如果能够通过这些约束使市民普遍有更好的习惯，难道不是难得的好事？街坊模式也不会自动地解决城市交通问题，需要有系统化管理与其配合。

在香港的商务性街坊区，一些不影响车流交通的街道会成为区域后勤性的餐饮街，环境恶劣，但这些街道有悠久历史，多早于周边现有物业即形成，所以周边居民有思想准备，也无可奈何。

巴黎普遍性的街坊式住宅，内部天井就是这副样子，对于住在花园小区中的中国人可能难以接受，但这种天井平衡出了巴黎整体的城市质量，特别是街道质量。这种天井的形成也有历史原因，巴黎的新街坊建筑内部空间会好一些。

左上图：规划师、建筑师应该有社会责任感，在希波达莫斯的时代，希腊城邦中的"白痴"一词就是指不关心城邦事物的市民；但他们也必须清醒，空间对社会的影响作用是很有限的，不是城市一旦街坊化，城市的问题就都解决了，乃至很多社会问题也会解决。我们相信，当年低地国家的城市首先街坊化，同时这些城市中产生了新的市民文化、城市经济、城市新风气不是偶然的，但人性的贪婪也不会因此而改变，如图所示，现在阿姆斯特丹的街上以郁金香花店为一种特色，而当年的"郁金香泡沫"让现代人仍记忆犹新。当经济发展到一定程度后，荷兰的资本不思经济转型，却纷纷撤出荷兰到世界各地投机，国内剩下的多是无力外出的穷人，荷兰人也没有"富贵不归故乡，如锦衣而夜行"的传统，最终使荷兰衰落。现在，这个曾经处处开欧洲风气之先的国家也只能是欧洲的一个小国，好在它重新力争成为开风气之先者，并成为很多城市学者取经的地方。

右上图：在魏玛共和国时期，虽然如柏林6小区那样的低价住宅中洋溢着街坊化的气息，但当时的魏玛政府面对恶性通货膨胀无动于衷，继续大印纸币，然后睁眼说瞎话式地告诉薪水、储蓄成为废纸，已经开始挨饿的德国人民，他们承受的这一切都与印钞票无关，华尔街资本也趁机吸血，最后导致纳粹上台。

然而不论如何，城市街坊化毕竟是有很多好处的，不想引入街坊模式的人可能还会以中国人素质低为借口。首先需要指出的是，在目前的街坊城市中，几乎没有官员和社会名人敢公然说自己普遍性的同胞素质低；其次，在成熟的街坊城市中仍然有不少素质确实低的人，图为柏林的警察正在给违规停车的人开罚单。

成熟的街坊城市中一样有停车困难的问题，所以欧洲人尽量买微型汽车，也不能太在乎车前后被顶出瘪子。欧洲的停车场也有脏乱问题，但在欧洲开小车，一般不会被豪车欺负。

虽然说在伦敦的泰晤士河里看到漂浮垃圾的机会不多，但有还是有的。

街坊的现实

前些年，为了维护居住区内的安静，中国政府曾经出台过规定，住宅小区内部的居住用房不能作为商业、办公使用。同时，为了弥补商铺数量的不足，也为了有些人心目中的城市繁华景象和沿街立面美观，规划不仅要求几乎所有的住宅小区要建沿街商铺，而且商铺至少要建成2层楼，逐渐使商铺相对过剩，特别是二三层商铺。而与此同时，有大量投资者在住宅小区内、包括一些比较高档的小区里购买底层的单位作各种商业使用，开超市、美发厅、快餐店等，不久，其顾客群就扩大到小区住户以外的人员，小区内的私密性、安静整洁性慢慢被蚕食，里坊实际上变成了街坊。

长时间以来，商铺价格较贵，即使后来比住宅价格的上涨速度慢，甚至低于相邻的住宅价格，但因为其使用权限只有50年等不利因素，很多人还是喜欢买住宅，使物业更有灵活性。在美丽的花园小区因此脏乱之后，很多居民有怨言。显然是为了维护房地产的价格，保护"刚需"，各种管理部门对此不闻不问，后来干脆把住宅不能用于商业的规定废除了，而居民因此也得到一些方便，所以小区变街坊的趋势就在慢慢继续，但这种变化不会改变城市的里坊式交通的格局。

现在，一些老城市中的老居住区，由于道路拓宽，很多原来在围墙里的住宅楼就直接临街了，这些楼的一层单位不会放过这一商机，不能开门就开窗，便形成了一种特殊的街坊景象。许多一楼居民将自己的房子租给商业机构，自己租楼上的房子住，还能赚差价，这充分表现出了街坊空间的商业魅力。

天津某封闭小区内的公寓楼中有大量商店，所以小区不可能不让外部车辆进入，好在入住率还比较低，正常以后，那道围墙实在没有存在的必要。

一座"贵族"幼儿园位于天津一个小区内的最深处，里面的"贵族"子弟多数不是小区居民，放学时，外部车辆就会挤满小区内部的道路。

中国现有的街坊区域

近代以来，中国饱受侵略，一些城市曾经全部或局部地成为当时列强们的殖民地，这些城市便曾经由欧美日的规划师规划设计，包括日本人在内，他们规划这些城市的时候都采用了街坊模式。至今，这些城市都还或多或少地保留着一些街坊式街区，一些街坊成为这些城市中的文化街区或最抢手的房产。除了我们前面提过的澳门和香港，从北至南，这些城市大致还有哈尔滨、长春、大连、天津、青岛、上海、宁波、台北等。

作为伪满洲国的新京，日本人对长春市的规划比较完整，其总体架构似乎综合了罗马和华盛顿的形式，3条放射线出火车站出发后，在一些区域中进一步形成放射形广场，这种大框架之间是格网形的街坊，有长方形的，也有不规则形的，尺度一般在250米×120米左右。火车站一带的街坊最为典型，虽然因年久失修使这片街区的面貌很破烂，但其密集的街道有效容纳了火车站周边复杂的车流和商业内容，使干道的交通和面貌得以维持。这片街区的建筑一旦经过认真维修，将成为很适用的街坊。然而，虽然此地不是长春市近年城市改造的重要区域，但火车站周边的商业价值仍然引起一些改造动作，如长江路商业街项目等，因地跨两个街坊，便将原来一条南北向的城市道路覆盖、切断了公共车流，这与纽约、莱比锡等地对城市道路的尊重形成鲜明对比。

抗日战争时期，日本人还在北京西郊设计过一座"新市街"，就是一片新区，用以安置在北京的日本人，实际建造活动还没有来得及大规模实施，日本就战败了。1949年以后，梁思成先生反对新的国家行政中心进入北京老

虚线为疑似被切断的原有道路

长春城市平面示意图。

此2图为青岛八大关片区的建筑和街道，其问题在于建筑密度非常低，沿街以围墙为主。

上2图为天津五大道和老中心花园一带的街区，街道和建筑的配置更加紧密，只是目前的建筑仍然主要为行政用途，故沿街势必以高围墙为主，没有能实现更好的空间效果。

左图：由原来的意大利租借区的残留部分改造的天津意式风情区，由于建筑都是商业用途了，故有更好的街道风情。

右图：天津原英法租界区内的金融街目前的情景，老建筑中开辟出了一些有趣的博物馆，但由于停车场问题未解决，所以文化效果尚不明显。

城，曾经提出利用日本人的那个规划，那个规划是更加规则的方格网形的街坊构造，但这一建议没有被采纳，主要原因似乎不是那规划是侵略者做的，因为不论是当时还是长期以来，侵略者设计建造的房子只要是好用的，都在被正常使用，拆侵略者、殖民者的房子，洗刷民族耻辱，多是有人想拆房时需要的口号。

目前，国内各城市已经普遍具有了近代建筑也是有文化价值的历史建筑的意识，但珍惜程度还是不够，一旦老房子维修麻烦，或它们所处的土地诱人，便起拆心，这些建筑一旦被拆，其所在的街坊格局往往也被逐步打破。

现存比较好的街坊区有天津的"五大道"和青岛的"八大关"等，主要因为它们一直维持着高档别墅区、机关区的地位，相应地一直得到比较好的保护，使它们在今天还拥有类似后湾区在波士顿的地位。人们并没有意识到对现代中国人进行街坊模式提示应该是它们最宝贵的价值，但人们普遍认为，它们那种街道环境很舒适。

其实，哈尔滨、大连以及天津、青岛、上海等城市的其他街坊区本来也都有着精致的构造和鲜明的风格，只是因为这些房产成为大杂院、大杂楼后，居民自己无力无心维修，房管局的维修原来只限于修修补补，近来可能增加了外立面"美化"，使这些街坊持续破败，居住环境欠佳，遭人嫌弃，它们包含的街坊意识更不会受到重视。

笔者几年前在观察香港这座拥挤得出名的城市时，也没有意识到它能实现比较好的环境和交通，与它中心区的街坊构造有很大关系，只注意到其空间的集约性，反而认为是山海地势造成香港主要的城市构造呈组团式而使其道路网构造清晰才获得了好效果。实际上，港岛和九龙核心区密集均衡的路网有效地吸纳了庞大的车流，特别是香港那种体型巨大，载客量巨大的双层巴士，虽然当它们进入街坊区不宽的马路时仿佛要把马路塞满，但它们可以在这些马路上快速穿梭，也可以在其中安排极多的公交车线路。

原香港特区行政长官曾荫权曾经向内地推销香港城市经验，他指出香港是高密度城市，人口和商业活动都非常集中，这种发展模式可以减低基础设施的投放，有利商

上2图：大连火车站的侧后面遗留有一片别墅式的街坊，建筑和街道都很有特点，但长时间成为待拆迁区，甚为可惜。

左图：哈尔滨的一片俄式老街坊，在逐步被整修成为文化产业场所。

右图：香港的港岛和九龙中心区的建筑在不断加高，但格局始终维持着街坊形式，同时也有在不断突出主干道的倾向，即使如此，港岛的主路上依然保持着有轨电车，骑自行车的人也越来越多。

左图：天津经济技术开发区中心商务区的街坊构造。右图：由于欧美规划师对中国汽车数量增长速度的估计不足，和整体性交通问题，使中心商务区的车流越来越缓慢，图中的广场现在也变成了地下停车场。

上海外滩附近的老街坊区，房子其实很漂亮，空间也舒适，但很少有人去欣赏那里的城市美，人们都站在黄浦江边对着浦东兴奋。

左2图：安亭新镇外部的大马路和内部的街坊，可以说这是一个里坊、街坊综合的项目。

业交往，增加商业活动的效率，内地城镇化可以借鉴香港的城市发展经验。对于一个700万人生活在1100多平方公里的地方，香港的交通成本只占GDP的5%。

近年在邀请国际公司做中国新城镇规划的热潮中，国际公司自然会将街坊模式再次带入中国，虽然多数后来被改得面目全非，但也有少数得以实施，如原天津经济技术开发区中心商务区的规划，细小的街块，宽度适宜的街道，首先使城市景象清新，空间气氛友善，而不是一副炫耀又拒人千里之外的貌相，但可惜区域太小，周边全是里坊型区域，使其无法均衡布局交通。

上海大众汽车公司所在的安亭镇由德国公司设计了一个新区，当时的规划重点就是要引入魏玛小城式的街坊构造，新镇区内部基本保持了街坊空间特点，但镇区不大，环镇区又被一圈宽阔的大马路围裹，使街坊式的新镇区活像是现代欧洲城市中被由拆老城墙变成的环路围绕的中世纪城区。

街坊的灵活性和可塑性

除了节省道路面积和均衡交通等关键优势，灵活性和可塑性也是街坊模式的关键性优势，其主要由街道密集、建筑可个体化改造来实现。

街道密集使对交通管理方案的设计具有更大的灵活性，也可以根据环境的变化，适度地将一些街道变为步行街，避免需要步行街时引发大规模拆改。通过一定的交通安排，街坊城市的街道不一定都要作为车道，如巴塞罗那新城，著名建筑圣家族教堂和西班牙广场附近游人众多，需要提供更多的室外就餐和休闲空间，这种功能是城市最初规划时不会预想到的，而由于周边街坊区道路密集，更有有时会给车流交通添乱的斜格网形街坊，正好将其中街道变为步行街，在解决城市功能的同时，也使城市气氛更加活跃。

虽然说中世纪古城中里坊式的街景备受推崇，但街坊城市一样能打造出一流的空间、街景，如果说在街坊城市中局部开辟里坊式的步行街不能被视为街坊城市的优势，那么斜格网形的街坊也可以打造出类似中世纪的

此3图：巴塞罗那西班牙广场西北面街坊中的一条街，至少在每星期中的若干天会成为市场，市民届时可以品尝加泰罗尼亚乡间的美食，还可以和乡下的毛驴交流一下。

上图：从圣家族教堂向北至巴塞罗那另一位著名建筑师路易·多米尼克·蒙塔内尔设计的新圣十字圣保罗医院的路是一条方格网中的45°斜路，这条路的大部分被设为步行路，沿路有许多城市艺术品。那座医院也是一处世界文化遗产。

空间、街景，街坊的街道也可以有局部曲线形的。斜格网形街坊的弊端是非南北向的建筑过多，不符合中国人的习惯，欲使街坊城市中绝大多数建筑仍然保持南北向，可以采用类似曼哈顿街坊的模式，长方形的街坊东西向特别长，南北向尽量短，这样就能解决这个问题。同时可能带来的问题是方格网形的街坊空间和街景比较呆板，这一方面可以通过建筑造型解决，另一方面可以在街坊中的街道边开辟一些小空间，只要设计得当，同样可以产生一流的景象。

一座城市、一个国家要想"绿色"，没完没了地建了拆、拆了建肯定是不行的，建筑工地不仅产生PM25，恐怕也会产生PM2.5。没完没了的拆房最大的问题还是城市历史信息的损失及民间矛盾的积累。实际上，如果不是对拆房上瘾，对大资本情有独钟，里坊模式也不一定非要"成片开发"，不过里坊模式与成片开发显然更配套，在没有街坊城市意识的人群中，如果有能力的话，房地产开发、至少是住宅区开发似乎就应该是"成片开发"，否则小区怎么完整。

对于改造里坊来讲，局部改造可能确实存在问题，因为在里坊中，道路、各类管网公私分界不清，局部改造如果需要破坏不改造部分的交通、水电等，便行不通。所以，如果大家真希望以后尽量少拆房，那么实在应该尽快用街坊模式来搞新建设，如果是要改造街坊，就肯定不需要成片开发了。

上图：波兰波兹南老城广场一带属于准街坊区，几乎所有的空间都是方形的，但街区的美感仍然可以达到一流。波兰人经常将广场上的最大实体建筑置于广场中央，从而产生出异于西欧城市的有趣空间。右图：纽约的方形街坊中，偶尔挖空出一个小角落，就能产生很美的空间和景致。

荷兰乌德勒支街坊中的一个方形庭院式公园。

丹麦哥本哈根的一处简单朴素的街坊。

上右5图：法国尼姆，从一座罗马时期的街坊式古城，经历中世纪，再成为近代街坊城市，似乎相对容易，但也需要在各个细节处精心处理，让现代人仿佛步入罗马古城的同时，城市也要有现代感，中世纪城区的功能也在不断改善，这一切，并非一定伴随着大规模拆迁。

里斯本的这片街坊式新住宅区的景象证明，只要是街坊格局，由比较普通的现代主义建筑组成群体并不一定会呆板单调。

上页16图和上4图为笔者在捷克布拉格的半天时间里，并非很经意地在其近代新区和老城边缘处拍摄到的主要为商住楼的20个漂亮的楼门，如果再经意些，再包括一些公共建筑的门，这种以城市某种元素罗列出的画面会更丰富多彩。欧洲很多城市都会将自身中的此类元素罗列起来印制成为纪念品，以宣传自己的城市美，这是街坊城市的其他优势之一，街坊模式决定着城市建筑会由更多的人参与创作，可能有良莠不齐的问题，但丰富性、多样性必远超里坊城市。在里坊城市中，为大单位设计大院的大门是最考验建筑师的项目，常能使名师崩溃，而设计布拉格这种门则少有机会，极稀缺的机会多掌握在生产防盗门工厂的设计师手里，如果那些工厂有设计师的话。

布拉格要想罗列此类城市元素，还有很多题材，如建筑的窗口、角部、塔楼、墙饰等，甚至还有城市管网的各种井盖，因为街坊城市公共街道多，井盖多在公共空间里，故很多城市觉得这种东西有美化的必要，下8图为笔者在布拉格顺路拍到的8种井盖。这些细节的存在，大大帮助了布拉格的城市魅力持久化、深入化。

在中国这些年的城市建设中，产生最多的美景是花园小区中的花园，但这种半私有性的美景对城市贡献不大。

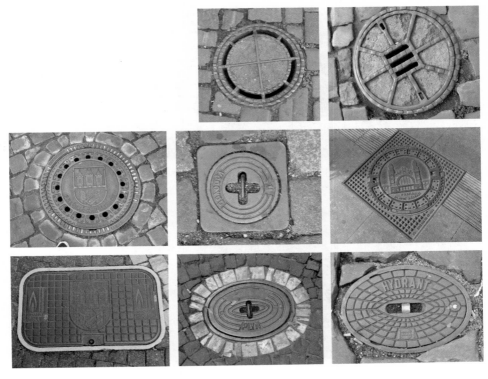

北欧的街坊城市经常将沿街建筑的各种山墙面罗列起来，形成城市的特色文化制品，阿姆斯特丹等均是如此，上4图为格但斯克的街坊建筑立面组合的4个片段，在同类中也是一流的素材，只是格但斯克人目前还执着于琥珀，尚未重视开发那些低利润的文化产品。

上2图也显示，格但斯克人对他们的街坊传统还是很注意传承、发挥的，左图为街坊式的新建筑，右图是挡风板上的街坊建筑图案。

很多中国人认为欧洲街坊城市的这些优势得益于他们的历史积累，但不要认为这些积累是轻易所得，如左图所示，由于格但斯克在历史中是德国和波兰领土争议的焦点，使它在"二战"中遭到异常的破坏。现在的街坊恐怕都是在"二战"后按照建筑的老图纸仔细恢复的，包括恢复建筑上的老壁画。中国城市的历史积累是被破坏过，但如果有这种意志，也是能恢复的，而不是继续拆，同时建仿古建筑。

在群己权界方面，街坊的交通、公共管网的分界都非常清晰，街坊的建筑虽然往往是挨在一起的，但建筑结构是各自独立的，虽然在相邻建筑拆除重建期间，周边居民会受到严重干扰，但在严格的市政管理下，睡个好觉是有充分保障的。

街坊格局一旦稳定，对于一般的城市改造，就不会再出现"钉子户"的问题了，谁不愿意拆自己的楼，在非极特殊的情况下，都不会影响到"公共利益"，它可能影响到的私人利益在街坊文化中无法找到"公共利益"方面的口实。

自唯美主义提倡美来自时光错乱以后，新旧元素并置的作品越来越受欣赏，中国对此艺术手段的定义是"混搭"，街坊建筑各自改造自然会形成混搭现象，城市因此显示出一种生长过程的美感，城市历史是连续的，古老的家园中一直有新元素产生，人的心灵有牢固的根，同时又不会跟不上时尚。

葡萄牙波尔图的路易一世铁桥下，一个建筑工地的旁边一座老房子已经极度破烂，但它的主人不想加入新建设项目，就谁也不能把它拆了。

天津的一座近代老建筑被拆到这种程度时，很多人都认为它不会继续被拆了，应该是保留老墙体然后改造，因为这种做法在中国已经比较普遍了，天津也保留改造了很多近代建筑，然而几天后，它被完全拆了。

很多人认为，中国目前的城市大改造、大拆迁是因为中国城市普遍缺乏一次近代改造，所以在补课时不得不如此。其实，如左上3图所示的近代天津，那时这种城区是新城区，也都是适合近代城市功能的街坊模式，但是后来它们要么被拆了，要么被边缘化，其中的街坊意识尚未得到充分重视，取代被拆部分的主要是里坊式新区。

自觉修正与被动修正

近年来，对城市路网应该加密、城市空间应该紧凑的呼吁越来越多，甚至一贯偏爱统一整齐风格的中国人也越来越热衷于"混搭"，很多一体性的建筑群体已经不再以一致的建筑风格为必然，这说明很多人已经开始产生与街坊意识本质相同的意识，因为城市问题产生的功能和精神危机就摆在眼前，中国人一贯不爱务虚，但在明显的危机面前，很多人在精神上是有强烈反映的。一些政府规划部门也有相关反映，一些新区的路网在加密，南方在近代商品经济活跃后，曾经出现过近似的街坊模式，如华南地区的骑楼街和西南地区的商业街块，都是力图增加商铺数量的举措，现在纷纷恢复，说明社会各方面在不断强化街坊意识，并付诸各种行动。此外还有许多自发的"违法"行为，将围墙打个洞，沿街摆摊和城管打游击，汽车总想穿越半私有的小区大院等，均是试图抵消里坊的桎梏。

只要城市鼓励商业依靠商业，城市向街坊模式发展就是必然趋势，如果规划还是里坊模式的，市民就会自己想办法尽量减少生活中的各种不方便以及急切需求，但这种自然生成的过程一旦是急速的、大范围的，就会造成严重失序，城市规划理念就是因此而诞生的。城市规划与城市自然生长的关系就如同政府调控与市场经济的关系，当社会规模急剧膨胀之后，所谓"无形之手"有时会失控，需要"有形之手"，但"有形之手"行为的最终目的必须是使自然需求得到大体满足，而不是强行抑制，即规划要尽量符合人的商业行为规律、商业城市的生长规律。否则，民间对里坊格局的被动修正肯定会产生一定的混乱，我们相信，当年希波达莫斯和后来复兴他开创的模式的人们，都是本着提供一个均衡的、有足够商业资源的平台，然后让商业自己选择如何布局，这与硬性地规划商业位置、内容、规模乃至样式，也号称搭建平台，筑巢引凤、"凤"不来就把他们从前的巢拆了，逼他们来，完全是两回事。

伦敦的两处普通街坊，喜欢这种平淡，是街坊意识的一种重要开始。

问题·对策

第二节　向街坊城市转型的障碍

中国城市几千年来一直是里坊城市模式，而世界上还存在着另一种城市模式，即街坊城市模式。这就如同两种机器各有着不同的构造，各有利弊，但总体上还是一种效率低，一种效率高，如果我们固守目前看来效率低的一种模式，显然会产生一系列恶果，甚至恶性循环。

的确，传统不是一下子容易改变的，很多居住在现代里坊中的人也不愿意放弃现有的满意环境，他们也没有意识到眷恋这种环境会影响到城市功能。同时传统也不是很难改变，我们相信很多中国人一旦意识到自己的一些追求影响了公共利益，他们就会放弃自己的追求。同时，如果他们移民，他们也会迅速适应在街坊城市中居住。最不容易改变的人是在目前的中国城市中有超额利益的人，中国的新领导人已经指出了这一点：触动利益比触及灵魂还难。

目前，中国城市在基础功能远未解决的情况下，城市规划设计的立足点和追求却发生了偏移。本来，将文化城市、艺术城市、花园城市、生态城市、绿色城市等作为城市发展目标虽然虚了点儿，但没有错，甚至一个小城市要追求国际化大都市的目标都没有错。然而，如果我们真的是站在了一个会导致低效率的城市模式基点上，那么就算无人故意，拆也是中国城市永远的主题。

一、明确概念

本来，在今天开放的中国，国际上流行的街坊模式很容易传进来，但街坊模式在欧美已经成为一种约定俗成或集体无意识，没有人再愿意重复亚里士多德赞赏希波达莫斯的城市规划那么古老的事，也没有人太在意里斯本和爱丁堡到底谁是新城市规划原则的首位实践者，街坊式历史城区的格局已经固定，产生有刺激性的新元素只能在局部或新城区，在后现代主义、新都市主义和绿色城市主义流行后，新区也在逐步向传统街坊靠拢，而人们这时强调的是恢复邻里观念，也不愿意多重复街坊"常识"。至于来中国的商业建筑师，他们的注意力肯定在通过介绍新奇概念和造型来获得项目，在做城市规划时，他们会潜意识地带出街坊意识，但不会重点强调，也不会卖力推销，他们不难感觉到，如果和中国业主讨论街坊概念，将是一件受累不讨好的事。

目前，将"街坊"作为楼盘名称的事在中国并不少见，但那些楼盘实际上都是小区，它们只是想通过唤起人们对邻里气息的怀念而促销，与街坊模式没有一点儿关系。里坊、小区、大院这些概念的意思比较清晰，因为大家非常熟悉它们，而对于如何命名街坊模式，使其概念不被混淆，笔者反复比较，最终还是觉得用"街坊"一词比较合适，一方面人们普遍接受街坊与邻里的含义有相关性，新都市主义重视的Neighbour、Block等词汇用街坊表示也比较合适；二是从前建筑界在讨论如柏林街块住宅更新项目时，就用过"街坊"一词，其具有一定的习惯性所指；三是在中国的古文里，"街"字有都邑中的大道的意思，街必须是四通八达的，"坊"字是古代住区的名称，这二字的组合比较贴切地反映出我们要描述的街坊模式。现在有"紧凑型城市"一词，但何为"紧凑"，更不容易界定。

一般来讲，即使是里坊城市，其中央商务区也会自然地慢慢街坊化。但北京的中央商务区只有个别的商业开发项目局部的街坊化了，整体上还是里坊化的，可见传统惯性的力量。另外，不论里坊、街坊城市，其中央商务区中几乎都会有一大片无汽车干扰的公共绿地，而热衷修大绿地的北京CBD反而没有。

传统的惯性与历史的偶然

古代里坊遗迹作为古迹和文化遗产应受到保护，让它们永存，但随着社会情况的变化，里坊制度、里坊格局就不需要保护了。从宋代起，中国大多数城市已废弃里坊制，但城市的总体构造与原来里坊制城市并没有什么大的变化，在汽车出现后，那种小街巷交通系统对城市整体交通系统的疏解作用越来越小，城市的道路网构造模式急需改变，但我们的城市普遍没有改变，甚至连小街小巷、胡同里弄这种城市交通系统慢慢也没了，因为将原来的旧街区改造为大院和小区后，内部街巷也被封闭了。

天津过去意大利租界的街坊格局还部分保留着，在汽车多起来之后，如果围墙能少一些，这种区域的优势会更明显。

街坊模式最初进入中国是伴随着殖民者的侵略，这时能有心和清醒意识学习侵略者长处的中国人很少，他们的心思也多在船坚炮利方面。"一战"后，很多在国外学成归来的中国知识分子开始成为国内科技方面的主流人物，包括建筑界的梁思成夫妇，而这时的欧美各国都陷于严重的社会危机，"二战"之后也是如此，这使得中国当时的知识分子们不愿意向欧美学习，欧美的城市在当时也没有显示出太大的综合优势。

在中国因有政治考虑而取消城市中的人力出租车后，迎来了又一批海外建筑师——苏联专家，当时流行的现代主义建筑思潮在欧洲更受左翼青睐，苏联自然会受到其更大的影响，虽然苏联专家同时也主张保护历史建筑，但对保护城市的历史结构不做强调，连保护古迹周边环境的意识也不是很强，所以，尽管莫斯科、圣彼得堡等城市的中心区都是街坊式的，但苏联专家没有将街坊模式推荐给中国，他们也没有意识到，街坊式的莫斯科老城改造起来要比里坊式的北京改造起来容易得多，所以，他们建议中国政府即刻改造北京老城，并利用改造北京老城之机将新行政中心放入北京老城，而不是赞成梁思成等人提出的整体保护北京老城，在老城外西侧另建新城来容纳行政中心的方案。事实上，由于行政部门很多，老城装不下，后来新城还是慢慢形成了，但它当然是里坊模式的。

本页5图均为前苏联的列宁格勒和莫斯科的街坊。在摆脱了蒙古人的统治后，俄罗斯人在文化上先向拜占庭学习，后向西欧学习，莫斯科在反击拿破仑的战争中被毁，于近代重建，圣彼得堡本身就是彼得大帝学习西欧的产物，所以两座城市都是街坊模式。虽然苏联时代更喜欢建一些超尺度的巨大建筑，但城市中并不特别发展超尺度的大院，那些大办公楼也非常靠近街道，使已经成为俄罗斯传统的街坊构造得以延续。显然，当时来中国的苏联专家们没有重视俄罗斯的城市传统和中国城市传统的差异，他们认为莫斯科能够改造成功，北京一样能够按他们的办法改造成功。

在中国最近一次对外开放之前，一般城市居民以居住在大院为荣，以区别"社会上的人"。大院平日里安全、方便、舒适、祥和，虽然物质没那么丰富，但有什么大家平分，倒也让大家觉得并不缺什么，什么事都有组织安排，不用自己操什么心，生活能这样还有什么不知足的呢。然而一旦有什么革命的风吹草动，大院里的行动远比胡同里来得迅猛热烈，从前共同战斗的人一下子变成了相互战斗的人，但还要低头不见抬头见。至于下一代，他们后半辈子的工作生活，大院本是要包下来的，后来情况变化了，首先人就越来越多了，大院实在装不下了，不能全包了，他们中的一部分也不再愿意让大院包了，现在可以买商品房了，可以搬到环境更好的小区去住，居住模式没有变，只是升级了。

情况发展到现在，作为文物遗存的里坊如果没有什么旅游价值就会被现代人遗弃，而我们心中的里坊却被牢固地固守，并将其现代化、实物化。

概念的本末倒置

花园城市、绿色城市这些理念都有其巨大的正面意义，但它们往往会遭遇取其糟粕，去其精华的命运，很多人望文生义的认为，如果把城市中的建筑物都组织为一个个花园小区，再由宽敞的林荫大道把所有小区连起来，中间再安上几个大广场大花园，建设一个完美城市的任务就算完成了。在里坊城市意识下，这样做是自然而然的，因为对于中国的基础来讲，这样做在本质上不需要改变城市构造，不需要调整思维定式，最多需要追逐一下时尚样式就可以了。

里坊模式是行政型城市的常识，街坊模式是商业型城市的常识，但是现在，行政型城市也需要扩充商业内容，而街坊模式在变为外国的常识以后，容易被人忽略，更容易被注意力主要集中在时髦上的人忽略，常识是本，但我们往往舍本逐末。

自然，有很多人会认为，在现代社会GDP才是最重要的本，这是一切本末倒置问题的根源，在GDP指导下，是广义的人为经济"增长"服务，而不是经济增长为人服务，城市改造的目的是为了GDP，而不是为了市民的生活质量。不断的拆建、以高地价、高房价来促进货币信贷的高增长，确实会使GDP以最快的速度增长，而街坊模式属于那种慢工出细活的类型，对于拼命耍大刀阔斧的人来讲，他们通常不愿意静下心来处理街坊模式中太多的细节，喜欢将一切都推倒重来，展示全新的、整洁的面貌。而街坊模式会积累下时间中的一切创造、故事，同时也有遗憾，它自身产生的GDP肯定比较少，但它也没有消耗无谓的资源，同时也没有消耗文明的积累。

判断两种方式孰优孰劣，在了解了技术问题之后，就取决于看待它们的人的价值观和目的性了。

法国城市亚眠的老城边缘，有着介于街坊和里坊构造之间的美丽伴河街道，城市需要的很多新建筑就在这种街区中安排下来了，只拆除了少量最无价值的老房子。

二、正当的功利主义

街坊模式在中国长期被漠视，有相关概念、知识错失的问题，也与我们正处在最炙热的功利时代有关，很少有人愿意去关心与即时收入无关的事，大家多被经济压抑或诱惑得透不过气。在这种情况下，关心里坊、街坊这种问题有意思吗？然而，即使如此，由于城市问题实在影响人，也有越来越多的人在探讨城市问题的解决之道，只是太多的社会资源掌握在触动利益比触及灵魂还难的人们手中，使街坊模式被接受的难度加大。

与里坊传统一样，中国也有自身的功利传统。早年秦国的强大主要靠商鞅变法，其措施主要是重农抑商，农在"尽地力"，商在官营，宗旨是一切都对"霸王"有利，同时民不对霸王产生威胁。机关算尽，但凡事物极必反。西汉年间民生刚刚好转时，桑弘羊又想通过官方垄断盐铁生意为国家获取国防经费，但这种事很容易发展成为为官牟利，而挡箭牌还是不能让民富，他们警告皇帝："家强而不制，枝大而折干"。儒家批判法家这种以利治国的主张，推崇以德治国，但他们也及时指出，民本来是容易学坏的，"坊塞利门而民犹为非也"，如果再以利益诱惑他们，岂不全成刁民。总之，在儒法共治的古代中国，民不可以逐利，官逐利那是为了国家。

类似情况非中国古代独有，如印度的莫卧尔王朝更是公开声明，绝不能让印度教徒有钱，要定期洗劫他们。而传说中的资本剪羊毛故事时下似乎也正在世界各地密集上演。

在官民终于都可以合法致富之后，由于苦于中国传统中没有成套的崇敬财富的理论，很多国人听说欧美有功利主义、实用主义这些早已得到广泛社会接受的理论，自然会尽力引入。然而可惜也必然的是，就如乌托邦、田园城市这些概念被引入时的遭遇一样，这些理论均被不同程度的曲解，甚至完全颠倒黑白。

人有自私心理是完全可以理解的，但成熟的人群也应该有社会契约观念，大家都应该明智地出让一些私人利益，来换取必要的公共规则得到推行，以争取群体的最优化利益而不是少数人的绝对利益，连欧美最"极端"的实用主义和功利主义中都包含此类观念，但这些都被现在的国内舆论有意无意地忽视。

在里坊城市中，主要车道宽阔，如果车不多，行车必然比在街坊城市中较窄的车道上舒适，而住在小区里，又有一种住在深宅大院中的感觉，至少应该安全、安静、干净，比住在街坊城市里的沿街住宅中至少更有私密性。但要维持这些优势，城市的人口密度就绝对不能大，人口数量就绝对不能多。所以，就有"教授"指出北京拥挤是因为房价太低。他的意思显然是北京不应该容纳穷人，但北京至少需要大量的服务人员，那种"教授"不可能支持让服务人员的工资也高到能在北京买房，因为那样他就需要付出更高昂的生活费用，但他肯定支持北京等大城市为了保房价而实行蓝印户口政策。

更有类似"专家"写下如下博文被网站推荐：过去西方国家搞圈地运动依然无法获得足够超额利润，最后依靠殖民地开发才完成了资本积累，这些都不是和平崛起模式，一战和二战都是教训。中国地产开发模式从沿海向内地纵深发展，把向外扩张模式改变成了向内扩张，把对外掠夺变成了相对温和的"强拆"，把内战烽火变成了货币超发，这些从经济学和政治学角度看都算是不幸中的万幸。

这些"专家"、"教授"们就这样不断突破着中国社会的良知底限，但他们代表着一种时下很有市场的观念，在这种观念盛行下，真实的功利主义、实用主义肯定会被有意掩盖，引导人们认为商品社会的进步动力就是绝对自私、唯利是图、丛林法则，城市的文明意义就是体现社会达尔文主义，这样，街坊城市观念就更不会被积极推广了，因为这种观念和它的图式在宣示着利弊均衡、平等共处、资源共享、开放自律的美。

街坊城市中大多数市民的家，的确，出门就是汽车道，而不是花园，门口没有保安，建筑简单，但多数中国人真的不会被这种隽永的安详吸引吗？

概念真相

历史虚无主义有其理由，因为历史经常被篡改，然而，不足300年前的为商业财富正名的亚当·斯密及功利主义代表人物边沁、穆勒的主张是有不可能被篡改过的白纸黑字佐证的。

名著《旧制度与大革命》的作者托克维尔说过："暴政可以在没有信念的情况下进行统治，但自由则不能。"在欧洲以从事工商业成功，而成为社会主要力量的产业阶级需要自由贸易制度，所以他们喜欢自称为自由主义者，为了争夺社会话语权乃至主导社会，他们需要相应的理论。

早期基督教世界和古代中国一样，也是重农抑商，直到近代，欧洲很多贵族还在强忍家势没落而鄙视商业。亚当·斯密首先揭示出引起当时社会巨变的经济学原理，肯定劳动和资本创造财富的合理性，并告诫人们不要指望任何经济上的好处是靠任何人发善心或他们身体里有道德的血液而获得，控制经济最有效的因素是"无形之手"，绝不是垄断，"我从来没有听说过有多少好事是由那些伪装增进公共利益而干预贸易的人所达成的。"研究资本的亚当·斯密死后被人们发现他长期秘密地捐助慈善机构，注意是秘密的。

从亚当·斯密的好友大卫·休谟开始，英国逐步形成了功利主义思想体系，主张一个行为的合理与否应该是取决于这个行为能否达成其预定的目标和欲望，理性只是扮演着一种媒介和工具的身份，用于选择达成目标和欲望的方式，但理性本身永远不能反过来指挥人们应该选择怎样的目标和欲望。

稍后，正式被认为是功利主义代表人物的边沁指出："一个与自我利益的利己主义无关的稳定和仁慈的社会是根本不可能产生的。"但他同时也指出："一个自私的人能够接受这样的社会准则，因为他会认识到从长远的角度看，假如他只坚持那些可能对他有利，但却会产生普遍的不幸的法律，其结果最终会如同对他人产生不利一样严重危害到他自身的利益。"他的后继者约翰·斯图亚特·穆勒更指出："让人类按照他们自己认为好的方式生活，比强迫他们按别人认为好的方式生活，对人类更有益"。而亚当·斯密早指出：要"用法律的力量去保护地位最低下的国民。"

这种观念显然与触动利益比触及灵魂还难的人的功利主张大相径庭，认同这种观念的人，自然会接受街坊模式这种理性作为工具来实现他们的生活目标，在"自私"

地维护自己私人领域的同时，又能照顾到整体城市共同体的需求。

　　20世纪成为美国主流思潮的实用主义是一种认知哲学而不是个人的处世哲学，它虽然强调经验、实际结果高于原则、教条，但也强调知识的作用，何况，就城市而言，实践经验已经证明街坊模式更适应现代社会，否则欧美城市就没必要改变它们的中世纪城市模式了。

一座中世纪教堂边的伦敦街坊式公寓，这种公寓在伦敦已经属于比较贵的物业了，但它没有花园围拢，门前的路边停满了汽车，同时这些也没有影响这种公寓的居住质量。

俯瞰伦敦老城的金融区，建筑面积很大，但由于剩下的空间都是公共的，所以内部并不显得拥挤。

伦敦等欧美城市后来多开辟大片的城市公共绿地，是与街坊空间相配套的。如果在各小区里都有大花园后，中国城市再和欧美城市比城市花园的面积，就显得太奢侈了。

跨越泰晤士河的各种交通线与两岸街坊构造的穿插。这些交通线的密度使河上的尺度也快街坊化了。

伦敦普通的现代居住区，有稍大的建筑组团，但没有小区，建筑门前的道路几乎都是城市公共道路。

等级与共同体

重视经验的这些功利主义、实用主义者们建立如此的理论，与欧洲的历史经验密切相关。

在法国国王路易十四小时候，有反对他父母的人成立过一个"投石党"，所谓"投石"，即其党员总在夜深人静时投石砸当权派家的玻璃以发泄不满，这显示出街坊城市的一个"弊端"，如果住宅在远离公共街道的小区大院里，被人砸玻璃的概率就会小很多。投石党人士沃邦后来投降并成为路易十四的著名元帅，他最擅长设计要塞工事，那是战争年代城市设计的重要一环，他帮助路易十四打了很多胜仗，也缔造了几项今天的世界文化遗产，可能就是因为他当年投石时积累下很多技术经验。

投石恐怖对路易十四的影响是他从此不喜欢住在巴黎，后来他委托勒·诺特帮他设计了凡尔赛宫苑，同时他差点把巴黎的卢浮宫拆了，只是因为他当时拿不出拆房费才作罢，这足够体现出他对巴黎城市建设的轻视。

然而，凡尔赛宫苑等项目已经花了足够多的钱，路易十四的大手大脚使法国空前强盛，也为后来的大革命爆发埋下伏笔。

在托克维尔反思的法国那场大革命时期，法国的产业阶级在国家中的地位远不如他们的英国同仁，他们是所谓第三等级。在第一二等级把国家的钱花光之后，国王向第三等级要钱，第三等级要讨个说法，其发言人西哀士自问自答："第三等级是什么？什么也不是。第三等级是什么？是一切。"当时，他忘了法国还有最多的没有等级的人处在半饥饿状态。后来他扶持拿破仑独裁，以结束有些失控的革命。拿破仑解决问题的办法是带着国民对外征服，他根本性的敌人是英国，英国的小店主们通过无孔不入的走私瓦解了他的大陆封锁政策，是他最终失败的主要原因。

法国面向英吉利海峡的港口城市圣马洛，至今仍然以一个巨大要塞的形式存在着，完整高大的城墙维护着建筑统一的街坊城市，这种城市在当年肯定是执行大陆封锁政策的重要据点，当然，今天它已成为著名的观光胜地。

伦敦诺丁山地区的街坊，建筑虽然经过整修粉刷，但仍然能看出建筑极度的朴素性。近年来这种街坊越来越受欢迎，从而产生出《诺丁山》那样的著名电影，电影中还特别提到一个建筑师改行开餐厅了。

与诺丁山的建筑相比，约克老城中的这家店铺的房子绝对能算危房了。

　　历史学家们对整体的罗马帝国灭亡的原因至今莫衷一是，但对东罗马帝国即拜占庭帝国灭亡的主要原因有公论——帝国失去了和它相互依存的自耕农。英国的自耕农虽然在圈地运动中备受打击，好在自由贸易的繁荣使相当一部分自耕农迅速变身为城市小店主，他们之所以冒着生命危险，用蚂蚁搬家的方式对付法国的贸易封锁，其中有爱国主义的成分，也有为了生计的成分，这二者能结合，一方面是因为他们在那时的英国一般来讲已经不会再遭到权贵的欺侮，另一方面，他们享有着很多权利，诸如他们的破房子有"风能进，雨能进，国王不能进"之类的权利，相应地，他们就有自食其力的义务，也有维护他们从中享有权利的社会共同体的义务，这个共同体——英国从而获得了当时最高的国家效率。

　　拿破仑失败后，法国一直被大资产阶级操控，经济快速恢复，但社会动荡不止，拿破仑三世比他的政敌托克维尔还稍微"亲民"一点儿，但如他进行的巴黎改造中还是使大量城市贫民无家可归。在面对普鲁士军队时，法国军队一触即溃，然后却利用军队中的主要成员——农民和城市人的世俗矛盾打赢在巴黎等大城市爆发的内战。多亏后来的共和政府慢慢使国家制度健全，法国才恢复强国地位。

效率与资源

除了《旧制度与大革命》一书，托克维尔还著有《论美国的民主》，他在这部书中赞美美国的繁荣，认为那是由美国人将赚取金钱视为一种最主要的道德促成的，而美国人的这种"道德"是因为那里有异常广袤的土地，人人都能比较轻易地获得私有土地而通过劳动即能致富树立的。

他的观察确实敏锐，美国真正的地大物博使美国不用"尽地力"就能实现农业高效化，以支持其城镇化，整体社会比较自然的高效性使美国人更重视，也更容易实现公平性。当然，为此激烈的斗争也经常发生，美国著名记者威廉·曼彻斯特在他的名著《光荣与梦想》中，对大萧条时期美国农民一种近乎流氓无产者的作法给予歌颂，那是用土地做抵押向银行借贷的农场主因经济危机破产，土地面临被拍卖的局面时，大批其他农场主挤进拍卖会场，阻止有意买地的开发商、投资客等人进入，这些人往往与银行有勾结。他们在哄闹声中强行以1美元拍下一个农场，再把它无偿归还给负债失地的农场主。那时美国的农场主基本上就相当于大自耕农。还有许多美国电影中常有如下情节，一般是某开发商看中了某家自耕农的土地，要买，自耕农不卖，于是开发商开始玩黑的，搞破坏，直到杀人。这时自耕农会找出自己的枪，把它擦亮，然后把开发商的人都打死或制伏交给警察，警察则帮助自耕农脱身。

与威廉·莫里斯一起发起工艺美术运动的画家福德·马多克斯·布朗的画作《最后的英格兰》，在那个繁荣时代，欧洲人向外移民反而更多，那时的移民都是向落后但可能有更多资源、机会的地区移民。

随着欧美两面的人口密度差距缩小，同时，城市文化在居住质量的衡量标准中越来越举足轻重，近年，美国富人回迁欧洲的风潮经久不衰，这也是近年欧洲房地产市场兴旺的原因之一，也是经济泡沫生成的原因之一。伦敦由于新移民较多，所以新住宅区建起很多，泡沫似乎反而不太大。

上海近代老区能够片段地得到保护，要感谢"新天地"商业成功的示范效应。从以前的豪华大商场模式，变为哪怕是虚假的街坊商业模式，那里的并非是平凡小店主的经营者也要面对可能会被误认为是小店主的风险，然而，只要能赚钱，他们就愿意在那里经营。这样改造一个商业项目对房地产商的效率更有很大影响，但那家香港的房地产商显得有远见，社会也应该赞扬他们为城市保留了文化信息。

上海紧邻外滩的老街坊建筑，现在是大杂楼，不知其今后的命运如何。我们自然希望"新天地"的模式能够真正的小店主化、平民化、常态化。

在地少人多的地方，情况就复杂多了，英国的相对平稳也是得益于大量国民移民美洲、澳洲等使不列颠岛上没有这么挤了。而在多数情况下拥挤的地方，比如中国，"尽地力"一不小心就会引发大麻烦，古代的每次"尽地力"无非是土地兼并，失地农民一旦没了生路，一些地主就要倒霉，严重的就引发改朝换代，每次改朝换代都是人口至少减半的惨剧，新朝才得以再有地可分，使社会再次稳定下来。

所以一个社会一定要算清楚，提高效率的方式是否应该打土地的主意，而且打起来没完没了，那些打土地主意的人是想个人发财，还是在"佯装增进公共利益"。中国本来就苦于地少人多，有些人还在鼓吹中国不能失去"人口红利"的优势，唯恐人们对房价上涨预期产生动摇，在他们眼里，一切自耕农、小店主占用的土地，都是中国效率的绊脚石。在他们眼里，适合小店主自得其乐、自生自灭的街坊可能不是要不要引进的问题，而是必须想办法彻底铲除。他们如此追求效率，却对街坊模式会大大提高城市效率不感兴趣，原因只能是城市效率、社会效率与他们的效率是两回事。

街坊与行政

街坊模式在中国的另一个主要阻力是其在运作过程中可能会影响一些行政部门追求的行政高效性和舒适性。首先，街坊使地块分得更碎，行政部门至少要为此多填写很多份文件；如果因地块分得碎再造成房地产开发公司数量的增加，那工作量又会加大很多倍；如果再像国外的街坊那样，一个不大的街坊里还有十几家小开发者，那还怎么管理？

一旦地块分得碎，城市公共道路面积将增加10%以上，这无疑会加大公共财政负担，最终连环卫工都要大幅增多。虽然这样做总体上会使城市道路面积减少至少10%，但各开发地块内部的占其地块面积30%左右的道路修建费由开发商自己负责，卫生由物业管理公司负责，烂了脏了也影响不到市容。相关费用最终会转嫁到购房者身上，但只要房价上涨了，购房者对这些就不会有任何怨言。

现在的趋势就是在朝这样一种模式发展，一个城市交给几个大开发商开发就可以了，这样什么都好管理、好控制，他们大面积的整体开发，城市面貌整齐，有规模效益，会节省单位成本。当然，有刚盖好的楼被拆了，刚铺好的路被掀了、刚种上的树被挖了，发展中总会出现问题，而问题只能用发展来解决。

法国政府的官僚主义在西欧是比较突出的，法国财政部的办公地址原来在卢浮宫内，据说为此曾经阻挠过卢浮宫的改造计划。其新址位于塞纳河边，虽然还是有官气，但毕竟与周边的河流、道路、高架铁路、街坊等融为一体。

柏林的德国新总理府，很像一座市政建筑，市民平日里可以在建筑的公共空间中穿梭，建筑也特别以跨河的形式融入城市的街坊构造中。

第三节　围绕北京的争论

现代北京从强调工业化，到转头要"夺回古都风貌"，眼看夺不回来，又要建设"新北京"。大批世界最著名的新潮建筑师为北京设计了一些新建筑，使北京拥有了一些国际最前卫的元素，有些人理解不了，抱怨新建筑为什么一定要围绕着某些特殊造型设计。舆论可以对此置之不理，但交通、雾霾等问题，总是置之不理就不行了，但如何解决，令人一筹莫展。这时，原本只在规划设计圈子内流传的梁思成、林徽因夫妇试图挽救北京古城的故事引起全社会的关注。是呀，如果北京当年不拆城墙，城内不大拆大改，那整座古都将成为世界文化遗产，首都的行政中心等在老城外另建新城解决，北京就是多中心城市了，交通就不会像现在这样。

目前，中国各城市似乎吸取了北京当年的教训，纷纷建起许多新城，而那些新城要么空着，不空的很多也堵塞了，因为新城还是里坊模式，美国新都市主义者们总结的经验是，如果郊外新区的交通都依赖干线快速路，那么即使新区的各种密度指标非常低，干线快速路也将非常拥挤，特别是还在干线上开路口时。其实不需要美国人总结，中国人自己稍微留心一点就能看到，只是我们无法充分讨论现实问题，只能缅怀过去或寄望未来。然而，至少对于过去，我们需要将历史的遗憾梳理清晰，梁思成先生当时没有留意里坊模式会在未来出现问题，这可以理解，因为我们是事后诸葛亮，但现代人至少应该是事后诸葛亮吧？

一、迟来的理解

梁思成和林徽因，用当时及现在的话说，一位是名门之后，一位是大家闺秀，又都是海归，放弃在美国的好生活，赶在日本鬼子侵占华北等地之前，跋涉于荒野间，将中国古建筑遗存尽量地记录研究。1949年后，为了保护北京古城几乎拼出命去。其人其事，令人无限钦佩。

人贵在无私，要说第一个顶住压力，将北京古城完整保护下来的，是把李自成从北京打出去的清政府。清皇室为了江山，忍着一系列祖坟被明朝挖了的世仇，保护明代皇陵，在这种情况下，他们保留明代皇宫和城市供自己使用就更不令人奇怪了，但中国历朝历代，这样做而不是把前朝宫殿烧掉拆掉的，凤毛麟角。然这一切，都是为了大清江山，是因为满族贵族的私利，所以没有人钦佩他们。梁思成和林徽因这样做就不同了，他们这样做在损失私利，只因为他们热爱祖国。

如今人们普遍怀念当年的"梁陈方案"，抱怨当时为什么没有采纳它。但我们要知道，当年的梁林夫妇，以及陈占祥先生是非常孤立的，大家当时都面对着一个未知领域，不知道各种规划措施会带来如何的效果。而在当时的国际上，与北京同等级别的大型历史城市，将老城墙和老城完整保留下来的几乎没有，巴黎、维也纳的城墙也是非常壮观的，但早已拆除；意大利罗马、号称"第二罗马"——土耳其的伊斯坦布尔、号称"第三罗马"——苏联的莫斯科的城墙也很有名，而当时它们有的支离破碎，有的也被拆了。像法国诺曼底的鲁昂、卡昂那样顽强地尽可能完整修复老城的情况在欧洲也不是普遍现象，当时现代主义建筑潮流正在盛行，要依柯布西耶的意见，巴黎老城也完了，但当时的欧洲人毕竟已经有文物保护的强烈意识，同时经济困难，才没有让柯布西耶大施拳脚。稍后，经过再次改造的巴黎、罗马、伦敦等城市，仍然受到世人的喜爱，城市也没有太严重的功能问题，更有甚者，罗马、巴黎的老城中不仅容纳了梁先生说北京老城无法容纳的国家行政机构，还容纳了很多国际机构，如罗马的马克西姆竞技场和卡拉卡拉浴场之间有联合国粮农组织的办公楼，巴黎的军事学校和荣军院之间是联合国教科文组织的办公地点。

当时的苏联是中国的"老大哥"，苏联人本来和前俄罗斯人一样，比较虚心向西欧学习，但在"二战"胜利后，苏联人的自信心大为增强，再加上意识形态对立，苏联开始创新，但莫斯科的城市改造、重建模式仍然和西欧的差不多，只是保持了俄罗斯的一贯特点——比较粗线条。另外的一个细节是，当时的苏共中央驻地是克里姆林宫。

"老大哥"不同意"梁陈方案"，进一步使梁思成等人孤立。我们现在的人大多数拥护"梁陈方案"，说实在话这是一种事后诸葛亮行为。因为现在的情况才证明了，如果北京古城完整地保护下来，北京将是世界奇观而不是世界话题，北京将比巴黎、罗马还特别，还有魅力。然而，时间已经前行了50多年了。

在当时，"梁陈方案"实在太超前了，现在的事后诸葛亮们（笔者也是）如果在当时，能有多少人理解、拥护"梁陈方案"。笔者觉得，表面上梁先生等人的意见当时没有得到尊重，而事实上，如果没有他们的力争，当时北京乃至全中国的文物被拆的肯定更多，说不定连紫禁城都会被拆掉一半。这是梁先生等人除了为后人留下思想、记忆外，对后世所做的最大贡献。

罗马残留的老城墙，经过多开洞口后，对现代交通的不良影响很小。

北京城墙的老照片。

莫斯科的环城城墙早已拆除，和北京一样，现在剩下的是过去皇城的城墙。

莫斯科的城市空间一般来讲比较松懈，但近年来也开始注意增加细节，以增强街坊式的空间感，特别是在夏季。

二、理性的理解

假设当年实施了"梁陈方案"，对现在北京面对的问题，确实就有可能采取更多的有效措施，但只是可能。当年"梁陈方案"中脱离老城的新行政区，我们现在可以将其与深圳、浦东等新城对比，但这些新城现在也有许多城市病，而且多是老病，解决办法也多是限行限号，因为这些新城的规划还是里坊模式，而当年"梁陈方案"对新行政区和老城改造的规划也是里坊模式。

我们现在意识到里坊模式有问题，也是事后诸葛亮式的。梁先生当然知道北京的里坊城市性质，他曾经写过："从城市结构的基本原则说，每一所住宅或衙署、庙宇等都是一个个用墙围起来的'小城'。在唐朝以及以前，若干所这样的住宅等合成一个'坊'，又用墙围起来。'坊'内有十字街道，四面在墙上开门。一个'坊'也是一个中等大小的'城'。若干个'坊'合起来，用棋盘形的干道网隔开，然后用一道高厚的城墙围起来，就是'城市'。

宋以后，坊一级的'小城'虽已废除，但是这一基本原则还在指导着所有城市的规划。"

事实上，多数中国建筑师了解传统的里坊概念就是因为读了梁先生的著作。梁先生当时确实没有意识到里坊模式会给现代城市带来问题，因为他还写过："（北京）今天所存在的城内的街道系统，用现代都市计划的原则来分析，是一个极其合理，完全适合现代化使用的系统。这是一个令人惊讶的事实，是任何一个中世纪城市所没有的。我们不得不又一次敬佩我们祖先伟大的智慧。"

"这个系统的主要特征在大街与小巷，无论在位置上或大或小，都有明确的分别，大街大致分布成几层合乎现代所采用的'环道'；由'环道'明确的有四向伸出的'幅道'。结果主要的车辆自然会汇集在大街上流通，不致无故地去钻小胡同，胡同里的住宅得到了宁静，就是为此。"

"所谓几层的环道，最内环—第二环—第三环—第四环，欧美许多城市都在它们的弯曲杂乱或呆板单调的街道中努力计划开辟成环道，以适应控制大量汽车流通的迫切需要。我们的北京却可应用600年前建立的规模，只需稍加展宽整理，便可成为最理想的街道系统。这的确是伟大的祖先留给我们的'余荫'。"

"有许多人不满北京的胡同，其实胡同的缺点不在其小，而在其泥泞和缺

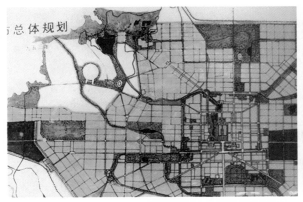

20世纪50年代的北京市规划图，可见新区路网的尺度比老城干道网还大，当年北京的一位高级工程师曾经提出过细密型路网的规划，被批评为交通至上。

20世纪50年代的北京住宅区规划图，内部空间是非常好的，只是总体尺度太大了。

梁思成设计的位于景山后的办公楼群，由于大屋顶造价高而受到批判。大屋顶是可以反对的，但这种利用重要建筑强化北京轴线的意识是应该继续的，但后来北京的重要建筑多没有起到强化城市构架的作用，还任由立交桥凌空切割北京的轴线。

乏小型空场与树木。"

由此看来，梁先生没有打算改变过里坊城市的街道格局，这与当时汽车的数量并没有给城市带来问题有关。梁先生承认，当时的北京属于中世纪城市，而欧洲的大型中世纪城市为了适应马车数量增加，早已完成了一次街坊模式改造，但北京没有过，因为北京汽车、马车数量不多，同时拥有大量可以在胡同中自由穿梭的人力车。那时，一位苏联专家曾经就"梁陈方案"提出相关问题："（你们让）三轮车夫要到工厂工作，你们坐什么车通过胡同呢？"

如今，除了房地产业，下一个"国民经济支柱产业"恐怕就是汽车业了，大家多买汽车，支柱产业才能健康发展，但北京等城市实在太堵了，只能忍痛限购，不能让城市崩溃，否则房地产业就完了。

梁先生等人一贯重视为自己热爱的祖国引入世界先进的知识技术，只是当时街坊城市模式的优势还没有充分显示出来。虽然他们有时因为情绪而夸大北京城的优势，同时放大欧美城市的一些问题。然而我们相信，如果梁先生等人一旦发现里坊城市的问题，他们肯定会修正自己的设计的。

北京老城中心区和原来规划的西部新区现状的模型，已经融合成了一体。有人指出这叫"摊大饼"。

北京一些现代商务区由于每座建筑的体量都十分巨大而自然地形成街坊格局，但"一层皮"式的构造对城市整体意义不大，其自身也没有进一步的街坊意识，建筑普遍有围墙，只是通透式的而已。

将北京南站这个亚洲最大火车站放在一个里坊的深处，确实是别具特色的，因为它自身足够大，可以自成一个里坊，不用与周边空间进行商业交流，所以不用考虑人们步行靠近这座建筑的问题，功能似乎解决好了，但这座巨型公共建筑对城市空间气氛毫无贡献。

按照现在的国际惯例，像天坛这样面积的古迹，一般只封闭管理它的核心建筑区域，广大的边缘绿地会成为开放的城市公共绿地，这样可以减弱它对城市的隔离。

三、对北京的畅想

当年梁思成先生对北京老城的问题还有一些忽视，一座百万人口的大城，以当时的经济水平，只依赖文化产业、旅游业等会有严重的就业问题，巨量老房子的维护费用会相当惊人，城市上下水设施的完善、暖气煤气管线的铺设、垃圾收集系统的建立等工作都需要下极大的决心、投极大的资金才能完成。当然这些事可以慢慢干，不能以此为理由破坏老城。这期间，老城里出现一些欧洲老城的情况是在所难免的，如出现一些现代主义建筑，有设计优秀的，也有平庸的。老城人也有权利过汽车时代的生活，在汽车太多了之后，可以参考这时国际上已经比较成熟的相关经验，细致地多拓宽、规整一些胡同，在胡同区里开辟一些小广场，可供停车，这些区域也就慢慢形成了真正的街坊，形式会很像我们前面重点描述过的德国莱比锡。

对于大片重要的历史遗迹区，则可圈定步行区范围，周边安排足够的道路和车位，像欧洲对付中世纪老城那样。

如果一定要进行轰轰烈烈的行动，也可以像西克斯图斯五世教皇和奥斯曼男爵改造罗马和巴黎那样，先赋予城市主要的美学框架，如轴线系统，这本来是北京的强项，再将城市整体街坊化，工作最好比他们再细致一些，尽量少拆房子，少建高架桥。

如今，梁先生的"环道"概念倒是被加倍强调了，里坊格局也被强调，北京城市问题的解决看来只能靠在地下和地面上尽量想办法，地铁尽量密集，地面上尽量形成二层的步行空间，当然还要限行限号，北京只能继续"新"下去。当然，北京也可以尽量向街坊模式转化，不论是在老城改造时，还是在新区建设时。

当年梁思成、林徽因夫妇拼命想保留的东四牌楼，如果当时的人们普遍具有街坊意识，当年那么宽的路已经不用再拓宽，四座牌楼自然就不必拆除了。

第四章　绿色城市的理想与现实

　　中国的新领导人刚刚明确：中国的发展宁舍金山银山，也要青山绿水。这种精神自然包括城市也要绿色。

　　城市既要繁荣，还要宜居，至少要使城市的环境不致崩溃，那么城市在规划设计、管理方面就要关注自然资源的承受能力，所谓绿色城市的各种技术措施不可能大幅度改变自然资源的承受极限，所以，绿色城市理念的第一点就应该是亚里士多德所谓的"均衡城市"理念。从整体来讲，一座城市不能把天底下所有的好事都占了，既是政治中心，还是经济中心、文化中心、观光中心、养老中心、宜居首选、身份象征等，各种城市功能需要在众多城市中均衡，同时也需要在城市和乡村之间均衡；进一步，在城市内部，也要资源均衡，如果任何人群都想"割据"一块自己的土地，以保持小环境的优良，那么环境的所有负面只能留给公共部分。

　　世界上很少有什么好事没有任何代价，只是有些代价是即时的，有些是延迟的。当年欧洲城市急速发展时，即使欧洲人将大量代价转嫁给殖民地，他自身也承受过惨重代价；现在欧洲的城市绿色的比较多，然欧洲的经济增长就不行了。中国在利用工业化提高了城市化的时候，经济高速发展，同时许多城市乡村的环境面临崩溃，这期间，得到最多经济利益的是房地产业、环保产业和医药产业。下一步，如何保持经济继续高速发展？曾经的模式就是房地产业和环保产业强强联合，那么"绿色城市理念"自然会应运而生，如果这样的话，它就只能是商场上的一个广告词而已。

目前，绿色建筑体系要成熟于绿色城市体系，而许多绿色建筑的图纸要"成熟"于绿色建筑的实体。

绿色城市

第一节　绿色城市的定位

　　要避免"绿色城市"只成为商场上的一个广告词，本书能做的首先是揭示目前得到国际公认的绿色城市的真相，如在瑞典城市马尔默，绿色城市是真正的理念、原则、目标、现实，同时也是面对国际市场的瑞典高科技环保产业的广告词，而不是面向自己国民干瘪腰包的房地产广告词。

　　其次，欧洲的许多中小型城市即使没有什么高科技环保技术元素，但城市已经很"绿色"了，然而那里的市民可能必须忍受自身没有大城市人的身份，城市也许不繁荣，GDP不高，城市不能过分追求现代面貌而损害可能是经济依靠的旅游度假业，而旅游度假业的主要目的是解决就业而不是提高GDP，城市老龄化严重，青年人缺少"改变命运"的机会，纷纷前往大城市。

　　最后，在青年人纷纷前往的大城市，城市必须高效率运转，这是大城市能尽量"绿色"的最基本前提，而不是绿化面积；大城市当然也要尽量美，尽量宜居，但准备以最舒服状态享福的人最好不要在大城市，大城市应该尽量把资源均衡地留给到此要改变命运的青年人。

此2图：欧洲许多城市因为汽车少又能正常行驶，无污染工业，即使城市绿化率很低，城市也非常绿色，这样倒反使这些城市中可怜的点状绿化显得更动人。

一、马尔默的启示

瑞典南部城市马尔默隔一条不宽的厄勒海峡与丹麦首都哥本哈根遥相呼应，从前它也是丹麦的城市，17世纪后属于瑞典。在汉萨同盟时代，城市的北部应该紧靠海边，并有一些码头，环城还有兼可进行水上运输的护城河，商业繁荣使马尔默老城至今保留着大批华丽的老建筑。在成为重要的工业城市之后，城市北部结合填海形成了大片工业、码头混合区，面积达老城的数倍，同时，在老城之外，也扩建出更大的新居住区，这些居住区有街坊模式，也有小区模式。

20世纪80年代，欧洲的工业规模大大萎缩，马尔默最重要的造船公司倒闭，工业码头区大片荒芜，城市面临转型。马尔默政府想出的办法首先是建立马尔默大学，在发展城市教育文化业的同时，培养应对城市未来产业的人才，大学校舍利用了老城附近的原造船公司大楼等一些历史建筑，这些建筑多是新艺术运动风格的精彩作品。这也是老城复兴的一部分，在城市工业化后，马尔默的中产阶级多搬到环境更好的郊区去住了，随着老城被整修，多家博物馆建立起来，回归、购物、旅游的人流越来越多。

城市复兴的另一个大举措是在1995年马尔默的失业率达到峰值时，欧盟和瑞典政府伸出援手，支持马尔默政府投资在原工业码头地区中的西港区兴建一片展示未来住宅区发展方向的项目，并借此成功申办2001年的"欧洲城市住宅博览会"，这个简称"B001"的项目在2001年夏天开始展示时赢得广泛好评，中国的规划设计界也予以深度关注，并认可其代表着未来绿色城市和可持续发展城市的一种模式，2010年的上海世博会上，有"B001"的专设展室。

但是，中国的目光过多地集中在"B001"在节能环保方面的具体技术上，这也正是马尔默人希望看到的，因为马尔默城市转型的最关键点是产业转型，即从原来的

偶遇的北海天象。

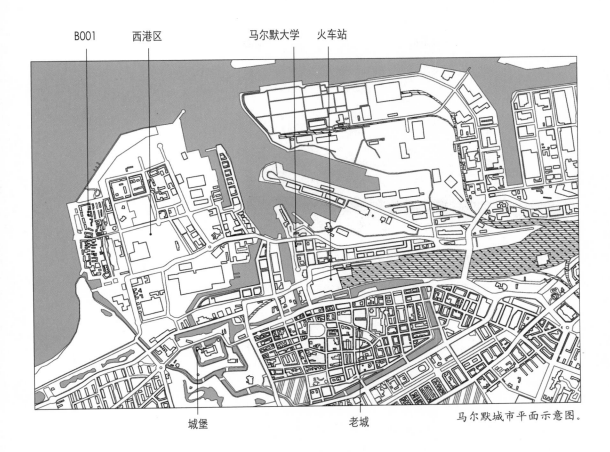

B001　　西港区　　　　　马尔默大学　火车站

城堡　　　　　　　　　　老城　　　　　　马尔默城市平面示意图。

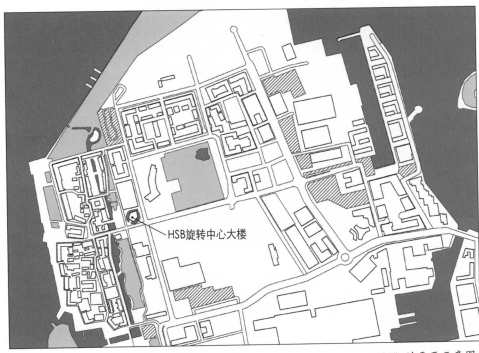

HSB旋转中心大楼

"B001"的平面示意图。

设置在厄勒海峡中的风力发电设施，这样可以获得更强的风能。

传统工业，转型为以节能环保为中心的新兴产业，除了"B001"，主导马尔默转型的、拥有环境科学学士学位和建筑学硕士学位的该市市长艾尔玛·瑞帕鲁还宣布："从2001～2020年，城市的能源需求将减少一半，并达到碳中和。到2030年，整个城市都将100%使用可再生能源"。即整个马尔默将是一个节能环保技术的试验田、开发地和产业聚居地，绿色城市的展示地，将来马尔默经济最主要的支撑是输出节能环保的产品、技术和服务，这一点已经初步实现，2009年，马尔默被评为瑞典最佳增长城市，即使如此，马尔默也当然希望能够得到中国这个超大市场。

诚然，中国有必要引进世界先进的节能环保产品、技术和城市转型的经验，"B001"号称是全世界最大的100%使用可再生能源，污染物零排放的城市住宅区，其电力主要来自海上发电厂产生的风能，供暖则主要靠太阳能电池板、热泵以及沼气，生活垃圾由管道收集，然后分类处理，符合条件的转化成生物燃气，只有4.2%的垃圾需要填埋处理。这样的成就使马尔默在2009年获得联合国最佳人居城市奖。但是，对于中国一些城市投入巨资，用最先进的设备、技术先装备出一些示范性的生态城，再装备整个城市，城市就能成为绿色城市这一点，笔者深表怀疑，艾尔玛·瑞帕鲁也指出：环保城市的规模不需要很大……以目前来说，中国的私有车保有量太大了……我们有时往往夸大了自己的需要，资源重合就是浪费……如果不处理好这一点，将来中国的经济发展将面临特别大的困难。那么，如果中国城市必须大，私有汽车必须多，马尔默的经验还是否有效？为此，笔者在2012年专门去感受了一下马尔默和"B001"。

从老城至"B001"

在厄勒海峡大桥通车后，从哥本哈根至马尔默只需要不到1小时的火车车程，而且班次频密，交通如此改善也为马尔默复兴创造了一个重要条件。火车过厄勒海峡时，乘客可见大片的海上风力发电厂，其为马尔默提供部分能源。

笔者到马尔默那天天气极好，刚刚雨过天晴，北欧的风清水冷令人身心舒畅，古香古色，同时设施先进的火车站同时也是个又有品味又实用的综合市场，其中北海的海鲜快餐最为诱人，看看那海水的清亮度，里面的鱼虾至少让人吃着放心。火车站周边年轻人特别多，因为马尔默大学就在附近。

火车站向南过护城河就是北欧式街坊格局的老城，城内及周边各种风格的建筑都有，包括火车站在内的几座新艺术运动风格的建筑是老城周边

马尔默火车站外，公交车站和自行车停车场占据了最多的面积，出租车和轿车的身影很少。

火车站内的一家咖啡厅，这座昔日的港口工业城市，如今显得很有书卷气。

火车站的快餐厅里出售的海鲜，极为诱人，虽然瑞典的物价普遍比较高，但这里海鲜的价格并不显得很高，欧洲火车站里出售的食品，价格也和市区中同等商店中的一样，这样真正便民。

老城北面原来工业区的行政区，现在大致成了马尔默的一个中央商务区和文教区，马尔默大学也在那里，而那里目前似乎是马尔默的小轿车最集中的地方。

最高的建筑。北欧巴洛克风格的市政厅在火车站正南面，面对老城的大广场，背后则露出汉萨同盟时期建的圣彼得大教堂的尖顶。老街上遍布商店，其中有不少具有艺术性，现代艺术博物馆在老城东南部，由一座老红砖的市场改造而成。整体上，马尔默的老城品质在欧洲属于一般水平，但足够使热爱文化的人喜欢上它，而同时，如果马尔默的经济过分依赖旅游业，旅游业又过分依赖老城，是行不通的。不过后来我们听说，"B001"的巨大投资在计划中相当一部分需要复兴的旅游业创造收入来偿还，当然，"B001"本身对马尔默的旅游业也有极大贡献。

老城西侧的水中古堡进一步为城市增加了魅力，古堡由丹麦人最早建造，历经改建，现在的造型颇有童话色彩，里面开辟有自然史博物馆、市博物馆、美术馆、科技博物馆和航海博物馆。古堡西北角还有一个小渔村，开有几家朴素的海鲜餐馆，也有水上观光船码头。

古堡北面就是西港区，二者之间隔一条公路和一条荒废的铁路，公路、铁路边还有许多看上去已经空置了很多年的工厂，步行这段路没什么乐趣。火车站至西港区有公交车，但车次不密。马尔默给人的最强烈印象之一是人少汽车更少，据瑞帕鲁市长在上海世博会上介绍：2002年以来，使用公共交通的马尔默市民增加了300%；29万城市人口中，40%的市民选择骑自行车上学或上班。"我家离办公室只有1公里远，所以也尽可能地骑车去上班。"在马尔默，"5公里之内出行不骑车是可耻的"。

老城中的很多商店明显是针对游客的，主题肯定会有航海元素，另外，北欧人一定不会忘了宣传他们祖先是海盗的历史。

老城中遗存的汉萨同盟式的红砖老房子。

马尔默古堡前骑自行车和步行的人们，现在看这些人觉得他们很惬意，但刚下过雨，想必下雨时他们也会很狼狈，要想让自己的城市绿色，每一位市民都要做出一些牺牲。

左下2图：小渔村和村中商店在出售的熏鱼，鲜鱼可能只有早晨才有。村中也有游船服务，有旅游团队在此登船。

在到达西港区前，远远就能望到HSB旋转中心大楼，摩天大楼的标志性作用还是非常重要的。大楼前面是"B001"前新形成的一片综合商务区。

西港区前的老工业区中还有工厂在运行，不过，看不出有污染物排出。

"B001"前部的商业配套设施。

"B001"的特色

远远就能望见西港区的新地标HSB旋转中心，这座造型极富创意，190米高的纯白色商住大楼由西班牙建筑师圣地亚哥·卡拉特拉瓦设计，现在有北欧现代设计中心设在其中。北欧的现代设计以简约的工业美风格常年流行于国际时尚界，而卡拉特拉瓦这位南欧建筑师为其又注入了地中海的浪漫气息。另外，大楼的上部有观光层，在那里可以俯瞰"B001"全景。

从铁路线要走到HSB旋转中心下面，还要经过一片尚未成熟的街坊式商务区，其中有几座大型超市，应该是"B001"的配套设施。"B001"核心区的外面和旋转中心下面有几片不大的停车场，待进入"B001"内部后我们看到，其中只有极少数的临时停车位，几十万平方米的高档商住区竟然只有这么一点汽车保有量，而且多是小型汽车，看来在马尔默有私家车真不是一件光荣的事，也难怪沃尔沃汽车公司连年亏损，不得不卖给中国商人。

西港区路网的干道间距约300米×300米，介于这座城市的老城街坊和郊区街坊的尺度之间，"B001"的主要部分就在3块300米×300米的街坊内，位于西港区的西北角，紧邻海岸，一条与大海环形沟通的小河贯穿两个街坊。

300米×300米这个尺度让人觉得近似里坊，何况其内部一般不提倡汽车驶入，然"B001"位于一个尽端角落，即使是里坊，对城市交通也没有影响，不过"B001"内部主要巷道的宽度足以行驶汽车，以备必要时供汽车使用。 每个300米×300米的大街坊由十几个约30米×40米的小街坊组成，大街坊都不封闭，小街坊少数封闭，多数半封闭，群己权界非常清晰，一般参观者足以在其中畅行，同时不会对住客产生太多影响。

不论是整体还是细节，"B001"的形象似乎是在追求里坊式的欧洲中世纪城镇造型特点，其所有建筑虽然或多或少地都带有一些北欧传统民居的符号，但总体上都是现代风格的，同时每一座建筑又都不一样，呈现着独立自由又协调共处的景象。建筑材料可能都是节能环保的，价格不菲，但外表都很朴素。建筑有多层楼房，也有平房；有围合形的，也有线形的、小小的点状的；有合院式的，也有小独院式的。不论形式如何，建筑的体量都不大。小街坊的排列方式在方格网的基础上适度错动、转向，产生一

围绕"B001"的一条河道，两端与海可以连通，对于有雨水收集系统的"B001"来讲，这种河道应该有利于调节储水量的作用。

上2图：在"B001"最重要的入口端，已经是街坊构造的空间仍然以很多过街楼式的建筑设计来强化街坊式的空间感，以抵消入口空间的寥廓感。

从上图中的细节，可以看到"B001"街坊构造中群己权界的清晰性和巧妙性，其一些有小内庭的组团，内庭部分属于一个小共同体的私人空间，小共同体成员不愿外人打扰这一空间，便有权立牌提示。但这种空间并不能泛滥，使此处居民可以到处画圈占地，过分排斥公众。在"B001"中，除了私人庭院，这种私人空间只存在于几个小内庭。

在"B001"内部的一些次要街道上，设有可调节的挡车桩，以使汽车在必要的时候可以驶入，平日则可保持街坊内的安静。

街坊内零星的停车位，估计会由占地价格来调节谁能拥有这样的停车位。

仔细看街坊内的汽车，至少有一部分明确是各种送货车，在西北欧，愿意骑自行车的市民为数众多，而愿意骑自行车负重送货的廉价劳动力显然不好找。

"B001"的许多住户门口，停着自行车。

"B001"雨水收集系统的初始部分，类似中国从前的明沟排水，但由于设计制作精致，便成了环境艺术。

由于有特殊设计的"明沟排水"，"B001"外围这种刻意的环境设计倒显得多余了，不过这样的设计总归不算奢侈。

"B001"中的绿化主要靠街坊建筑的房前屋后，由各住家自己发挥，显得亲切，集中绿化只有几小块。

住户门口的水渠、绿地、环境设施、机电设施，总之一切显得自然。

某个组团小内庭中的绿地。由于直接面对大海，内庭的入口处特设了一座玻璃暖房，供居民暂时避风。

"B001"入口处应该是配套的幼儿园的专属活动场地。

"B001"入口处最大的一片集中绿地，结合河道，只有沙坑、野草和普通的树木，总之，"B001"的公共环境都非常朴素，华丽一点的环境装饰多在各住户的私人庭院中。

像欧洲的中世纪城镇一样，"B001"紧邻开阔空间，故其内部不再需要太多的集中式开阔空间，绿化率也可相应减少。

上4图为"B001"内部街坊4景，街坊式的美首先为"B001"带来了视觉感召力和氛围感染力。"B001"总体上以组团模式规划，同时也以街坊尺度和空间特点为原则，走入其内部，人们都会感觉仿佛走入了传统的北欧城镇，只是建筑的形式和材料有些现代了。

些形状不规则的小广场和小街，在建筑密度比较大的情况下，使空间显得非常舒适。这些设计手段，使街坊内部充满了欧洲中世纪那种自然主义、浪漫主义的气氛，人在这种气氛中会或多或少地产生田园诗般的情怀，这样，人对穷奢极欲的追求就会减少。人的精神是绿色的，绿色城市才能有最基本的保障。虽然"B001"的房子在性能上非常节能，但从马尔默人的交通习惯上看，人们应该相信，他们日常生活的各种习惯都会崇尚节约。

绿色不等于绿化，"B001"的绿化率一点也不高（整个马尔默市区的绿化率也不高），我们来之前，听说这里的房子都有屋顶绿化，事实并非如此，屋顶绿化只有一小部分。笔者估算，即使有小河边的大片集中绿地，每个大街坊的绿化率也不会超过30%，绿地中没有任何名贵树种，也没有值钱的小品、艺术品，其他街坊内的绿化基本上就是一些住户房前屋后的小花圃。但因为有适宜的气氛，在看不见各种节能环保技术的情况下，"B001"已经让人感觉到了它的绿色特性。

从表面看，"B001"的节能环保措施比较明显的是地面雨水收集系统，采用设计精巧的小明沟，同时地面尽量减少硬化，以利吸水。其他的措施并不明显，连太阳能集热板都不多，相关设施应该主要在地下和建筑的墙体、屋顶内。由于绿色技术并不是本书要重点探讨的内容，所以笔者也没有重点考察。

"欧洲村"是"B001"中最大的一个组团，面对被围合的一段河道，负责围合空间的多层公寓建筑以过街楼的方式使河道穿出。街坊建筑由欧洲9个国家9位建筑师的9件作品组成，排在一起像一个住宅博览会，来展示它们各自的传统文化、建筑设计、建筑材料、绿色技术等。虽然9栋房子风格各异，但没有产生不协调的问题。

"欧洲村"建筑的一部分。

欧洲村面对的河道的另一端，建筑也呈围合态势。

马尔默式的成功

北欧的环境本来就好得出名，如今污染工业都倒闭了的马尔默又以绿色为城市最重要的品牌，其环境当然会很好，空气清新得有淡淡的甜意，烟尘油污根本看不到，在马路边走半天，脸上身上一点尘土也没有，我们也相信马尔默市长说的，这个城市能源消耗非常低，也没有偷偷地向大海深处排污。那么马尔默无疑是一座成功的绿色城市，但我们觉得，对于中国城市来讲，它目前还不是一个有普遍性借鉴意义的榜样，原因如下：

1. 马尔默的绿色城市概念要点是绿色产业，不是宜居环境。瑞典在节能环保技术方面本来就有很雄厚的优势，在马尔默城市经济转型需要国家帮助时、在马尔默自身也立志要首先发展绿色经济时，瑞典政府给予马尔默大量的资金和技术支持。"B001"的资金就是国家提供的，建设它首先要净化土壤，然后才是运用各种最先进的节能环保技术，投入巨大，即使它的租售价格比马尔默的其他住宅高3倍，这个项目的利润也会让中国的开发商笑出同情的眼泪，搞不好还是赔钱的，而它日常使用的风能、太阳能的成本也比一般电能高，设备、物业的维护成本肯定也很高。显然，"B001"不是一个成功的房地产开发项目，当年决定建设它时，很多马尔默人就谴责他们的新市长乱花钱搞高档房地产开发，事实上，"B001"的投入中有大笔钱属于科研经费和广告费，马尔默因此成为瑞典的绿色产业品牌和聚集地，向世界输出节能环保的产品、技术、服务，为城市和国家赚钱，瑞典得以继续维持让人又羡慕又嫉妒的国民福利，马尔默的失业问题更得到根本性解决，城市经济也快速增长，这才是马尔默市长最得意的事情。

有多少呼喊着要绿色的中国城市真心愿意学习马尔默的这一根本性绿色举措？即使愿意，还要考虑是否有技术和人才条件。当年马尔默为了未来的绿色产业有通盘的计划，政府利用荒废建筑开办大学，失业工人拿着救济金免费在大学中学习绿色产业的知识技术。而我们的那些"绿色"大学城哪个不是经过尘土飞扬的拆迁，或是推平绿色的田野后全面新建的，然后到处打广告抢生源，学生当然要交费。我们的那些生态城的绿色措施主要是买瑞典等国的设备和技术，这也是一种广告费投入，目的是为了卖房。

2．除了绿色产业因素，马尔默也称得上是一座绿色城市，但它之所以能做到，和它城市规模适度、人口适度、市民普遍有极强的绿色情怀和意识、汽车很少、市长带头骑自行车上下班等特性密切相关，而这些几乎都不符合中国国情。

3．笔者写作此书最想阐述的观念是街坊城市观念，没有这一观念，至少城市的交通问题就解决不好，空气污染问题也解决不好，绿色城市问题就无从谈起，而街坊城市观念在目前的中国国情下完全可以引入。马尔默虽然也是街坊城市，但其交通问题并不是靠街坊模式的精打细算解决的，而是靠大家不开汽车就轻易解决了，这样容易让中国人忽视街坊城市观念的重要性。

4．如果当年马尔默的城市复兴计划中也包括利用"BO01"的效应发展房地产业的话，从现状看，这一点显然不算成功，西港区目前还有三分之二的土地仍然是报废工业区的荒凉状态。看来，国际绿色产业的市场规模目前还非常有限，连一个温室气体排放量的国际协议至今还签署不了。以瑞典的科技实力，以马尔默的努力，成效是有，但情况也显示目前马尔默的绿色产业规模以目前的城市人力资源已经足够应付了，至少不需要为了新产业而大规模增加城市人口，马尔默人的收入水平也没有增长到都能抛弃老房子，买"BO01"式的新房子的水平，所以房地产就无法快速地、大规模地搞起来，城市化规模也没有提高，这倒是再一次向我们演示了城市化需要先有"市"，再有"城"的一般性规律。

上2图："BO01"中的两组建筑，马尔默市长瑞帕鲁说："如今技术成熟、成本降低，这样的住房并不比其他地方的房子贵。"

5. 至于城市"绿色"了，肯定会有一些其他领域的高科技企业及文化创意产业的公司喜欢安身在马尔默，"绿色"对城市的整体知识经济、旅游业等也都会有帮助，马尔默在这方面确实取得了成果，但规模不大，这倒是可以抱怨北欧的人口实在太少了。

当然，我们说这些，绝不是认为马尔默不值得我们学习，除了创造性的城市转型观念和措施、发展绿色产业的决心和技巧之外，笔者觉得其他最值得学习之处就是"BOO1"的规划设计，其通过高密度的建筑规划，首先符合了节省土地、功能紧凑这些最基本的绿色原则；其次，它综合性地体现出里坊空间的亲切、自然、巧妙，和街坊空间的有序、平易相比，还有一点田园空间的自由，它是规划出来的，却像是自然生成的，走在里面，让人特别有一种找到家园原型的感觉。人在面对这种平易又至美的环境时，心被陶醉又能获得平静，应该或多或少地都能放弃一些对奢侈的追求，产生牺牲一些个人欲望，追求环保的情操。

马尔默街头的IT业人士，瑞帕鲁说，如今已有200多家企业进驻西港新区，而且聘用的员工数量远超过老船厂的员工。"可持续发展的城市，不仅环保，而且可以创富。"

如今，成为世界领先的"清洁技术城"是马尔默的新目标。总之，马尔默现在至少是一座格外清洁的城市。

上左图：在城市的大多数路段上，送货汽车在所有汽车中都占用相当的比例，可能在上下班的时候，私家车会多一些。
上右图：看着这座老石桥，笔者不禁叹息，十几年前，笔者家不远处的小河上一座刚刚修好的、桥孔比这座老石桥高得多的桥被拆了，要抬高，据说我们的城市要成为北方水城，这些河里都要走大船。从那时起，除了打捞垃圾的小船，再没船从高桥下驶过，但有无数骑自行车者因桥坡度太大，而在那里吃了各种苦头。

二、"萧条的"绿色城市

自从亚洲工业化以来，欧美原来的工业城市因为劳动力工资高而失去竞争力，导致产业外移或破产，也有一些地方主动放弃污染、高耗能产业，这些地方必须实行产业转型，有的成功了，如毕尔巴鄂、马尔默等，有的没有起色，如美国底特律，后者导致城市深度萧条。而多数成功者，经济总体上可能还是不如工业时代红火，城市相对萧条了，而补偿则是绝大多数人的健康状况好了，平均生活质量提高了。有些人愿意这样，肯定也有人看着中国富人到他们那里大量买房而眼红，他们可能会觉得，要是工业不外迁，而是招亚洲劳工在自己这里生产，咱们欧美人会"穷"吗；肯定也有中国人因为有人靠污染产业富了，然后走了，自己得守着污染而犯"红眼病"，当然还有癌症等其他更致命的病。

社会是复杂的，但社会需要一种主流，当面对生存环境即将崩溃的情况，社会主流是默认现状，只喊喊"绿色城市"之类的口号，还是忍耐相对的"萧条"，及时调整产业与社会公平问题，将决定一个社会的未来。

以文化艺术教育等产业弥补工业对城市产业的贡献，并不是一件容易的事，即使如德国，图为汉堡的一处改造为艺术家作坊和现代公寓的老工厂区，绿色、洁净，但也不繁荣。

西班牙马德里市中心的一处以老仓库改造成的前卫美术馆，位置好、改造前卫、展品充足有品质的此类美术馆，一般还能获得比较好的人气。

德国沿莱茵河的工业城市

1986年，瑞士巴塞尔一家化学公司的仓库发生爆炸，大量有毒化学品流入莱茵河，造成当时轰动世界的莱茵河污染事件，法、德、荷、卢等国蒙受一场环境灾难。虽然事件不是德国公司造成的，但由于德国受影响最重，也因为德国人的主流早已有很强的绿色意识，故德国对沿莱茵工业区的转型加快。

1993年，在欧洲钢铁业总体萧条的大背景下，位于埃森市的几座巨型炼焦场关闭。以废弃工厂改造为公园的做法当时在欧美已经非常成熟，而埃森的这几座工厂更进一步，以关税同盟煤矿工业建筑群的名义申报世界文化遗产，并在2001年获批。德国政府的这些举动，无非是帮助这些工业城市转型，这些工业城市的居住环境大为改善，有些还非常美丽，虽然还保持着相对数量的、有竞争力的、污染轻微的工业内容，但这片曾经大名鼎鼎的鲁尔工业区的经济现状，还是让人感觉不是特别强劲了。

笔者曾经在那一带的火车上，碰上两位五大三粗的多特蒙德人，一位一身是劲，一位只有在谈到足球的时候才兴奋，一身是劲的那一位埋怨另一位只知道睡觉和看球，他则不然，为了赚钱，他与来自中国、印度、巴基斯坦、土耳其等国的国际倒爷正面竞争，一年要到广州、义乌进几次货，然后在多特蒙德等周边城市练摊，当时，他就扛着大包货物上的火车。这位德国人的工作精神令人钦佩，因为他本来应该有比较高的福利，可以像另一位那样只是睡觉、看球、生孩子。同时，这件事也说明那些工业城市存在就业问题。

对于那些工业城市的现状，居住在周边小城镇和乡村的德国人普遍嗤之以鼻，笔者在莱茵河边一座盛产葡萄酒的小镇里还碰上过一对夫妇，当他们听说我们旅行的下一站是科布伦茨时，立刻表示这计划不能理解，有些激动地对我们说像科布伦茨那种工业化的城市实在不值得去，

位于科布伦茨上游的小城奥博·维塞尔，产业主要是葡萄种植和生产雷司令葡萄酒，环境自然非科布伦茨可比。

上2图：德国埃森的关税同盟煤矿工业建筑群遗址中最大的一片，现在成为了公园和博物馆，但其在新鲜感消失后，参观人流就越来越小，然对于保护文化来讲，适当的经济代价也应该付出。

上2图：埃森工业区过去的工人住宅区，和工厂一样，它们没有被拆除，现在成为非常整洁的街坊，其中居民多为退休的老人。

此4图为埃森工业区里似乎是新建的街坊建筑，与原来的相比，工业气息弱了很多，田园气息强了许多，它们在慢慢改变着工业区的气质，好在从前的老房子都没有拆。

这周围有很多小村镇美得不行，他们可以让我们搭他们的车去一两座。其实，科布伦茨还保留着一片挺美的老城。

而那些工业城市的市民，自然不喜欢污染，但也不愿意抹去自己的城市曾经的工业历史，也不愿意拆房，他们希望城市中的工业遗迹也能像埃森炼焦厂那样能吸引到游客。事实上，目前的情况是连世界文化遗产那里的游人也不多，那些城市中由工厂改造成的博物馆游人更少，但市民们耐着寂寞，饶有兴致地看着自己的城市的历史和现在，不论如何，城市越来越干净了，越来越有文化了，纵然干净和文化不能当饭吃，但德国人并不缺饭吃，他们只是生活不奢侈。在此，中国人需要想的是，如果不污染，中国人就一定缺饭吃吗？

而德国人依旧敏感，在日本海啸造成核电厂污染后，德国关闭了自己国家的核电站。

总之，德国那些工业城市现在都面临着城市规划设计需要更高水平的问题，因为城市现在更需要表现自身魅力以提高经济转型能力，这些城市采取的办法除了艺术性地改造老工业建筑，最主要的就是采取各种办法完善、精彩化城市街坊空间，让工业建筑改造也尽量与完善街坊空间结合。

进入21世纪之后，除了日本海啸那次，严重的水污染事件多发生在中国，而我们每次都在启动某种颜色的应急预案之后获得胜利，各种工业项目得以更大规模地建设，看来有些人无论如何忍受不了投资慢增长，经济慢增长。一些大城市也将一些废弃工厂改造为创意产业园区，但更多的新工厂建设起来了，它们都能通过环保评测。

杜伊斯堡是与埃森相邻的工业城市，城市现在也在转型，图为现在成为城市艺术品的老工业设备。

足球对一座城市的作用不可小觑，特别是产业工人比较多的城市。鲁尔工业区中的每座城市，尽管城市的规模并不大，但几乎都有一个著名的足球俱乐部，多特蒙德队、杜伊斯堡队都是著名的"德甲"球队。主要由成熟产业工人组成的球迷与足球队相互促进，球迷中可能有少量足球流氓，但多数球迷不仅非常有教养，还有一种气质，看火车上这位可能是杜伊斯堡队的老球迷。中国足球有问题，恐怕城市中没有成熟的产业工人群体是重要的原因之一，光靠房地产商的钱请外国球星，恐怕不是长久之计。

杜伊斯堡位于莱茵河、鲁尔河的交汇处，从前是有城堡防卫的渡口，后来成为鲁尔工业区中的化工、冶金工业和物资转运中心，城市内遍布工业建筑。在产业出现调整之后，许多工厂倒闭，城市人口流失。近年，由于城市的水运业还比较繁荣，城市便围绕着运河，一方面将原来的工业建筑改为博物馆、公寓、loft式的办公楼等，也建了一些新建筑，首先使市中心区活跃起来，产生复兴的迹象，如上右5图所示。

由于"二战"时老城完全被摧毁，杜伊斯堡的历史建筑基本无存，但老城堡的城墙还大体完整，城堡内的空地被建起了住宅楼，这样似乎使这片住宅楼形成了一个封闭小区，城堡城墙成了小区的围墙，从而成就了杜伊斯堡少见的一个小区。

鲁尔工业区的大城市杜塞尔多夫的市区人口也不过五六十万人，好在这座城市有很多传统的服务业，特别是广告业，使工业衰落对城市的影响稍显轻微，城市也是围绕河道进行改造，一些老工业景物被保留，新建了一些有广告特征的建筑，河中可进行水上运动，使市中心增加活力，如左上4图所示。

沿河道新区的中心区名为媒体码头区，原来是运河码头所在，现在集中了一批最时尚的建筑，包括弗兰克·盖里的作品，如上2图所示，这里自然会成为杜塞尔多夫的年轻人最喜欢的聚会场所。

杜塞尔多夫的郊区新建的街坊式住宅区。

从法国外省到巴黎

欧洲人原本和中国人一样，普遍来讲，所谓小地方人、乡下人一般没有自信心看不起大地方人、城市人，但现在的情况有很大变化，包括在这个问题上本来问题最严重的法国人。直到今天，法国人也可以简单分为两种——巴黎人和外省人，从前当然是外省人不敢怠慢巴黎人，并努力成为巴黎人，像普罗旺斯作家都德那样，主动离开巴黎，在家乡的乡间买个老磨坊，然后写信给巴黎的朋友臭美："现在，您要我怎么来对您那个嘈杂而昏暗的巴黎表示惋惜痛心呢？我住在这个磨坊里是何等的舒适自在啊！这是我长期以来孜孜以求的一个角落，一个充满芳香、煦和温暖的小天地，它远离报刊媒体、车马喧嚣与乌烟瘴气！……在我身边，有这么多美妙的东西，在这里才安居八天，我脑子里就已经联想翩翩，思如潮涌……您看，就在稍前的昨天傍晚，我亲眼看到羊群回到山脚下农庄时的情景，我向您发誓，我是绝不会用这幅景色来换取您这个星期之内在巴黎所观看的那些首场演出的。您且好好估量估量吧。"这种人只能出自极少数多愁善感的文人中间，法国因为普法战争失败而割让阿尔萨斯时，他又写了中国人熟悉的《最后一课》。

几年前，笔者在巴黎外省度过了十几天快乐的日子后，刚刚进入人潮汹涌的巴黎时，竟然有些不适应，其实，巴黎虽然城大人多，市区常住人口也不过200多万，不及中国的多数二三线城市，巴黎的流动人口数量也不会超过北京。

普罗旺斯地区的小城市奥朗日老城中的两个可以餐饮的角落，一个可以看着古罗马剧场，一个有美丽的喷泉，这种品种的餐饮场所在巴黎不花大价钱是很难找到的。

我们出火车站以后乘公交车去另一火车站附近，车上自然会有一些法国外省人。不久，公交车进站后出不了站了，因为和前面一辆奔驰轿车距离太近，公交车司机拼命鸣笛，但奔驰车没有前移，公交车强行左拐，结果蹭了奔驰车，我等乘客只能下车，我等旅行者只能忍了，但有法国外省人不准备再忍巴黎人了，一位样子显然不是巴黎本地人的中年男子冲到奔驰车前质问司机，他的意思应该是你们巴黎人为什么这么不懂事？车里的

卢瓦尔河边应该是一座发电厂之类设施的冷却塔正在排放水蒸气，水蒸气直接变成了云彩。如果这座设施声言自己是环保的，无疑令人信服。

下3图：奥尔良老城中的一个小广场的3个角度，在这种小广场上盘桓，会令人非常惬意。巴黎有很多一流的广场，但这种尺度的广场却很难找到如此品质的。

上2图：奥尔良老街上的两个片段，同样，这样细腻的小街也不容易在巴黎找到了。

司机可能因为别的事心烦，再被蹭车，早已义愤填膺，再被外省人这样指着脸骂，气得似乎人要爆炸，很快冲出车和外省人扭打在一起，外省人的妻子夸张的尖叫，她应该是想表达她想不到巴黎人这样野蛮。

实际上，如果你能静下心来，就会感到巴黎实在是一座迷人的城市，巴黎也有很多愿意助人的人，巴黎的交通情况远远不能和北京相提并论，巴黎的空气质量也很不错，而且，在笔者于巴黎数次很短暂的停留时间内，数次看到了原来只在海拔3000米以上才看到过的天象，何况，凭那些文化场所，谁不想好好看看、好好感受巴黎呢。

然而，巴黎的确很少再有法国外省那些中小城市中可能更迷人的气息，那里空气质量更好，笔者从前面提到过的卢瓦尔河边那两座冷却塔附近的布卢瓦和奥尔良刚进巴黎的时候，强烈感到城市空气的不同；那些小城市的食物也更鲜美，人也更和善，反正我们没有碰到有人打架。

巴黎人也说，卢瓦尔河流域是巴黎的后花园，巴黎是奋斗的地方，卢瓦尔河沿线的城市是休憩、养老的地方，一个国家的城市需要这种配置，关键是人住在小城市没有太多的不便，不会受到歧视。

实际上，原来在这方面问题比法国还严重的中国，近年也有一些微妙的变化，很多农民会说，我们自己吃的东西和卖给你们城市人吃的东西是分开种、分开养的，化肥、农药的使用量都不一样，没办法，不这样做我们农民生病了没钱到城里看医生，而出售的农产品如果成本太高就亏本。也有过几位县级领导亲口对笔者说，你们城里人自己算算，中国生产的粮食蔬菜怎么可能都用干净水浇，中国哪还有那么多干净水，你们城市人在一般市场上买的粮食蔬菜，没有多少是干净水浇出来的，不如到我们县城来买房住吧。

然而，真正有这种优势的县城和乡村在中国只有一少部分，大城市的工业如今多在尽力向郊区迁，进而向乡村迁，使多数小城市、乡村的污染可能比大城市更厉害，大城市的污染目前主要来自整体环境污染和汽车尾气污染。而同时，几乎所有好资源都在向少数大城市集中，特别是教育、医疗，大城市的就业机会也多得多，还有，舆情密集的城市总是比很多无法无天的乡村安全，所以，中国大城市的一个户籍现在仍然千金难求。

巴黎的青少年可以在距离卢浮宫金字塔如此近的草坪上踢足球，至少让人看到了巴黎的一种自由。

巴黎的拉雪兹、蒙帕纳斯等葬有许多历史名人的公墓既是特殊的公园、绿地，又是特殊的精神园地。

卢浮宫边的前巴黎皇家宫殿庭院，由于其后有一座绿化很多的花园，这个庭院的环境设计就没有一丝绿化了，但儿童特别喜欢在这里活动。

位于蒙田大街上的香榭丽舍剧院，1913年，斯特拉文斯基的《春之祭》在此首演，他从此结识了香奈儿。现在这条街上名店云集。

蒙田大街上的迪奥店橱窗，巴黎的橱窗设计以城市元素为主题的越来越多，可惜还未见以中国城市为背景的，以让中国购物者更加兴奋。

蓬皮杜中心前的斯特拉文斯基水池，虽然建成已经很多年了，但它没有像其他时尚的东西一样，容易过时。

除了塞纳河，巴黎市中心还有圣马丁运河等河道，活跃了局部的街坊空间。

巴黎地铁的很多设计非常强调街道感。图中画框中的建筑是已经不存在的原圣殿骑士团总部。

绿色的中型城市——南特

让我们再回头看法国的绿色城市吧，卢瓦尔河下游的南特在2003年被《L'Express》杂志票选为法国"最绿色的城市"，《LePoint》杂志在2003年与2004年票选其为"法国最适合居住的城市"，《Times》杂志在2004年8月称其为"欧洲最适合居住的城市"，然而，它曾经和德国沿莱茵河的城市一样，是一座依托河流的工业城市，而再早，它则是一座血色城市。

9世纪的诺曼入侵使凯尔特人的南特长时间成为荒城，10世纪，有凯尔特人血统的布列塔尼人才收复南特。18世纪的贩卖奴隶生意，使南特成为当时法国最富裕的港口城市，受害者又变成了害人者。无论是诺曼人还是布列塔尼人，先祖都是海上民族，科幻小说作家儒勒·凡尔纳就出生在南特的一个有航海传统的家庭，童年时的他曾经偷偷上了一艘海船，想瞒着家人出海，被抓回后，他还是靠着知识和幻想写出了大量如《海底两万里》的书，成为畅销书作家后，他才如愿以偿地买了游艇，到处畅游。在欧洲废除奴隶制之后，除了航运业，南特又发展起造船等工业，城市持续繁荣，1826年，欧洲第一个公交车系统在南特出现，至今，南特的公交系统也特别有名，这也是它能成为绿色城市的一个要素。

20世纪70年代，原来位于南特老城南面、卢瓦尔河一座河心岛上的南特港迁到了卢瓦尔河的入海口附近，接着欧洲造船业市场快速被亚洲企业夺取，半被迫半主动的城市经济转型使南特开始萧条，尽管政府、企业想了很多办法，使南特的第三产业很有起色，但南特的经济不大可能再回到工业化的红火程度了，更回不到贩卖奴隶时的暴利时代了，好在南特人看上去对现在的生活挺享受。

此2图：南特卢瓦尔河边新建的公寓楼，在寻求比较灵活的群体造型。

上2图：卢瓦尔河南岸某新公寓区，上图是临城市干道的公寓区入口，下图是公寓区内部，虽然有些小区的痕迹，但其对外不封闭，内部也特别强调街坊空间，外部车辆可以进入这样的空间。

上2图：卢瓦尔河南岸另一组公寓区，更加街坊化，上图中的街坊街道引入了一些中世纪里坊空间的特点，但可以容纳汽车，下图所示的公寓内庭极为简洁。

南特街头的其他新街坊建筑，建筑出入口直接面对城市街道。

南特的城市边缘也新建了少量的因规模较大而产生了小区特点的公寓区，但其建筑设计还在注意使建筑风格多样化，以适应街坊城市的总体环境。再有就是这个小区处在铁路线边的尽端处，没有需要穿行的车流。

上4图：原来的码头区已经被改造得比较成熟的部分，整体是工业公园的形象，工业厂房多被改造为艺术展览空间。

左图：码头区最著名的艺术品——一头用老工业设备制造出的机械大象，行走自如，成为工业公园中的游览车。

下3图：以老工业建筑改造出的时尚建筑，多作为现代化的办公场所使用。

上右2图：码头区新建的绿色居住建筑，外形多朴素。

安家在河中的小建筑师事务所。

左2图：码头区的河边新增加的步行系统，没有拆掉、反而利用了原来粗糙的工业设施。

　　南特第三产业发达的表现之一是城市里有许多物美价廉的公寓式旅馆，住在这种公寓里可以更了解南特人普遍性的居住模式，以及这座城市日常的运转情况。无论是从火车站还是飞机场，到笔者预订的公寓都有公共电车，公寓在卢瓦尔河南岸，一片新的、街坊式的公寓楼群中，楼群中间的公共街道有意模仿中世纪的一些造型手段，使其有艺术性。由于我们到南特那天是周末，街上车更少，骑自行车的人可能和开汽车的人同样多，而步行的人最多。商店普遍关门，好在公寓旁边的一家家乐福超市还开门，使我们能够自己烧一顿饭吃，我们也通过自己得到的这种方便性，体会到了这一带居民平日生活的方便性。

笔者住的南岸和南特老城所处的北岸之间的河心岛，原是繁忙的工业区和码头区，现在那里有些萧条，工厂几乎全部停产，尽管从21世纪一开始，南特政府就将改造这座岛视为城市建设重点，将一些老工厂改造为文化艺术场所、公园、商业设施，再在其旁边建造办公楼和住宅，以吸引人流，这些建筑都采用了一些节能环保技术，除了河心岛，火车站和河北岸之间的原仓储区也新建了不少绿色建筑区。南特的长远目标是将河心岛建设成为新的市中心，虽然有相对成果，项目设计也非常精彩，在艺术创意方面，法国人一般不会输给德国人，但目前南特人气最旺的地方还是老城。

　　南特老城虽然有历史、文化、艺术意义俱佳的城堡、大教堂，有"二战"后修复相对出色的老街，但在旅游业中，它无法在卢瓦尔河流域的众多名城中太突出，

　　那些更著名的旅游城市可能更绿色，如卢瓦尔河流域的旅游服务中心城市图尔等那些更田园化的城市，欧洲的舆论普遍将绿色城市、宜居城市这些头衔授予马尔默、南特这些老工业城市，可能也是为了鼓励、帮助这些城市实现经济转型。

坐在南特大教堂前严肃思考的少年。

南特也是法国比较重要的一座大学城，周末，有学生聚集到南特城堡的草坪上，讨论问题的同时，组成了美丽的图案。

城堡护城河中游荡的大鱼，可作为南特这座绿色城市比较生动的写照。

准备去狂欢的大学生。

绿色小城——拉尔特

拉尔特（Raalte）是荷兰一座默默无闻的、很小的城镇，笔者也是因为偶然原因才会到过那个地方，并在那里住了一天，没想到这座小城能给人留下最难忘的记忆，并成为笔者最向往的理想家园之一。

之所以向往那里，是因为那种朴素的小城和小城生活在中国应该比较容易实现，但也可能极端困难。拉尔特没有什么不可复制的古迹和历史年代感，不豪华，没有什么高科技内容，虽然城镇的建筑容积率有点儿低，但与很多中国小城镇也差不多，关键是观念，首先它是街坊式的，其次，它的功能配套非常齐全，也就是说社会资源向这种小城市有所倾斜。

离拉尔特最近、联系最紧密的稍大城市是兹沃勒，每天早晨和傍晚，拉尔特至兹沃勒的火车班次特别密集，以接送去兹沃勒或更大城市上下学、上下班的人，当然，这条火车线上还有其他几座小城镇，这样的主力交通模式比汽车要省时、省能源得多。平时的火车则是约1小时一班，这时火车上也往往很空，所以火车的车厢数也相应较少。

从兹沃勒至拉尔特的铁路线两侧，除了几座小城镇，都是农场，一大片绿油油的草地上，黑白色的奶牛闲逛着，让人对这里的牛奶、奶粉相对放心。从阿姆斯特丹一路过来，铁道边的那些小城镇和后来我们看到的拉尔特形式应该差不多，只是我们只走入了拉尔特。

拉尔特火车站边、对面的小镇边、拉尔特城里等地都散布着少量工厂，看样子也在生产，但没有感觉到它们有什么污染，小城里还有一些公共建筑、少量教堂，除此之外，就是独栋式或联排式的小住宅，这些基本上都直接面对城市街道的住宅几乎都没有任何围墙，但每家门口都有一个私人小花园，至多在小花园周边有一圈矮篱，花园都经过精心整理，但这不是为了给外人看，拉尔特基本上没有旅游业，这只是拉尔特人生活的一部分。朴素的红砖房子上没有防盗门，窗户上更没有防盗网，这些小房子从前应该就是工人住宅，现在看上去，比很多豪华别墅美得多。

小城的公共服务设施相对集中在几个区域中，一般地都围绕一个广场，几条小商业街展示着时髦的橱窗将人引到广场，广场本身远没有南欧

上4图：拉尔特的街坊小住宅4景，有些房子还保留着传统的草顶。

拉尔特市内现存的工厂，至少外表非常清洁。

右2图：拉尔特的商业街，有些商店楼上有公寓等空间，商店中的商品粗看上去不比阿姆斯特丹落后。

广场的艺术级别，它们只是功能性的，广场上至少存放着3种超市的手推车，相应地，小小的拉尔特至少有3家大型食品超市，这可能是防止垄断的举措，超市边的小街上则有餐厅和咖啡馆、酒吧。

相比阿姆斯特丹、鹿特丹那种荷兰大城市，拉尔特更干净整洁，虽然绿化率不是很高，但人离田园更近，身边的小花园更使人觉得自己拥有绿色，小城的垃圾清运更及时，城市虽然不大，但污水处理设施齐备，在城市中不会看到任何污物，闻到任何怪味，听到任何噪声，虽然它不豪华，但人能在其中处在最舒适、最放松的状态。

商业街上的橱窗，时尚度完全可以媲美阿姆斯特丹。

市内的教堂和公共建筑。

去拉尔特的火车上带着折叠自行车、滑板等连接性交通工具的学生。

路过的小火车站，比拉尔特火车站还要小。

市内存留的高塔，可能是水塔。

拉尔特一座养老院的内侧花园。

三、绿色城市的规律

我们已经介绍了不少国际上的大中小型比较绿色的城市，现在应该总结一下它们的规律了。对应中国的条件，我们首先要排除一些不可比性，我们不能重点讨论那些度假城市，欧洲那种几万人口的城市每年能迎来几百万游客，它们可以不需要任何工业，城市当然是绿色的，否则谁来度假，中国能这样的城市目前还很少；还有那些真正的品牌型城市，如出产奔驰车保时捷车的斯图加特、出产宝马车的慕尼黑、有大量金融大鳄的纽约、伦敦、法兰克福、有空中客车公司的法国图卢兹、有众多时尚品牌的巴黎、米兰等，它们各自控制着牢固的国际市场，少数生产性人员创造的高额利润可以使那里的市民乃至国民享受高福利，使那些城市拥有更多的博物馆等绿色场所，而不是一般工厂；同时这些城市中除了少数超大型城市，人口密度和中国的大城市没有可比性。

以中国目前的发展程度，实事求是地讲，要成为国际性的文化潮流开创国、时尚风格引领国、高科技技术、服务主要输出国等，还需要比较长的时间。目前，中国还是要适当保持世界工厂的地位，只是不能不顾环境和资源的代价，以污染来实现只能少数人享用的超额利润，除非我们认为，污染工业创造了GDP，制造使用环保设备又创造了GDP，污染造成人的健康问题，而医药业又创造了GDP的这种经济和社会模式是合理的、必需的。我们需要承认，如果有些国家容忍污染，那里的工人容忍低工资的辛劳工作，中国的世界工厂地位就没那么容易获得，中国现在需要在维持就业率和放弃污染工业之间求得一种平衡，而不是只顾GDP。未来的城镇化会再产生2亿～3亿市民，这个数字是欧洲3个主要工业国人口数字的总和，难道中国还需要再建很多很多的工厂吗？这些产能有市场吗？

一般来讲，工业太多的城市不大可能成为绿色城市，人口太多、汽车太多的城市也不大可能成为绿色城市，但中国的城市就是这样，所以我们只能有相对针对性地总结那些可以让中国城市尽量绿色一些的绿色城市规律。

绿色城市的一个重要特征就是可持续发展

《我们共同的未来》一书是世界环境与发展委员会对关于人类未来的报告，书中对可持续发展作出的释义是：

"可持续发展是既满足当代人的需要，又不对后代人满足其需要的能力构成危害的发展。它包括两个重要的概念：

'需要'的概念，尤其是世界上贫困人民的需要，应将此放在特别优先的地位来考虑；

'限制'的概念，技术状况和社会组织对环境满足眼前和将来需要的能力施加的限制。"

什么是更好的城市和建筑？城市规划师、建筑设计师、城市管理者、开发建设者、房屋的使用者所关注的重点会有所不同，但在可持续设计中应该达成共识：好的城市、好的建筑应当以尊重生态自然为先，因地制宜，减少资源的消耗，有利于社会和城市的可持续发展。

可持续发展的具体策略第一点就是珍惜土地，谨慎开发，本书重点讨论街坊模式，主要目的之一就是为了节约土地。另外，是把重点放在对原有城区的土地开发利用上，还是非理智地扩展城市的范围？这是值得城市管理者和开发建设者们认真思考和研究的问题，这当然不包括面对极富文化价值的古城时。

几个世纪以来，欧洲大多数城市的发展一直延续紧凑型城市的模式，带来的优势显而易见。欧洲紧凑型城市拥有广阔的空间和大面积的森林绿地，保持着良好的城市生态环境；谨慎地开发和使用每一块土地，控制街区规模和建筑高度，保持适度的建筑密度；道路通畅，公共交通系统完善；能源和社区配置集约管理，减少重复建设和独立建设造成的浪费。

随着城市人口的增长，城市的扩展不可避免。控制城市扩展的规模和范围是应当遵循的原则，新开发区域的规划与原有城区应保持合理的交通距离，保持紧凑型城市的格局。过度的城市开发建设、大量的新建房屋占用了越来越多的土地，生态平衡正在遭受威胁。对城市开发的规划和建设要减少主观性，增加对生态环境保护的长远考虑。城市的决策者和开发建设者责任重大，短期利益应当服从于长远的生态环境效益，对土地要集约利用，因地制宜。

街坊模式

这是本书的中心议题，对街坊价值的认识，我们需要先再一次理解柯布西耶，然后再离开他。

当年，柯布西耶最振聋发聩的言论，就是"住宅是居住的机器"，这句话如果改成"城市是生活的机器"，对城市设计的影响可能更直接，实际上，从柯布西耶的城市设计作品看，他正试图这样做，只是，他对机器形式的选择，可能错了。

广义地理解功能，它应该是复杂、多元的，正如后来后现代主义对现代主义的修正，但后现代主义又有些过于削弱功能的客观性。

用柯布西耶的话说："经济规律强制性地支配着我们的行动，而我们的观念只有在合乎这规律时才是可行的。"但他自己并没有按照他自己的这一正确主张行事。

影响人类社会最根本的力量是经济这部机器，特别是在迪斯累利宣称"实用取代了美"之后。柯布西耶准确地意识到这一点，但后来他将精力都集中在具体的新机器上，新机器的确体现出了一些原则性问题，如越强调客观功能的人造物，其形式就往往越单一、简捷，如汽车、飞机、谷仓等这些柯布西耶特别赞美的东西，城市确实与汽车有很多同样的规律性，汽车最重要的性能是快速而安全、省油、废气排放少，其次才是舒适豪华，要做到如此，汽车就需要有最轻便的构造、体型、设计最精密的发动机等，在每次产生突破性的科技创新之前，各品牌的汽车构造必然逐步趋向同一种形式，区别只在无关紧要的风格和装饰处。城市要绿色，就像绿色汽车一样，形式最终也很难五花八门，除了那些度假城市、纯粹的富人聚居区，目前世界上公认的绿色城市都是街坊构造，不论是方格网形的，还是斜格网形的，还是巴洛克式图案形的，总之都是街坊式的。这绝不是偶然的，因为街坊构造能够让城市中的汽车尽量省油、尽量少排废气，这种城市构造，就如同汽车有好的发动机和机械构造，最合理的体型。

柯布西耶探索新建筑、新城市，一个重要的目的就是想使建筑、城市绿色化，本着这个追求，也因为他虽然赞美工程师，实际上他并不想变成一位工程师，他陶醉于"纯粹精神创造"，主张设计建筑平面要"从内部发展到外部；

外部是由内部造成的。"这事实上是鼓励了孤立式建筑的流行，而街坊式的连续式建筑被忽视。柯布西耶努力在开创另一种绿色城市形式，无比宽阔的大马路中间是少量但巨大的摩天楼，这种形式首先违背了他自己强调的经济规律，这种形式需要一次性投入巨大的资金，他本来是主张在战争后尽快为低收入者提供廉价住宅的。其次，这种形式造成汽车成为出行的必需，而且车流集中，即使路宽也无法容纳集中车流，摩天楼的能耗一般的也比低层建筑大。

容易出现空地的地方还有街道的拐角处，如法国奥尔良的这个街角，一座小木制建筑占用了它，便形成了一个有特色的街角。

上2图：欧洲古代的教堂几乎都是按照柯布西耶"由内至外"的原则设计的，所以至少在所谓"拉丁十字"的外侧会出现凹状的空地，中世纪时期城市内用地紧张，这些空地在漫长的时间中很容易被人盖上房子，近现代以来，只要这些有违章建筑性质的房子不影响街坊的交通，它们几乎都没有被拆除，其中大概有它们为街道带来了一种特殊街面美感的因素。上图为法国第戎，下图为意大利费拉拉。

中国的教堂多带一个外院，如北京这座教堂，故正常情况下没有被其他建筑贴建的危险，但院外临街处，因为有很高的商业价值而难逃有建筑贴建，然这些建筑应该都属于违章建筑，它们也实在不美观。

经济学对城市的提示

目前，经济学界对自身定义最受公认的推荐是1932年一位名为罗宾斯的爵士为经济学下的定义："经济学是一门研究人类在有限的资源情况下作出选择的科学。"也就是说，如果发展完全置资源情况于不顾，那就不能算是正常经济行为，可能属于破坏行为。

在这种经济学观念下，生态承受能力和污染问题就成了人类社会必须重点关注的问题。按照柯布西耶所说，"经济规律强制性地支配着我们的行动，而我们的观念只有在合乎这规律时才是可行的。"然而，市场有时会失灵，污染就被经济学家视为是一种重要的市场失灵现象，这时候就需要政府行政力量进行适度干预，但如果正是因为行政干预才加重了污染，那就实在让人没办法了。

一般来讲，经济有高潮期，也有低潮期的，经济最真实、最健康的增长原因，最好是技术进步产生了新经济，提高劳动效率，如果仅仅靠多投资、增加人口，以让经济永远处在高潮期，首先生态就容易出问题。同样，为了城市始终繁荣，房地产价格只升不落，城市就要不停地扩大，人口不停地增加，这样的城市无法绿色。别说中国的巨型城市，纽约、巴黎、伦敦这些城市也无法做到非常绿色。像北京这样的巨型城市，在自然资源方面严重缺水，而目前北京年耗水量已达到10亿吨；在气候方面，冬季需要长时间采暖，夏季需要长时间空调制冷，再由于规划有本质问题，造成交通异常堵塞，人们尽量买私家车，因为他们在自己的车里堵着总比在公交车上堵着又挤着强，所以即使北京清除了重工业，空气污染仍然十分严重，保持水资源充足并清洁，也是非常难的事。

另一方面，国家间的经济竞争似乎在要求大国要有一些大都市、大都市群，为了使这些大都市尽量绿色，首先要严控它们的规模，不能无限大，在中国国务院的规划中，北京2020年的人口指标是1800万，而2010年时，北京实际常住人口已达到2000万，是规划不合理，还是它形同虚设？要解决北京等中国巨型城市的问题，至少，它们不要成为养老城市，更不能是身份城市。那么，这些巨型城市周边，应该规划许多像拉尔特那样的非工业化的小城镇，其主要目的不是换周边农民的土地，然后做抵押去银行贷款，也不是让都市人过5+2生活，而是分流都市中心区的功能和人口，特别是不再工作的老人，应该有制度鼓励退休人员到小城镇去，自然，小城镇就应该有比市中心更好的环境，有保障的交通，还要有医疗保健等配套设施。我们现在有一个误区，认为养老对应的就是养老院，或者更严密的机关组织，然老人大部分情况下只需要的是舒适的家，只有少数情况需要护理。

笔者没有详细的统计数字，只是从观察中觉得，欧美那些大都市中老人不多，而像拉尔特那样的小城，老人就比较多，小城里除了有医院，也有养老院。由于小城的整洁美丽，住在拉尔特的人自然觉得自己不比阿姆斯特丹人低一等。而目前的中国，资源严重向大城市倾斜，各种宣传也在灌输只有城市生活才是美好生活的观念，虽然城市包含小城镇，但中国人都知道，那是指大城市。好像中国很快就不再有"县"了，尽管其他城市化率更高的工业国还遍布着县。

经济因素本来就是影响城市的最重要因素，而这种影响力还越来越强。很多资源本来不充足的地方因为突发特殊的经济机会而生成大城市，如威尼斯等，这种城市往往会有其他的沉重负担，如威尼斯需要谨防海潮，香港需要大陆向其提供淡水等，香港的优点除了街坊模式，还有比较注意保持了经济的多层次，许多传统的渔村、包括水上人家都被保存下来。

新加坡也是一座严重缺乏淡水的城市，所以雨水都被尽量地收集起来，但还是需要向马来西亚购买大量的淡水，经常因价格发生纠纷。

河南省三门峡市的新区，建起许多华丽的公共建筑，但被沙尘暴笼罩着，扩建城市据说是为了吸收农民进城，但路口标志着农用车不得入内。

迪拜也不是一个适合兴起大城市的地方，缺水、高温，但中东需要现代化都市，特别是伊朗等国的石油财富需要出口，它就应运而生了。

适宜骑车和步行的空间

绿色城市一方面要尽量使汽车在城市中行驶顺畅，因为堵车时汽车废气排放得最厉害；另一方面要尽量减少汽车和它的出行量，在多建设公共交通系统的同时，鼓励市民骑自行车和步行。然而，像北京那种空气质量，如果倡导市民们多骑车、多步行，甚至跑步锻炼，那等于在助人生病。另外，城市要提供适宜骑自行车和步行的空间，这就又要回到街坊模式。在街坊城市中，大多数城市道路宽度适中，汽车的车速也适中，这使骑自行车者感到尺度舒适，并有安全感，也不像在大宽马路上骑车，需要冬战西北风，夏战烈日。步行者更需要适宜的空间尺度，还需要美丽的街景和多样的生活态，同时，在不想多走路的情况下，必需的步行距离可以尽量短。

在里坊城市中，沿街围墙多，有商铺的街道总长度也远远比街坊城市短。由于长时间注意力更多地在点、面上，除了少数大道，线状的街道质量普遍不被重视，使街道没有美感，让人走起来容易感到乏味。街道不能都由柯布西耶那种"从内部发展到外部"的、通常造型有许多大幅凹凸的建筑组成，街道需要一个基础的沿街建筑面，再有局部变化，需要有一个基础的线状空间，再有局部广场等。

长时间以大院、小区为城市原子，使中国的城市中基本谈不上有街道美，建筑基本上都是独立式的，能充分展示它们的腰身，只是它们的多数并无魅力，而且有很多重复，最要紧的是多数建筑与街道之间有较大的距离，使街道上的人无法与建筑有交流，便有急于谋生的摊贩填补这段距离，所以中国的城市中需要大量的城管。

如果城市是街坊式的，建筑几乎都紧邻街面，并向街道开设门窗，每座建筑的建筑师、业主除了要美化整座建筑，都特别注意美化门窗，由于他们人多势众，在人的艺术才华均等的情况下，出好作品的概率也比里坊城市中几十座建筑的造型加所有细节都由一个领导，或老板，或建筑师说了算要高一些，这样，街道更容易发展成为一条露天的美术馆展廊，至少是一条露天的商场走廊，那么，人不仅不会对步行的距离长一点有怨言，还会主动去走。骑自行车的人也是一样，自然愿意在这种性质的街道上骑车。

捷克布尔诺，即使是城市边缘的住宅区，也是街坊式的，很少有围墙，只是在世界文化遗产——密斯·凡·德·罗设计的图根哈特别墅外，有一段围墙，也是通透的。

巴黎左岸街坊中次要道路上专门标示的自行车道。

英国约克老城中，自行车道被铺装上了更平滑的地砖。

德国法兰克福市中心的罗马广场，新旧建筑共同构成的步行空间，在大都市中更显珍贵。

伦敦街坊区中坡度较大的路段的自行车道被夸张的颜色提示。

纽约曼哈顿宽阔的人行道，容得下骑警灵活穿梭，这是商业区需要的。

下2图：为了街道的线状空间，如华盛顿的美国联邦调查局大楼、柏林的英国外交机构建筑等这些可能有保密问题的建筑都紧紧临街而建，连个小前院都没有，建筑还要想部分使内部空间与街道空间有些互动。

302

左上图：城市中空旷的、人流又大的空间容易被急于谋生的小贩挤占的问题不仅在中国存在，如意大利热那亚老城外的海滨，欧洲城市面对这种空间一般的会有计划地安排一些摊位，对卖食品的无照摊位也通常比较宽容，但图中的老兄正在卖假LV包，警察就不能不严肃一些了。

右上图：欧洲城市的商店几乎都沿街，商店多可以占用一些门口的室外空间，但占用的时间、范围肯定有严格规定。

左上图：由于过于拥挤，香港的城市步行空间多被开辟在高于地面的二层空间上，也不失为一种灵活的方法。

右上图：按照规划条件，中国的住宅小区建筑都要与城市道路拉开相当距离，但许多住宅小区又被要求建设商业面积，这些面积经常以底商的形式建成。对于底商与道路之间经常需要存在但影响底商经营效果的绿化，低档小区一般采取逐渐践踏使其消失的办法，高档小区不行，如上海浦东的某小区采取了如图示的办法，市政方面也配合安排了停车位，但底商的功能也只能是咖啡厅一类。

上海商业区的人行道中比较好的段落。

由美国名建筑师设计的北京某小区，外部虽然有大片绿地，但绿地与小区间有快速路分隔。

空间与情绪

空间显然是能影响人的情绪的，不仅是好的街道空间可以吸引人多骑自行车、多步行，空间的绿色意味也能促使更多的人成为环保主义者，任何城市，如果它的市民都是没有一丝一毫环保意识、自私自利、穷奢极欲的人，那么不论它的绿化率多么高、节能环保设备多么齐全、管理多么严，它也很难成为绿色城市，蚂蚁搬家的力量几乎永远比运动的力量更大，更持久。

目前，一说城市要绿色，中国城市首先想到的除了上设备，就是回归自然，不仅要增加绿化，还有把湿地、森林搬进城市，那人干脆住到湿地边、森林里算了，可这种境界人类在原始社会就实现了，而后来的人类就是想脱离那里。卢梭在启蒙时代号召人类"回归自然"，主要是指精神回归自然，如果是肉体回归自然，那么后来在大革命中殒命的路易十六夫妇做得最好，凡尔赛宫苑中有大片森林，安托瓦内特王后为了更回归自然还在宫苑中建造了一座荷兰农庄，那里有湿地，但他们俩住的大小宫殿，至少在30米距离内，除了少量鲜花，没有其他植物，因为植物里有蚊虫。城市需要绿化、水面，但不能过分，事实上，真正的绿色城市绿化率反而都不高，因为绿化有时会影响空间尺度，在多数街坊里没有行道树，但那并不会影响街坊的空间质量。影响人情绪的主要问题在空间质量，应该不是有没有植物。

平和的情绪是绿色城市需要的，市民如果萎靡颓废，城市连起码的干净都做不到；但如果市民在市长的带动下太兴奋，时时刻刻都想尽一切办法将自己的城市尽快建成国际化大都市，就算把国际化大都市的目标改为绿色城市，结果多半也会是事与愿违。绿色城市需要全面规划、重点措施、重点项目、技术运用，但最根本的，是市民生活方式的变化，要想让市民真正形成适合绿色城市的生活方式，如爱骑自行车、爱走路、主动分拣垃圾等，就需要他们有平和的生活情绪，不要整天总想指点江山、改天换地，过几年就想让城市"不认识了"一回。

在蒸汽机未发明之前，沿泰晤士河有一条拉船的马道，现在这条道被开辟成长达三百多公里的游线，图为这条道在伦敦码头区的段落。

凡尔赛宫苑中安托瓦内特的荷兰农庄，是她为
"回归自然"而建，她只是有时到农庄来玩耍一
会儿，不会住在这里。

农庄附近的小特里阿侬宫，安托瓦内特的真正居
所，可注意建筑与绿化的距离。

德国吕贝克的现代亲水式公寓，这种形式使城市空
间与自然得体地交融。

西班牙巴塞罗那老海港的绿地，也是人工、自然朴
素衔接，又非常得体的范例。

右3图：分别为西班牙马德里、意大利摩德纳、法国
巴黎的特别受欢迎的城市步行空间。

城市的更新与延续

目前，中国城市都以某老市民兴奋地宣布，这座他出生、长大的城市现在他"不认识了"为城市建设成就的一种重要标志，事实会证明这种城市不大可能成为绿色城市。城市需要不断更新，但不能总是推倒重来式的更新。一方面，这样城市总是在尘土飞扬地施工，不可能绿色；另一方面，几乎凡是推倒重来式的城市改造，当事者都会认为这回的城市规划十全十美、天衣无缝了，所以容不得掺沙子，必须尽量彻底地捣毁旧的，才好建立新的，不能不一鼓作气，因为好规划都是整体性的。然而，可以肯定的是，不久，就会有更新潮的规划在逼迫那个整体性规划进行修改，不符合新规划的东西又要拆。

城市应该是一种生长的状态，不断有新元素插入，但老元素没必要因此被抛弃，可能有人说，中国的老城实在太破烂了，难以维修，必须抛弃。然而我们看看南特，它的老城在"二战"时曾经被英国空军炸得稀巴烂，它的工业区废弃以后也非常破烂，但都被慢慢更新了，关键是有恒心，什么破烂都可以被慢慢更新；关键是不能一味追求城市改造速度，任何工程都要经过深思熟虑，反复推敲，在细节上多花精力，而不是在整体规划的形式上变来变去，但就是不向街坊模式上变。像南特那种城市，城市整体形式早已基本固定，现在的工作就是老城慢慢修复，新区慢慢成熟，工业旧区慢慢改造，别说是历史建筑，老的工业构造也尽量保留、利用，这是最根本的节能环保。不光是南特，欧洲普遍性的绿色城市几乎都是这样。

法国图尔老城边缘处的新建筑，新旧对话，反而使空间更活跃，也不会相互破坏气氛。

伦敦由老码头区改造的新居住区，建筑有用老工业仓库改造的，也有新建的，老船闸也依然保留着，这种模式开辟了一种居住区的经典。

荷兰鹿特丹由于"二战"时被炸严重，老房子稀缺，在码头区改造中，重建了一片仿古街坊，结果显得很虚假。

债务危机中的雅典，在一栋栋地翻修老房子，由于方式得当，老房子焕然一新后，的确能反射出一阵希腊文明的光辉。

在阿姆斯特丹的老街坊中插建的新公寓，直接临水而建，因为保持了原有的尺度，所以不碍材料、形式的适当变化，再强烈的变化应该也可承受。

瑞士苏黎世，老工业建筑改造为旁边商务楼的服务性部分，内部包括餐厅、超市等，从而留下环境记忆。

2010年农历春节，在北京大栅栏改造后新前门大街开街的几天内，天天人山人海，这不太令人奇怪，因为平日的北京地铁都人山人海。但这也让人看到，中国的城市人太需要城市不停地有新元素，包括新街道，尤其是前门大街这种大轴线上的段落，同时又适合逛的街道。那么，如果北京进行街坊模式改造，城市中就会有更多的、值得逛的街道。

大连的一处街坊改造，内部庭院保留了一座老房子的一段墙体，便使空间有了难得的细节。

伦敦诺丁山一座被改造过的水塔。

城乡一体化

"城乡一体化"这个词和"绿色城市"一样不新鲜，也和"绿色城市"一样容易变味儿，我们在这里引入这个词绝不是让城市去打乡村土地、人口和房地产市场的主意，而是像田园城市的理念那样，用乡村元素来帮助城市绿色化。如我们在前面介绍过的柏林城市中的私家小园圃群，虽然也是绿化，但它更有利于让城市人养成适宜绿色城市原则的生活习惯。而靠近每家住宅的私人小花园，可以包括屋顶花园，更可以吸收大量的厨房废水。城市的退休人群和不愿意再做城市人的少数城市人倒应该有权利以个人身份去打农村房产的主意，这一点目前在中国还是一种自发行为，没有法律保障。

绿色城市一个很重要的指标，或者说一种现象，应该是看这座城市的大多数市民是否能吃到绿色食品，这些食品可以靠长途运输，但最好是市民与农民有一些直接的交流，市民有更多的园艺活动。虽然中国的城市中也都有花卉市场，但那些花卉市场几乎都在一座封闭的大院中，与城市空间没有关系。中国城市中的绿地也太少是私人管理的，市民的园艺生活普遍只能局限在小小的阳台，公司化管理的绿地必然程式化、呆板，因为那是生意，不是生活。

而在绿色城市中，城郊人在规定的日子里可以把自己的农产品、园艺产品拉到城市广场上直接出售，这不仅丰富了城市绿色生活、城市人的餐桌，为城市引进了田园美，也是发展城乡经济的一种好办法，像欧洲城市，城市的周边都有许多中小型的食品加工厂，类型丰富，特别是肉类和奶类制品，他们的国家远比中国小，但这类产品的品牌要比中国多得多，异常丰富的制成品或半制成品使繁忙的城市人生活方便，有滋有味，生活垃圾量大幅减少，也使城市郊区和周边乡村人获得了产业机会，人口能够充分就业，关键是二者的生活都能更绿色。

绿色城市除了需要一些技术指标来衡量，也需要一些虚的指标，比如绿色气息，它是中和绿色城市必须有机器的精密性的一种主要要素，这就如同越是高智能、高科技开发企业，其办公环境就越需要绿色气息一样，否则人就太紧张了，活不下去了。城市必然是相对

伦敦原来的木材码头边贴着告示，提醒大家传统的农贸市场在此举办的时间。

紧张的地方，故需要轻松的田园气息。这也和经济发展要兼顾速度和分配问题一样，包括资源分配和收入分配。中国有很多食品加工企业，但现在小企业的日子越来越难过，大企业虽然屡屡爆发食品安全问题，但还是越来越能垄断市场，他们使食品制成品种类越来越趋同，产品越来越乏味，更使产业越来越像一部高效运转的机器。其实，这方面的弊端也是西方最早爆发出来的，如疯牛病，但他们能较快改正。那些在食品生成过程中有各种作用的药剂，多数也是西方人先发明制造出来的，但它们被滥用的记录，很多是中国企业创造的。如果城乡之间有更频繁的互动，那些事应该会少很多。

本页5图：法国城市南锡本来在城市规划史上就很重要，它的巴洛克式规划是此规划风格的一个经典和开创性的作品，而当笔者去南锡时，又意外碰到了它的另一个精彩之处。在欧洲城市中，农产品和园艺产品集市总是能为城市带来欢乐气氛、生活乐趣和城市情调，还有现实的生态食品，南锡显然经常有这类活动，就在斯坦尼斯瓦夫一世开辟的那组精彩空间中举办，而南锡人在活动中还把鲜花特别是蔬菜搬进了教堂，令人惊喜，绿化并不是太多的南锡让人感觉彻底地绿色了。

减轻城市的行政意味

行政城市一般都有更多的绿化，如美国首都华盛顿，但很少有人认为应该将华盛顿视为绿色城市的典范，首先它的资源决定它如果再不绿色一些的话实在说不过去，另外就是这种城市普遍缺乏绿色气息。全世界在这一点上都一样，绿化率高平息不了官僚气息，行政城市的人似乎情绪更不容易平和，华盛顿人的脾气似乎就是美国大城市人中最大的，所以，尽管华盛顿很美，但它给人的感觉不是一座真正的绿色城市。奥地利首都维也纳也是如此，尽管维也纳森林很著名，维也纳市内也有大片广阔的绿地，城市也基本街坊化了，但这座城市的问题是它的总体构造是哈布斯堡王朝奠定的，这个王朝长时间是欧洲保守、反动势力的代表，它为维也纳打造出强烈的帝都感觉，尽管维也纳是浪漫主义音乐的圣地，后来也有大量商业内容，还产生过分离派等新潮艺术运动，但相比巴黎，别看巴黎有众多象征秩序的大小轴线，空间的几何性更强，但巴黎同时有太多的自由平等博爱的圣迹，有更多更时尚的商业内容，文化也更多元，由于穆斯林人口非常多，巴黎等法国大城市一方面容易爆发种族骚乱，另一方面城市中经常会响起可能会令一些人感到吵闹的阿拉伯音乐，但总体上，巴黎给人的感觉比维也纳绿色得多。

那种行政机构和行政型企业一家一栋位于大院中的大办公楼，人均办公面积100平方米以上的城市，普通市民的人均能耗再低，行政建筑的绿色技术再先进，这座城市也很难绿色。

上2图：维也纳老城中的两条街道，有宏伟的对景是它们的特色，这种街道由于尺度好，并不是维也纳行政气息重的地方。

维也纳新开辟出的一些艺术空间，城市气息因此活跃了许多。

巴黎大清真寺，北非风格的建筑，为"一战"后法国政府为感谢殖民地的穆斯林军人参战而建。

清真寺内的茶馆，卖着可口可乐，然庭院的环境绝对迷人。

现在在巴黎大街上碰到的结婚仪式，几乎一半是阿拉伯、法国混合风格的。

旺多姆广场附近的餐厅多是高档餐厅，然这些餐厅的厨师经常像中国排档的厨师一样，没事时在街边闲聊，少了许多"贵族"气。

卢浮宫的一个入口前，街头艺术家正在表演拉肥皂泡。

藏在马莱区中的传统菜市场，附带有许多小吃店。

位于西岱岛上的巴黎警察局附近的街道上总有大队警察来来往往，但他们多数时间里只能跟着城市车流排队走。

至于本来官气就轻的伦敦，连这种有官气的老建筑也被环境消弭掉了。

第二节　中国传统的绿色观念

绿色城市的概念是来自欧美的，但如果什么新概念让我们觉得自己的老祖宗早他们洋人几千年就懂得，我们可能就更有积极性去遵循，同时老祖宗的很多教诲确实有持久意义，只是后人总是不遵循。

在先秦各种思想流派中，由于儒家和法家对专制体制来讲最有建设性，所以对中国历史文化影响最大，而道家、墨家不冷不热，甚至有些批判性，故比较边缘化，而比较中性的阴阳家对人意识的影响反而更深刻。法家主张"尽地力"，这对统治者有吸引力，结果每次地力耗尽都要上演用人类尸体使土地重新有机化的惨剧。儒家的荀子主张："疆（强）本而节用，则天下不能贫；养备而动时，则天下不能病；修道而不二，则天下不能祸。"其中的"本"指农业，"道"指客观规律，道理是正确的，但对统治者有太大的约束性，所以总是被阳奉阴违。道教的老子提倡无为而治，是因为他看到统治者总是逆天道而行，他认为"天之道，损有余而补不足；人之道则不然，损不足以奉有余。"

中国古代的历朝历代都希望自己千秋万代，然而在骨子里，因为阴阳家的思想被普遍认可，所以他们并不指望真能如此，故而对城市、建筑并不主要追求永恒性，而是更追求快速的排场性。阴阳家的另一重大影响是综合了儒家、道家等思想的风水学附着于它，成为中国营造的最重要理论，其中不乏传统绿色理念。

中国南方传统民居中收集雨水的大缸，细长的空间可获得更多的阴凉和风。

一、百家综合

地理、环境决定论虽然是片面的，但它们的理由也是很充足的。中国这片土地丰富富饶，但需要人勤劳劳动，最大的问题是资源分布不均衡，自然灾害频繁。分布不均衡的资源首要是水，洪水旱灾也是自然灾害的首要，耕地自然是多多益善，在古代，获得更多耕地的一个障碍是林地过多，这为尽情使用木材提供了条件和理由。

综合这些地理环境，诸子百家的主张各有侧重，首先都比较强调"节用"，这不奇怪，直到研究资本的亚当·斯密，也强调节约。有些社会思想教育工作者和行为规范者性质的儒家虽然强调"节用"，但由于他们的职业起源类似古代的祭司，所以至少有一部分儒家好从事给权贵布置各种仪式的排场，那是重要的饭碗。虽然这种活动有一定的刺激内需作用，但在古代物质人力不富足时，总是会造成劳民伤财。

人类各族群早期的建筑材料多为木材，后来一些族群转为以黏土砖和石材为主，而中国长时间还是以木材为主，有学者认为这是因为在阴阳五行中，木德主仁，在儒学中仁是最崇高的德。恐怕这只是一个方面，首先木材在古代早期资源多、易得、易加工，这综合地符合了儒家需要排场建造速度快，又要尽量"节用"的两难主张，其次在早期用木材也符合道家主张的"天之道，损有余而补不足"。

由于防洪和灌溉工程需要大量的劳力，防御外部入侵也需要兵源，所以中国需要人口，儒家特别重农轻牧，其中原因恐怕也有牧业养活不了太多人口，但人口过多，一旦没有搞好"养备"，就容易出现社会动荡，农业比牧业在军事上也有诸多不利，这也是中国城市里坊制经久不衰的原因之一。

总体上，在社会经历了几次惨烈的自然灾难和与自然资源有关的人为灾难后，中国的传统意识开始正式倾向于敬畏自然、顺应自然，这具有一定的绿色意识，只是比较被动，而被动越来越阻碍科学技术的进步。同时，中国古代社会总是没有力量阻止一些人贪，提倡"疆（强）本而节用"，是绝不会自动有"则天下不能贪"的效果的。

二、阴阳观念和风水学

要顺应自然，就要了解自然规律，阴阳五行学说就是中国古人对自然规律的理解；敬畏自然产生的万物有灵的思想又使阴阳五行学说更为盛行，最终综合出风水学，成为中国传统营造活动最重要的指导思想。

阴阳五行学说反映中国古人对自然规律的总体认识立足于对立统一和循环的思想，并根据天人合一的思想也这样认识人体生命现象，人要健康，不在于他能否绝对地攫取多少自然能量，而在于他能否顺应阴阳变幻和五行流转的规律，比如北方属阴，所以北方的人居空间应该适度宽敞，包括城市街道、住宅庭院，以能吸纳更多的阳光，并使寒风发散；反之，南方的人居空间应该适度窄深，以形成更多的阴凉，并集聚尽量多的凉风。

阴阳五行学说可视为有原始的能量守恒定律的意味，天底下不会有凭空而来的能量，任何能量消耗都有连带反应，有代价，故而，人与能量的关系应该以调节为主，而不能过分单向消耗。当然，想尽量生活得比别人好也是很多人的天性，可以理解，而这种竞争主要表现在看谁能抓住自然可以传递给人的能量的规律，以比其他人获得更多的这种能量，这便使风

北京城的山水格局模型，燕山山脉在北部环抱着城市，挡住了寒风，在古代的寒冬为城市多留住了一些温暖，但如今却为北京留住了雾霾。

水学大行其道，而不是刺激以能开发出更多能量的科学技术的发展。不论如何，在西方人开始开发绿色科技之前，显然是中国人总体上节约能源，现在他们又在追求绿色发展模式了，所以当中国向国际上宣扬自己传统文化的时候总是以儒学为主时，国际上却更热衷于了解中国的道家思想和风水学。而中国等发展中大国认为在历史中已经消耗了太多能源后成为发达国家的西方国家这时跑出来要限制各国的碳排放量的行径不合理，那确实不合理，但发展中国家也要计算一下，走西方国家先污染、再绿色的老路，对自己是否最划算。

风水学背后虽然有自私的问题，但其积极意义是它主要从保护、优化自然而不是破坏、消耗自然来获得利益，其方式主要是使空间环境利于藏风纳气，所以中国人居聚落的选址多在山环水绕的小盆地中，以获得好的小气候，传统建筑空间也以围合式空间为主，以得到阴阳互补的感觉。然而，令人没想到的是，当年的风水大师们为北京等城市找到了非常不错的藏风纳气之地，但却让今天的雾霾、废气难以被风吹散。然而这实在不能赖风水先生，再说，现在的城市也不能因此都选址在风口上。风水学还要求水流经人居聚落时不能太急，而现在农村处理垃圾的方式主要是自行焚烧以释放二恶英，还有就是将垃圾先堆在河滩，待丰水期一来，垃圾会自行流走，垃圾会因城市那里的河段水流慢而在那里停顿，难道这也要赖风水先生？

上图：承德古城的山水意象，在皇家园林的制高点上，可以远望到分别代表阴阳的两座山头上的怪石，两座山下有供奉欢喜佛的藏传佛教寺庙，制高点前还有佛塔作为前景。

下图：桂林阳朔古城的街道，每一条主要街道均对应着一座喀斯特地貌式的山头，有些山下还有庙宇。

三、与天下同利

孔子说过："世有道则行，无道则隐"，当他碰足了钉子后，他就隐了。似乎是由于他对隐的肯定，使中国两种主要隐居地——乡野和市井的文化地位，在古代并不低下。其实，中国更很早就有阶层流动的传统，不像欧洲从古希腊至文艺复兴，统治者几乎都来自贵族。秦末，农民子弟、又曾经是市井游民的刘邦战胜所有贵族，成为皇帝，那时，儒家还没有从焚书坑儒中完全缓过劲来。

乡野和市井文化地位的不低下使中国古代的城乡发展比较均衡，这也是中国传统文化比较绿色的一个重要原因。然而文化也在开始逐步变味，到唐代，绝对算不上是坏官的白居易在官场不得意时写过这样一首诗：

大隐住朝市，小隐入丘樊。丘樊太冷落，朝市太嚣喧。

不如作中隐，隐在留司官。似出复似处，非忙亦非闲。

不劳心与力，又免饥与寒。终岁无公事，随月有俸钱。

君若好登临，城南有秋山。君若爱游荡，城东有春园。

君若欲一醉，时出赴宾筵。洛中多君子，可以恣欢言。

君若欲高卧，但自深掩关。亦无车马客，造次到门前。

人生处一世，其道难两全。贱即苦冻馁，贵则多忧患。

唯此中隐士，致身吉且安。穷通与丰约，正在四者间。

这首诗名为《中隐》，指出隐居的最佳状态是找个中上层的闲官当，这样可白拿薪水，而隐于乡野、市井太苦。虽然说白居易在写这首诗时很有情绪，但也能反映出，从汉至唐，中国社会已经变了。

当年刘邦由到处蹭饭吃的无业游民摇身一变成为秦朝的低级官吏，一方面说明秦朝吏治开始败坏，急速的郡县制使城市官吏数量大增，乱子反而更多；另一方面说明"秦政"中有一种"平等"的意味，什么人都可以充当官吏。在同时代，中国国民在这一点上是遥遥领先于西方各国国民的。

在进一步当上皇帝后，刘邦爱从反思中获得成就感，一次与群臣喝酒，他问大家："通侯诸将毋敢隐朕，皆言其情。吾所以有天下者何？项氏之所以失天下者何？"有臣子一针见血地指出："陛下嫚而侮人，项羽仁而敬人。然陛下使人攻城略地，所降下者，因以与之，与天下同利也，项羽妒贤嫉能，有功者害之，贤者疑之，战胜而不与人功，得地而不与人利，此其所以失天下也。"听完这话，刘邦虽以用人之道的话题把话岔开了，但他实际上承认了这一回答是对的，其中关键是"与天下同利"。

"二战"以后，面对巨大的社会破坏，欧洲一些思想家开始反思欧洲的文化是否出现了问题，其中英国哲学家汤因比推崇文化相对论，认为世界上各种文化各有优缺点，他特别推崇中国文化，更特别推崇刘邦，认为刘邦治国的方法如果推广到世界，将促成世界的和平统一。汤因比是诚心实意的，不像当年伏尔泰等启蒙思想家夸中国文化、制度是因为受蒙骗或借题发挥。

这就是中国田园、市井文化曾经有过的魅力。自然，刘邦的"与天下同利"主要是与追随他打天下的人同利，但西汉时的农民市民，特别是农民毕竟是中国古代历史中最快乐的同类，有我们前面提到过的汉画像石为证，那时男耕女织的生活美好到人们要以之为素材进行美术创作的程度，这在后世是几乎没有的。

伴随着田园、市井社会越来越凋敝，"与天下同利"的观念就越来越淡泊，而这个观念一淡泊，首当其冲的受害者就是田园社会，进一步形成恶性循环。在中国城市于20世纪初第一次努力现代化时期，一些当时的有识之士便同时致力于所谓"乡治"，与"实业救国"互为补充，当时有黄炎培、晏阳初、梁漱溟等人的工作比较著名。在抗日战争使这些工作中断后，梁漱溟曾经数次去延安，在窑洞里与擅长研究农民问题的毛泽东彻夜长谈。1949年后，毛泽东极度重视发展重工业，希望在天安门城楼上能看到成片的烟囱，梁漱溟提意见希望国家同时对农村农民好一点儿，就是城乡要适当同利，为此跟毛泽东发生当面争吵。总之，农村农民越发成为"朝市"的歧视对象，千年的耕读传家教诲已经没几个孩子能从老师、家长的嘴里听到，石家庄这座城市就因为城市名称中有个庄字，就遭人戏称为中国第一庄，其实石家庄现在也是一幅大都市的样子，只是它总在中国污染最严重的大城市名单中名列前茅，可能是它太想通过发展工业来快些壮大城市了，而城市现在又不能多建烟囱，要绿色，那只能牺牲乡村，在周边乡村大上矿业、冶炼、化工等重污染项目。然而，乡村污染了，城市能绿色吗？

徐州出土的一座汉墓中的石头结构，显示那时中国汉地核心区已经掌握了很高的砖石结构技术，也有很高的实施能力，可惜在城市地面建筑中并没有被广泛应用。看来，和人们寄望墓穴建筑要永恒相比，人们可能确实不太重视地面建筑的永恒性。

四、僵化与重建

中国传统文化由于太早熟，似乎不可避免地有僵化、扭曲问题，如现代的结构主义哲学所言，形成了许多思维结构，思维结构一旦过于僵化，文化就产生强烈的排他性，万般无奈下也会从传统文化中找来东西，以证明那些不得不接受的新元素，其实我们祖宗那里早就有。可能我们写中国传统绿色观念这一节也是我们自己的思维结构造成的，不过我们还是认为，有必要梳理传统，以改良思维结构。

过去在思维结构的作用下，中国人自然认为房子就要由木材来造，这在木材多的时候没问题，可是在木材已经被采光了，因此已经造成严重的水土流失了以后，还是坚持主要用木材造房子，就不应该了。同样，现在的主要建材是钢铁水泥，那么在老城改造时将原来的土木房子拆光，然后用钢筋水泥重造仿木结构的建筑，也是不应该的。

现在，中国城市普遍非常支持拿来主义，国际上新出现什么新流派、新样式、新理念都会积极引入，特别是有关绿色建筑、绿色城市的内容，几乎唯独漠视街坊模式。各种绿色措施会起到很多节能环保的效果，但如果我们要标本兼治，还是需要从街坊意识开始。

此3图：中国西南的一些藏族聚居区，如云南的香格里拉、四川的道孚、新龙等地，传统民居均用巨大的木材建造，民居因此非常漂亮，只是当地的森林也因此被砍伐得非常严重。

绿色城市

第三节　街坊型绿色城市的规划设计原则

我们将绿色城市方面的中国优良传统和国际经验教训都尽力介绍了，我们争取能提出一些具体的、有实际操作性的绿色城市规划设计原则。在总体方面，我们中国人首先要继承和发扬阴阳观念，这有利于我们树立均衡的意识，不要一看到均衡，就认为是搞绝对平均主义。对外方面，我们要多学习外国人在他们自己国内的成功经验，不学习或少学习他们在殖民地的行为，他们在自己国内搞的圈地运动和在殖民地搞的是不一样的，他们也非常注意尽快地让国内的失地自耕农变成城市工人和小业主，在他们成功转型之前，先予以失业补贴。他们在国内很少拆房，但在殖民地却大肆拆房，如清末的北京列强使馆片区，就是推倒重建的。他们在自己国内很少建过于怪异的建筑，但在国外却推销造价奇高而无用的建筑设计。更有一些西方人认为，一旦庞大的亚洲人口也过上需要消耗更多能源的现代生活，地球将崩溃，阻止这种结果的办法有两个，一是阻止他们过现代生活，二是大力开发绿色技术，后者是绿色城市意识产生的原因之一。亚洲人听到这些肯定会反感，但只要绿色意识对自己有好处，亚洲人就应该推行，不要因为报复种族主义者，而伤害自己。我们更应该向那些有真正文明意识和行动的人学习，如那些买得起汽车，却尽量去骑自行车的人学习。

对于伦敦的这个孩子，似乎还要培养他爱走路的习惯。

一、城市总图规律

我们要再一次强调街坊模式，正如前面所指出的，街坊模式的受青睐，在早期可能是为了土地买卖乃至投机的方便，这也从某种角度表明，这种模式比较符合市场经济的规律，每块土地的面积适度，不能太大，以便交易；形状尽量方整，以降低建筑造价。至于土地投机问题，非街坊城市独有，而且，大面积土地的投机，涉及金额往往是天文数字，能产生的破坏力远比小块土地大。

街坊城市中也有很多问题，包括污染问题，但现在事实证明了，从整体来讲，这种模式有更多优点，我们就应该学习，这才是真正的功利主义和实用主义。

自然，一座城市，特别是大中型城市，也没有必要完全是街坊模式，城市边缘的居住区完全可以有一定比例的封闭式花园小区，甚至市中心的一些机构，也可以是封闭式的院落构造，但封闭式的区域必须严格控制规模，特别是在城市中心区。

在又一次可以引入国际流行规划模式后，中国的城市又无意识地引入了一些街坊元素，在大城市的商业区和商务区等地，由于单体建筑都体量庞大，更自然地形成街坊式。然而，规划意识的主流是在追逐现代巴洛克式构图，城市总平面图首要的是要美丽如画，那就要构图好看，至于什么样的构图算好看？似乎没有客观标准，只能靠运气。现代巴洛克式的城市构图方面的楷模，最耀眼的就是迪拜，不论是它的城市平面构图还是空间、天际线构图。近年，迪拜总是在挑战中国城市的建设成就，总是不停地变出新花样、造出新高度供中国城市追赶，使中国城市更不会去注意它的城市平面模式中蕴含的街坊元素。

如果中国的城市也注意引入迪拜的街坊模式，那么迪拜式的规划设计手法似乎很适合中国现在的国情，但是，不是所有的中国城市都有迪拜的各式各样的石油财富，都有迪拜东西中转站的地理优势。目前，中国城市最适合的榜样似乎还应该是欧洲城市。

从牛顿等人发动的科学革命开始，科技就越来越成为影响世界的最重要因素，工业革命产生的汽车使里坊城市模式明显不适用了，而地铁等又在消减里坊模式的弊端。信息革命似乎可以减少人们的出行量，但人类要出行，并非都因为工作的必要。看来，只有等到汽车不再是主要城市交通工具的时候，街坊模式才会不再重要，现在一些欧洲人主动放弃了汽车，也许哪天技术又发生根本性的改变，诸如个人飞行器之类的设施能够普及，大家都放弃汽车了，将对城市的形态发生根本影响。

上4图：从20世纪90年代的迪拜街坊上空远眺今天的超级街坊，到今天迪拜式超级街坊内部。

20多年前，当中国人对世界的一举一动还非常敏感、非常急于学东西的时候，笔者偶然看电视时，见美国CNN的主持人在嘲笑迪拜是蹩脚建筑师尽情放纵的天堂，才意识到尽管可能有石油财富遭嫉的成分，但有钱没文化的城市必会遭人嘲笑，而自己的意识这才从关注建筑发展到关注城市。如今，当年的迪拜城区已经被甩在一边，迪拜有了更新更奇的新城，规划和建筑设计水平也大幅提高，当年的城区是那种比较标准的街坊模式，而它的新城又"放纵"出一种超级街坊模式，即其整体看上去像里坊模式，但由于城市任何细节处均尺度巨大，所以里坊内又是街坊，故可称为超级街坊。这种城市模式、特别是这种城市化模式是否能够成功，世人正在拭目以待。

超级街坊内部复杂的车道，和更复杂的外部车道一样，也不适合步行。

由于适合步行的空间不多，所以空间宽阔的迪拜步行空间往往很拥挤。

绿色城市的基础

总之，连美国的很多学者都呼吁美国城市要向欧洲城市学习，一位美国教授所著的《绿色城市主义——欧洲城市的经验》一书是近年在绿色城市方面比较有影响力的著作，作者在书的开始先大量描述了欧洲城市与他所在的美国城市在空间组织模式上的不同，作者指出欧洲城市，特别是荷兰等国的城市是"紧凑型城市"，相比之下美国城市是粗放型城市。他考察欧洲城市的目的是给高耗能的美国城市寻求向绿色城市转变的经验，而欧洲城市给人最强烈的感受是，它们首先在城市空间方面为绿色主义提供了基础。

他建议美国人首先要放弃通用汽车为他们描绘的"带有房屋、花园和车库的独户式洋楼"的美国梦版本，学会欣赏紧凑型城市中的生活方式，然后才是讨论绿色能源技术等问题的时候。他的主张与我们感受马尔默之后形成的意识差不多。

肯定有许多美国人不愿受这种约束，绿色主义的政治代言人本是美国前副总统戈尔，但在他被人揭露出他的豪宅用电量惊人之后，只好暂时销声匿迹。目前，美国也不想忍耐经济低潮，还在量化宽松，只有欧洲人在努力忍耐经济衰退，这最有利于欧洲继续推行实实在在的绿色主义。

如果要在中国推广真正的绿色城市模式，首先需要中国的城市不再排斥街坊模式，而街坊模式与很多人热衷的构图、大轴线等也是能够兼容的，只是没必要像迪拜那样张扬，更重要的是我们要以街坊模式为根本。

在欧洲，不仅是城市，多数新建的村镇也是街坊式的，图为葡萄牙埃尔瓦什小镇外被橄榄树林包围的新农村。

全面的城市

对于中国人口庞大的大城市，为了避免出现东南亚、南亚，甚至东亚一些大城市出现的混沌状态，城市极有必要具有一个整体的构图、更准确地说是构架，来实现如凯文·林奇所指出的城市意象的清晰性，这种构架如果能有美术感当然更好，只是其不能成为其他城市要素的桎梏，不能因为追求主观的美感而牺牲城市功能。

根据中国的传统，城市宜以轴线等要素统筹城市架构，特别是在周边有山有水的城市，可以引入中国传统的风水意象。风水学被庸俗化的风险的确非常高，但导致庸俗化的因素多与规划设计本身的理念无关，如某座构图浑圆的城市特意在左侧伸出一个小枝杈，以象征左撇子的城市领导将奋力爬上更高的位置，尽管这创意可能是某位以风水大师名义存在的人所出，但这不应该是风水学的责任。

亚洲的很多大城市因为没有一个清晰的总体架构而显得混沌，俯瞰城市时往往让人感觉茫茫一大片理不出一个头绪，而北京虽然城市功能有许多严重问题，但有整体架构。然而，如东京、首尔等城市，城市的人口密度比北京还要大，但由于城市有不同程度的街坊属性，加之公共交通设计更合理（事实上，街坊模式会大大有利于公共交通的布局），使东京和首尔的交通状况比北京要好一点。但城市的快速发展使原本有一个总体构架的东京、首尔到现在也显得混沌了，城市可以靠高效的管理实现尽可能的有序化，但不论如何，这样是事倍功半的做法，不是精彩的城市设计。

目前，中国城市因为里坊传统在汽车时代遇到了很大麻烦，但同时也面对很大的机遇，即世界各个时代，各种模式的城市，也将各自的优劣、特征摆在中国城市面前，只要认真学习，大改造中的中国城市就能集优汰劣，成为全面的城市。

中国城市应该继续发挥有总体架构的好传统，尽量使城市意象清晰化，有方向感明确的轴线系统，有功能性、特征性突出的区域，有令人难忘的标志，有指导性明晰的节点，有界限性和接续性兼顾的边界；同时绝不能将追求时髦构图作为规划设计的主要工作，针对中国城市，目前最主要的工作应该是有意识、有清晰逻辑性地将城市的基本构造转化为街坊模式，更具体的措施是使城市公共道路均衡化、密集化，可以有效承担城市公共车流的道路间距一般不要疏于100米×200米；将群己权界尽量设置在各单体建筑的出入口处，减少半私有空间和道路。目前的有些统计显示，北京的道路面积占地率只有国际上同等城市如巴黎、东京、纽约等的不足一半，车均占路面积更少得可怜，但这个数据必然没有计算北京众多的小区、大院中的道路占地，如果因

左上图：中国城市的构图往往由快速路来勾画，而快速路本身除了嘈杂，还可能会把不熟路的人搞得晕头转向，不如把精力拿出一部分设计路的细节，像马德里这段快速路一样。

右上图：很少有人认为构图一般的纽约曼哈顿是平庸的城市，这并非只因为曼哈顿有很多摩天楼，曼哈顿没有摩天楼的街区同样有动人之处，方格网街坊与少量斜线的交汇处，更会产生有持久生命力的节点。

天津小白楼商业区经过改造后的景象，让人感觉到了历史信息对城市气氛的重要性，只是相对于汽车道来讲，人行道的宽度留得太窄了。

北京三里河综合商业区目前的改造模式，似乎和北京的传统空间比较有共鸣。

下图：巴塞罗那对角线大道东南尽端的新区，建筑多为高层形式，丰富了巴塞罗那的区域类型，其海滩上还有结合了太阳能板的大天棚。

上图：柏林改造的重要对象是国际式的板楼，而在柏林的街坊区里，靠近新街坊住宅那里，新建的GSW公司总部大楼又采用了高层板楼形式，不过它的造型轻盈，非一般板楼可比，它也是一座著名的绿色建筑，悬挂式的屋顶据说利于通风，自动控制的彩色百叶窗可以调节光线、温度，也为城市空间带来变化，街坊片区的确需要类似的变化。

此导致北京再一次拓宽道路，就将再一次错上加错。

适当降低城市中心区的绿化率，不要因为绿化而无谓增加城市道路的宽度，使空间完全丧失紧凑性；不能只从开汽车者的视角去设计城市空间，城市中不能只有少数特设的步行街，要让城市的多数街道既可以行车，也适合步行。为了减少城市的拆改强度，可以将步行廊道作为向街坊模式改造的手段之一。

城市的传统街区可以较大面积地维持里坊模式，以保持古老空间的魅力，区域内严格限制汽车深入，但需要在其周边提供足够的车位，又不致使新旧区域严重隔离；其他普通性街区应重点规划路边停车模式，中国城市中以往过宽的道路设计倒是为此提供了条件，但需要转化为有意识的设计，并不能因此任意增加道路宽度。

城市中可以设计少量的封闭式居住区，特别是在郊区，以满足部分市民对居住环境的特殊需要，但数量需要控制，即使在郊区，每个封闭区域的面积也不宜过大，使公共道路密度过小。

汽车行驶尽量顺畅，减少迷路、兜圈，同时城市良好的环境促进市民多乘公交车、骑自行车、步行出行是城市实现绿色化的第一步。

虽然说我们不能强调理想城市概念，但相对的理想城市应该在每一个人心中都被憧憬过，就笔者而言，目前心中最理想的大城市似乎是巴黎、巴塞罗那、里斯本等，它们全面而有魅力，有相对完整的历史记忆，有新区，可以满足各种人的物质精神需求。但我们在前面已经谈过，中国城市不能全面学它们，因为中国城市的老城被毁严重，历史记忆多断裂，毫无美感的建筑过多，如果以这些城市为样板，肯定会引发城市的大拆大改，一边大面积地造假古董，一边盲目赶时髦。为此，我们在前面重点介绍过德国的莱比锡，除此之外，特别是对于中国的大城市，我们觉得法国的里尔和里昂也值得推荐，这些城市中已经融合了一些在早年可能有不协调问题的近现代建筑，城市的各区域已经不那么"纯净"了，但靠细致的不断发展，城市能同样出色。最理想的是将二者结合，里尔全面、现实，但城市构图过于随意。里昂的城市构造更清晰，对有河的中国城市更有直接的启发，但它有山有水的环境可遇不可求。

上2图：里尔是一个大型集合城市群的核心，周边有很多类似卫星城的中小型城镇，如北面的图尔昆，在里尔是纺织工业城市时，图尔昆是羊毛基地。里尔转型后，图尔昆有些衰落，但城市中保留有许多小尺度的街坊住宅，非常美丽，近年这些房子得到维修，城市开始复苏，很多人乐于移居到这些有历史的房子里。图尔昆与里尔的公共交通非常便利，地铁可以直达。

左上图：由于战争破坏，里尔老城只有围绕戴高乐将军广场的部分还比较完整，那位著名的将军就出生在里尔。广场上的大钟楼是世界文化遗产。广场边一群学生在对着钟楼研究什么，里尔现在也是一座大学城。

右上图：教师在街道的步行区里指导学生，他们身后有里尔老街坊商店的漂亮门面。

里尔大教堂活跃的街面建筑。

里尔的老街坊，中间有一些很细高的楼。

上2图：在里尔的"弗兰德斯"、"欧洲"两座火车站边，集中着一些现代建筑，在很多人的习惯中，这样可以使里尔更像一座大城市。像里尔这种首要需要活力而不是完整保留历史的城市，新旧交错的确必要，反正老城早已不完整了。

公元前43年，凯撒选中罗讷河最大一条支流索恩河汇入干流的地方建立了里昂城作为高卢的首府，从此里昂一直是法国的重要城市，14世纪起更成为法国东部的工商业中心城市，19世纪末开始，很多中国人来法国勤工俭学，他们一般在马赛港上岸，最终目的地多为里昂。现在的里昂是法国第三大城市，城区早已从罗马和中世纪在索恩河西岸的范围扩展到半岛和罗讷河东岸，东岸是新区，TGV火车站和里昂大学都在东岸；半岛是文艺复兴以后建设的城区，市政厅一带是城市的心脏；半岛的索恩河沿岸面对老城的段落有出色的新堤岸设计。

古罗马剧场　　老城　　半岛　　　　　LaPart-Dieu火车站

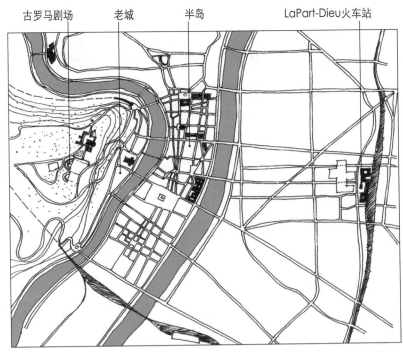

里昂城市平面示意图。

左下图：里昂的城区中存在大量有轴线意象的街道空间，使它显得比里尔明显有规律性。罗讷河上的这座桥有工艺美术运动风格。

中下图：从罗讷河东岸望半岛上的近代街坊建筑和现代建筑，老城后的富维耶山上除了有古罗马剧场，还有高大的圣母圣殿，为拜占庭复兴风格。

东岸的现代主义建筑，虽然东岸的街块尺度较大，但仍然是街坊构造，TGV火车站两边还有许多现代建筑，包括一座摩天楼。

上3图：索恩河的一段堤岸设计，美而实用。左图后山坡上的建筑原来是里昂的纺织工业区，现在还有一些作坊在运作，提供特殊的纺织品。其他建筑已经变成博物馆或公寓。

二、不可小觑的建筑能耗

随着城市化和工业化的快速发展，不断扩张的人类活动正在消耗太多的资源，其中城市的建设和房屋的建造、使用和处置对环境影响占相当大的比重，以英国相关统计为例：

——建筑能耗占总能耗的50%；

——与建筑相关的二氧化硫和氮氧化物排放占总量的25%，沼气占10%；

——1997年，英格兰和威尔士16%的水污染事故与建筑业有关；

——4.7%的噪声投诉针对建筑工地；

——人均使用建筑材料6t；

——每年建筑工地开挖地基等产生的泥土达$30×106t$；

——每年拆除建筑产生的废物达$30×106t$。

相对应，英国工业贸易部的可持续建造简章建议采取以下措施：

——设计最少的废料；

——减少建筑垃圾；

——建造和使用过程中减少能耗；

——避免污染；

——坚持和提高生物多样性；

——保护水资源；

——尊重当地的任何环境；

——监督并及时报告。

可持续发展的理念提倡人们在自身发展的同时，要有环境责任感，立足于未来生态环境的健康和稳定。然而要胸怀环境责任感并非易事。人类出于天性更多地顾及自身的生存和短期的得失，与可持续发展、理性地追求全球长久的共同利益相违背（英PaolaSassi《可持续性建筑的策略》）。

节约能耗的途径首先需要减少化石能源的消耗，建造节能建筑，降低建筑运行的能耗，高效利用能源，鼓励人们行为节能。第二是探求充分利用可再生能源的方法，提高能源利用效率。

三、推广绿色技术

　　中国政府采取的集中供暖、建筑保温隔热、中水利用等等措施已经取得了明显效果，而一些不能给相关部门带来经济利益的行为，如有市民想自行利用太阳能、风能，则遭到这些部门的禁止，这是否不应该？而政府投入的风能、太阳能项目因为有投资而建设顺利，但使用时因成本高而遇阻。不仅水力发电对生态环境是双刃剑，太阳能等发电形式的一些设备制造环节也会产生严重污染，如多晶硅板的生产，加之成本高，故火力发电仍然是绝对主流。虽然火电厂都声称自己有最先进的除硫、除尘设备，但多数火电厂周边会让人明显觉得灰蒙蒙的。

北京市规划展览馆中展出的节能建筑墙体和门窗。

　　凭目前的绿色城市、建筑的技术发展阶段，只靠设备，对城市绿色化的影响还比较有限，昂贵的设备费用和运营费用不靠政府补贴难以为继，在经济利益的驱动下，污水处理厂建好了却不运转，污水还是直排，垃圾焚烧发电厂为了省油不按规定温度焚烧，产生二恶英等毒气，类似问题恐怕大量存在，政府继续补贴的合理性应该是促使绿色技术继续发展，然在发展不成熟之前，绿色技术多是示范性质。然而尽管如此，绿色技术总是要推广、发展的。

在伦敦的西门子水晶宫中举办的可持续发展的城市、建筑技术集成展览中，标注着建筑的能耗量占比是40%，各种统计可能有出入或统计方式不同造成结果不同，展台是一些节能建筑材料。

展览中展示的人类面对保护地球生态系统的挑战。

建筑节能

建筑所消耗的能源包含建造能耗和运行能耗。要达到控制建筑能耗的目标，首先要减少建筑建造过程中的能源消耗。城市规划和建筑设计中，应注重因地制宜的建筑策略，采用被动式设计方法，合理安排建筑朝向，充分利用阳光、风和场地特征，设置性能良好的围护结构保温隔热，根据气候的需要进行热量储存，集成应用合理的节水、节电等节能技术。为了减少建筑的能耗，需要采取措施来改进建筑的围护结构和空间。建筑的运行能耗是为保证人的生活工作需求及舒适性，用于采暖、制冷、通风、照明、热水及设备运转的能耗。根据建筑所处的位置、气候和所在的季节不同，及建筑的使用方式不同，建筑的运行能耗也会有所不同。气候和季节对建筑制冷和采暖的负荷影响最大，但也要考虑其他因素。

德国实现低能耗房屋的技术途径主要有：

（1）提高标准的围护结构保温措施，密封和热回收技术；

（2）采用新的技术和设备系统提供采暖和热水，提高能源使用效率；

（3）利用可再生能源，如太阳能热水、光伏发电、热泵技术提供采暖等；

（4）采用新型材料。

遮阳有助减少建筑室内过热，在室外很热时也减少空调冷却的需求。　太阳能电池板（光伏）可以生成现场的动力。　家庭自动化管理系统可减少30%能耗。　淋浴代替盆浴可节能20%并节水50%。　太阳能热水系统使用免费的太阳能加热生活用水。　刷牙时关闭水龙头可每分钟节省12升水。　紧凑型荧光灯泡代替普通灯泡每年可节省70公斤CO$_2$排放。　收集雨水浇花园和冲厕可节省最高达50%的自来水用量。

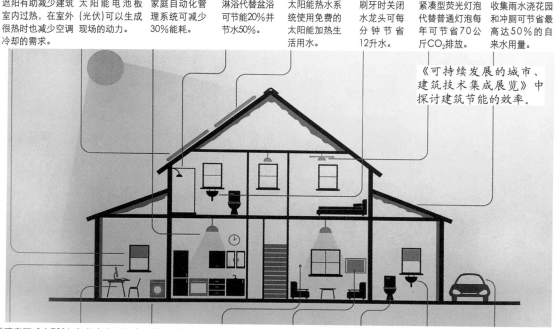

《可持续发展的城市、建筑技术集成展览》中探讨建筑节能的效率。

双层玻璃窗可减少70%的热量损失。添加中空墙体绝缘，建筑热损失可减少多达30%。　智能电表可帮助实时监控和优化能源消耗。　A$^+$级电器减少能源和水的使用可以高达50%。　调低室温1℃可削减达10%的取暖费。　不让电器处于待机状态可节省达10%的电力。　低流量厕所可节省美国家庭平均每天用水量最高达95升，每年34000升的水。　修复一个滴漏的水龙头可以每周节省半池浴缸的水。　电动车辆具有至少降低40%的二氧化碳和温室气体排放的潜力。

开发利用可再生能源

可再生能源通常是指对环境友好、可以反复使用、不会枯竭的能源或能源利用技术，太阳能、风能、水利和潮汐能是可再生能源，而生物质能、地热能则是可再生循环利用的能源。

太阳能是可再生能源中最易取得的清洁能源。在发达国家，与建筑相关的可再生能源利用主要是太阳能光热技术、光伏技术和地热技术。然而可再生能源较为昂贵的初始投资成为它们推广的阻力。随着能源价格的上涨，以及可再生能源技术的成熟普及、设备的大量生产，加之一些国家政府的政策支持，将会助推其被广泛地使用。

太阳能在建筑中的被动式应用自古有之，即对太阳光热的利用。人类从很早开始建造的房屋都会考虑太阳的影响，根据所处气候条件的不同，选择适宜的建筑朝向，多数情况下人们会选择日照最充分的朝向，充分利用太阳的光能、热能，冬季可以吸收和积蓄热能来加热室内空间；而在炎热的夏季，则需要采取遮阳和通风等措施降低太阳热辐射的影响。在城市规划和建筑设计中，首先应该考虑日照等自然气候条件对建筑的影响，因地制宜选择建筑的朝向。

随着科学技术的进步，人们在主动式利用太阳能方面取得了越来越多的成就。主动式利用太阳能往往会与建筑一体化设计，方式有太阳能集热技术、太阳能光伏技术。

太阳能集热技术主要有太阳能热水系统、太阳能采暖技术和太阳能空调技术。太阳能热水系统技术最成熟，应用最广泛。太阳能采暖技术和太阳能空调技术是采用太阳能来代替传统能源，节能效果好，天然无污染，有着很好的发展前景。

有研究表明，到21世纪中叶，太阳能发电量将占世界总发电量的15%～20%，将成为世界基本能源之一。德国是世界第一光伏大国，政府给予优厚的补贴，使太阳能成为一种产业。截止2011年底，德国太阳能光伏累计装机容量已经达到2500万千瓦，德国的许多屋顶都安装太阳能光伏发电板，连田间都经常可见农人搭建的光伏发电板。尽管目前德国政府在太阳能财政补贴方面遇到了困难，但德国的能源政策主要围绕放弃核能并全面向可再生能源转换这一主线，他们还在继续研发新型的太阳能电池工艺技术，以期进一步提高光电设备的效率。

但不可否认，太阳能光伏发电技术目前确实存在一些问题。光伏电池在生产过程中，硅晶体、钢材、玻璃以及逆变器等各种部件的生产都需要消耗一定的资源和能源，并存在污染，其效率的衰减期和成本的回收期都是需要考虑的因素。在中国，目前光伏发电还不能实现并网，以及建造成本的增加，在一定程度上阻碍了光伏发电技术的广泛应用。

地热能是较为理想的清洁能源。地球是巨大的能量储存体。浅层地热能是蕴藏在地表以下数百米深度范围内的地质体（岩土体、地下水和地表水）的恒温带中、具有开发利用价值的热能，其特点是分布广泛、储量巨大、温度相对恒定、使用方便、可循环再生，是取之不尽、用之不竭的低温能源。相对于太阳能和风能的不稳定性，地热能是较为可靠的可再生能源，这让人们相信地热能可以作为煤炭、天然气和核能的最佳替代能源。另外，地热能能源蕴藏丰富并且在使用过程中不会产生温室气体，对地球环境不产生危害。

浅层地热能作为一种非常重要的新型能源，许多国家都纷纷加大了地热能的开发力度。日本福岛核事故发生后，日本对地热能的投资大大增加，将在福岛县建设日本国内最大的地热发电站，预计于2020年开始启用，总发电量达到27万kW。美国地热资源多，是世界上开发利用地热能最好的国家，同时也是利用地热发电最多的国家，既包括低温地热利用方面，也包括设备容量。美国地热资源协会统计数据表明，美国利用地热发电的总量为2200兆瓦，相当于4个大型核电站的发电量。虽然美国地热资源储量大得惊人，但利用率不足1%，主要原因是现有的地热开发技术成本太高。

地热资源的利用方式主要分为直接利用和地热发电两大类。地热能在建筑上的直接利用主要是采用地源热泵或水源热泵技术，为建筑提供采暖和制冷，是目前较成熟的高效节能空调系统。由于地源热泵的热源温度相对稳定，系统能效比高，运行成本低，并且节省建筑空间，十几年来在美国、加拿大及欧洲一些国家取得了较快的发展，近几年在国内也有较多应用。

地热发电是地热利用的最重要方式。地热发电和火力发电的原理是一样的，都是利用蒸汽的热能在汽轮机中转变为机械能，然后带动发电机发电。所不同的是，地热发电不像火力发电那样要备有庞大的锅炉，也不需要消耗燃料，它所用的能源就是地热能。地热发电的过程，就是把地下热能首先转变为机械能，然后再把机械能转变为电能的过程。随着英国地热能的快速发展，对地热技术的投资有助于降低其成本，地热能或将能够满足英国总电力需求的1/5。

南特的光伏电站。

近年来，欧洲很多国家制定过所谓"屋顶计划"，即在各种建筑的屋顶铺设大量的太阳能集热板，图为德国莱茵河边小住宅的屋顶。

伦敦码头区的船屋人家，船的棚顶上也放有几片集热板，还有一些花草，仿佛是屋顶绿化。

城市节水

在城市规划和建筑设计中，应当通过保水、节水、循环利用以及减少对水体污染等方面的措施，实现绿色城市节约用水保护水资源的目标。节约水资源首先要从城市的规划设计做起。城市规划设计中应尊重自然生态地貌环境，将原有的水体纳入保护范围，保留城市河道、湖面和湿地，因为它们是绿色生态城市的有机构成要素。欧洲城市拥有许多著名的河流湖泊，最著名的有莱茵河、多瑙河、泰晤士河、易北河、塞纳河、伏尔塔瓦河、哈尔施塔特湖、博登湖等，它们以风景优美而著名，其实它们不仅仅是一道风景，城市中的水体对收集雨水、改善微气候、存蓄水资源、维护生态环境有着非常重要的作用。

城市做好基地保水设计非常重要。城市中越来越多地使用混凝土硬化路面，增加了土地的不透水化，断绝了大地水循环机能，使土壤缺乏水涵养能力，因而使得地表径流暴增，导致城市水灾频发。再者，大地的不透水化，使土壤失去了蒸发功能，难以调节城市气候，引发城市环境的热岛效应。人们必须使用大量空调来维持舒适度，又带来能耗的大大增加，同时还会加剧热岛效应。

绿色城市要求大地必须有涵养雨水的能力，可以通过"直接渗透"和"蓄积渗透"的保水设计方式。"直接渗透"设计通过增加绿地植被面积、使用透水材料铺地、设计透水管路等方法，使土壤保持高透水性。"蓄积渗透"是将景观水池设计成兼具蓄水和渗透的双重功能，蓄积雨水，自然渗透。

柏林是完全依赖地下水资源的城市，因而非常注重对水资源的保护，采取许多措施保护地下水，严密监测地下水的情况，加强对雨水的收集和利用等。柏林为了减少水泥和硬质路面，执行了一项计划，移除贯穿城市的混凝土路面，大面积种植植被，使用透水地面，增加雨水回渗。建筑的雨落管没有直接排放，而是将雨水导入地下的沟渠或渗水地面，减少雨水的径流。

受岛国地质条件限制，新加坡严禁开采地下水，以防止地面沉降。但作为严重缺乏淡水的国家，它首先必须尽量节水。根据世界水资源权威机构的评估，新加坡每年的"水量流失"只有5%，是全球失水量最低的国家。新加坡政府节约利用水资源的三个锦囊妙计是海水淡化、污水净化和蓄积雨水。新加坡的雨水收集可以说做到了不流失每一滴水，所有道路和建筑屋顶的雨水都会被收集起来。他们在滨海水道入口处修筑堤坝，修建大型水库。滨海堤坝横贯滨海水道河口，是新加坡第十五大水库，也是首个建在市中心的水库。滨海堤坝汇水区面积1万亩，相当于新加坡总面积的六分之一，是那里最大的、也是最城市化的汇水区域。智慧的新加坡人也开始向海水要淡水，他们兴建的两座海水淡化厂制造的水量将足以应付全国四分之一的用水需求。

新加坡的滨海水库。

维也纳城市公园中的大型集水池，可以收放雨水量。

德国城市中雨水管直接入地将雨水送入管网的做法，碎石地面利于渗水。

中国的小区中收集雨水的小型水池，以碎石铺底，这样，即使其干涸，也有环境美感，像日本的枯山水。

宗教改革运动的发源地德国维滕贝格在东德时期城市被严重污染，现已经整治，主街道保留了明沟排水的方式，街道反而显得有趣。

绿色屋顶

绿色屋顶是城市绿化网络的组成部分，它的开发无疑扩大了城市绿色植被的覆盖面积，虽然绿色屋顶会增加短期的建设费用，但屋顶长期提供的功能与附加值远远超过了它的成本。如果更多的建筑都使用了绿色屋顶，将会给城市带来更好的生态效益。绿色屋顶有诸多优点：

1. 隔热性能：土壤和植物会增强屋顶的保温隔热性能，对于夏季隔热和冬季蓄热都能起到很好的作用；

2. 缓解热岛效应：大范围的屋顶绿化会有效地缓解该区域的热岛效应，改善局地微气候；

3. 保护防水层：使防水层免受温度变化的影响，减少紫外线的辐射，从而延长防水材料的寿命；

4. 雨水收集：屋顶的土壤和植物可以很好地吸收雨水，减少地面排水的压力，屋面绿化面积越多，就可以减少越多的暴雨水流。通过缓慢蒸发，可以降低温度并保持空气湿度；

5. 减尘降噪：绿色植物可以吸附空气中的灰尘颗粒含量，减少空气污染。繁茂的植物也可以起到降低城市噪声的作用；

6. 美化城市景观：屋顶是城市的第五立面，其美学效果也不可忽视；

野生动物的栖息地：大面积的屋顶绿化可以吸引鸟类、昆虫重新回到城市中来，形成生态平衡网络。

左图：德国小城维腾贝格，宗教改革运动的发源地，城内有大量马丁·路德的纪念物。历史中除了战争破坏，东德时期，这座城市也遭到严重的工业污染。近年，污染工业被关闭，城市得到整修，不知是恢复的还是改良的，小城主街上的雨水沟是明沟形式的。

右图：各种绿色屋顶的畅想图。

垃圾分类

垃圾分类，是将垃圾按一定的方法进行分类。人类每日会产生大量的垃圾，大量的垃圾未经分类回收再使用并任意弃置会造成环境污染。垃圾分类就是在源头将垃圾分类投放，并通过分类的清运和回收使之重新变成资源。从国内外各城市对生活垃圾分类的方法来看，大致都是根据垃圾的成分构成、产生量，结合本地垃圾的资源利用和处理方式来进行分类。如德国一般分为纸、玻璃、金属、塑料等；澳大利亚一般分为可堆肥垃圾，可回收垃圾，不可回收垃圾；日本一般分为可燃垃圾，不可燃垃圾等。

近年来，发达国家把实现生活垃圾资源化提高到了社会可持续发展的战略高度，垃圾资源化已经成为各国谋求的垃圾治理目标。对生活垃圾尽可能进行回收和循环利用，最有效的途径是尽可能对生活垃圾实施分类收集。这是发达国家在实践中形成的共识。发达国家在推进生活垃圾资源化进程中，都制定了符合本国国情的相关法律、规章和各种标准规范。如德国制定了《关于容器包装废弃物的政府令》；法国制定了《容器包装政府令》；丹麦制定了《再循环法》；日本制定了《再生资源利用促进法》和《容器包装再循法》；奥地利制定了《包装条例》等。这些法律都规定了生产厂家对废弃物治理和回收的责任，并要求最大限度地回收及循环利用生活垃圾中的可回收利用成分。

据统计，德国每年产生4400万吨家庭生活垃圾，其中1900万吨能够得到循环利用，1000万吨的垃圾被用于焚烧发电，还有约1500万吨的垃圾被填埋，垃圾处理率达到70%，垃圾处理的封闭式生态系统已基本进入了良性循环。

垃圾处理不仅事关城市的面貌，更是一种生活态度的反映。

北京市规定，凡新建、改建和扩建的居住小区和社会单位须全部实行生活垃圾和餐厨垃圾分类收集，推进生活垃圾综合利用循环经济区建设，到2012年实现北京市垃圾分类达标率超50%，全市垃圾处理能力达每日1.7万吨。图为北京市规划展览馆中的垃圾分类示意。

后记

　　笔者一直想将一个几年来逐渐注意到，并花了不少精力去求证的一个城市设计的技术性问题说出来，因为相信，建基于微观、技术层面的细小进步所累积的正面作用往往比几场大运动的效果好得多，一个人如果能认知到一种有益的技术，然后宣扬它，让它能发挥出实际作用，至少是一件值得高兴的事。而就在本书截稿之际，《中央城镇化工作会议提出六大任务》发布，我们更高兴地看到，文件中要求的"提高城镇建设用地利用效率。要按照严守底线、调整结构、深化改革的思路，严控增量，盘活存量，优化结构，提升效率，切实提高城镇建设用地集约化程度。……让居民望得见山、看得见水、记得住乡愁；要融入现代元素，更要保护和弘扬传统优秀文化，延续城市历史文脉；……城市规划要由扩张性规划逐步转向限定城市边界、优化空间结构的规划。……促进大中小城市和小城镇合理分工、功能互补、协同发展。要坚持生态文明，着力推进绿色发展、循环发展、低碳发展，尽可能减少对自然的干扰和损害，节约集约利用土地、水、能源等资源。要传承文化，发展有历史记忆、地域特色、民族特点的美丽城镇。"等等正是本书尝试探讨的问题，本书的中心议题即是以街坊模式的城市规划方法在相同的用地面积和建筑容积率下，可能节省出约10%的建设用地；可以使车流分散从而减轻交通堵塞；大大增加方便性、平民性的商业空间，利于就业；可以使城市空间更适宜市民步行和骑自行车，培养绿色生活的习惯；为城市改造中不大拆大改提供可行性，利于延续城市文脉等。

　　特别鸣谢祝捷为本书的绿色建筑部分提供了理念及大量资料，并撰写了文字。书中图片有32张由周晓冬提供，17张取自维基百科开放内容，在此一并致谢。

作者简历

张　斌　毕业于天津大学建筑系，著有《城市设计与环境艺术》、《城市设计——形式与装饰》等书。

闵世刚　重庆日报记者，高级经济师，重庆巴渝文化研究院研究员，曾任数项重要工程指挥长。

参考书目

1. ［意］贝纳沃罗（Benewolo, L.）著. 世界城市史［M］. 薛钟灵等译. 北京：科学出版社. 2000

2. ［美］勒纳，［美］米查姆，［美］伯恩斯 著. 西方文明史［M］. 王觉非等译. 2版. 北京：中国青年出版社，2009

3. ［美］新都市主义协会 编. 新都市主义宪章［M］. 杨北帆，张萍，郭莹 译. 天津：天津科学技术出版社. 2004

4. Edmund N. Bacon. Design of Cities. USA: Viking Penguin Inc. 1967

5. 梁思成 著. 林洙编. 梁［M］. 北京：中国青年出版社. 2012

6. ［美］凯文·林奇 著. 城市意象［M］. 方益萍，何晓军 译. 北京：华夏出版社. 2001

7. ［法］勒·柯布西耶 著. 走向新建筑［M］. 陈志华译. 天津：天津科学技术出版社. 1991

8. ［美］蒂莫西·比特利 著. 绿色城市主义·欧洲城市的经验［M］. 邹越，李吉涛 译. 北京：中国建筑工业出版社. 2011

9. ［美］马修·卡恩 著. 绿色城市［M］. 孟凡玲 译. 北京：中信出版社. 2008

10. Peter Katz. The New Urbanism: toward an Architecture of Community.［M］. USA: McGraw-Hill Professional, 1993

11. Franca Santi (ed.) Gualteri. ABITARE ANNUAL 7.［M］. Milan: Abitare Segesta